U0852260

陕西化龙山国家级自然保护区
脊椎动物资源及保护

主编　于晓平　张继成　陈　庆

西北农林科技大学出版社

图书在版编目(CIP)数据

陕西化龙山国家级自然保护区脊椎动物资源及保护／于晓平,张继成,陈庆主编.—杨凌:西北农林科技大学出版社,2013.6

ISBN 978-7-81092-823-6

Ⅰ.①陕… Ⅱ.①于… ②张…Ⅲ.①长江流域-脊椎动物门-动物保护-陕西省 Ⅳ.①Q959.3

中国版本图书馆CIP数据核字(2013)第127603号

陕西化龙山国家级自然保护区脊椎动物资源及保护

主编 于晓平 张继成 陈庆

出版发行 西北农林科技大学出版社
地　　址 陕西杨凌杨武路3号　　邮　编:712100
电　　话 总编室:029-87093105　　发行部:87093302
电子邮箱 press0809@163.com
印　　刷 陕西天地印刷有限公司
版　　次 2013年12月第1版
印　　次 2013年12月第1次
开　　本 889mm×1194mm 1/16
印　　张 12　　插　页 8
字　　数 430千字

ISBN 978-7-81092-823-6

定价:50.00元
本书如有印装质量问题,请与本社联系

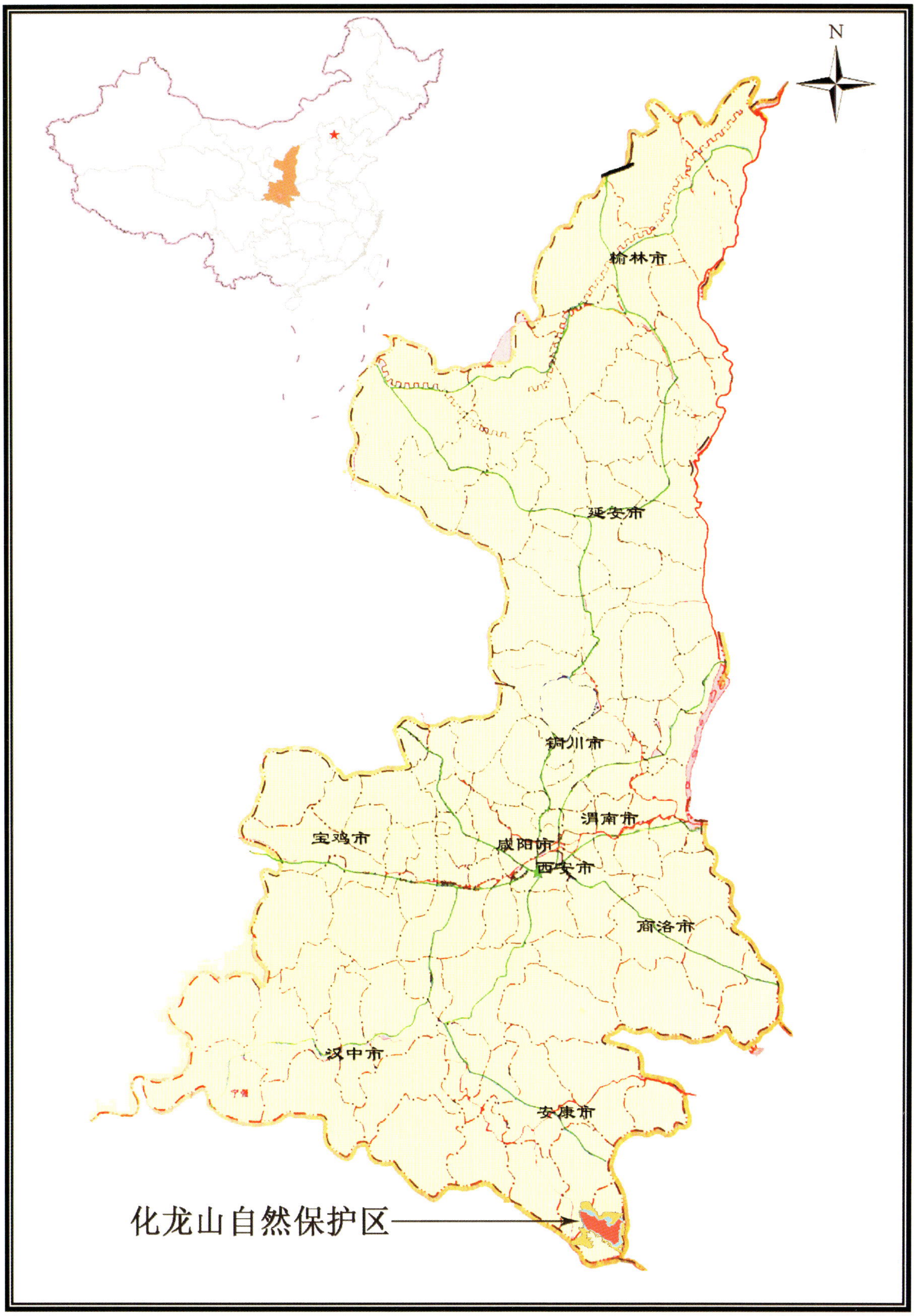

陕西化龙山国家级自然保护区位置示意图

大鲵（田宁朝 摄）

蓝额红尾鸲（雄）（于晓平 摄）

橙翅噪鹛（李夏 摄）

金线侧褶蛙（于晓平 摄）

白领凤鹛（于晓平 摄）

中国林蛙（于晓平 摄）

金雕（于晓平 摄）

白肩雕（仿林文宏等 2009）

鸳鸯（田宁朝 摄）

黑耳鸢（于晓平 摄）

赤腹鹰（于晓平 摄）

雀鹰（林向荣 摄）

凤头蜂鹰（李利伟 摄）

鹰雕（朱雷 摄）

普通鵟(李夏 摄)

毛脚鵟(仿林文宏等 2009)

红隼（林向荣 摄）

阿穆尔隼（王中强 摄）

红腹锦鸡（雍严格 摄）

勺鸡（田宁朝 摄）

红腹角雉（田宁朝 摄）

白冠长尾雉（党高弟 摄）

红翅绿鸠（仿马敬能等 2000）

雕鸮（李飏 摄）

斑头鸺鹠（于晓平 摄）

领角鸮（李飏 摄）

纵纹腹小鸮（雍严格 摄）

灰林鸮（岳明 摄）

长耳鸮（关翔宇 摄）

红角鸮（林向荣 摄）

小太平鸟（郭玉民 摄）

黑头奇鹛（王卫东 摄）

灰头鸦雀（荣海 摄）

褐灰雀（于晓平 摄）

云豹（仿Smith和解焱 2009）

金钱豹（仿Smith和解焱 2009）

林麝（仿Smith和解焱 2009）

猕猴（田宁朝 摄）

黑熊（仿Smith和解焱 2009）

黄喉貂（龙大学 摄）

水獭（仿Smith和解焱 2009）

大灵猫（仿Smith和解焱 2009）

金猫（仿Smith和解焱　2009）

小灵猫（仿Smith和解焱　2009）

斑羚（仿郑生武等　2010）

鬣羚（仿Smith和解焱　2009）

花面狸（仿Smith和解焱　2009）

隐纹花松鼠（刘平　摄）

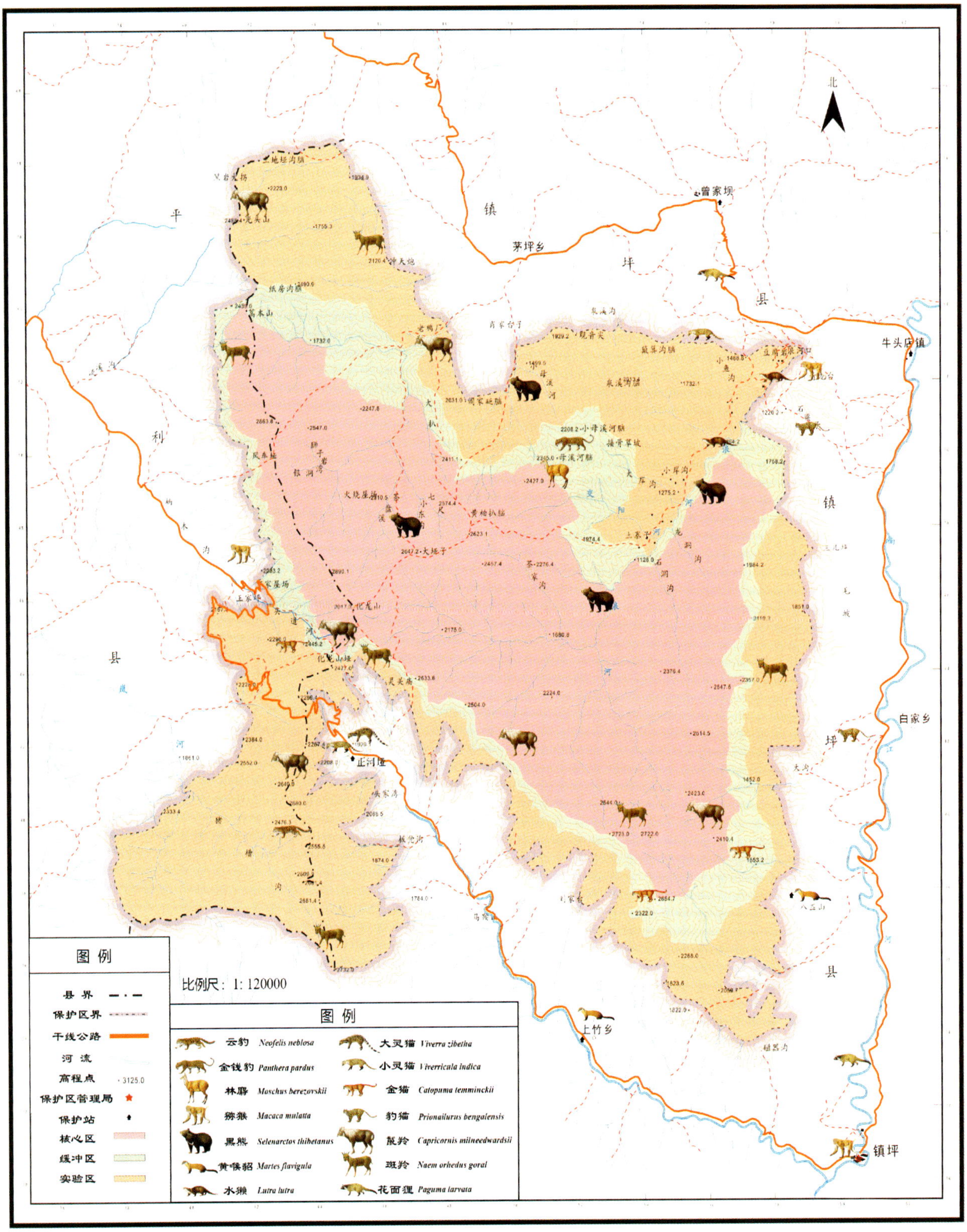

化龙山自然保护区哺乳动物分布示意图

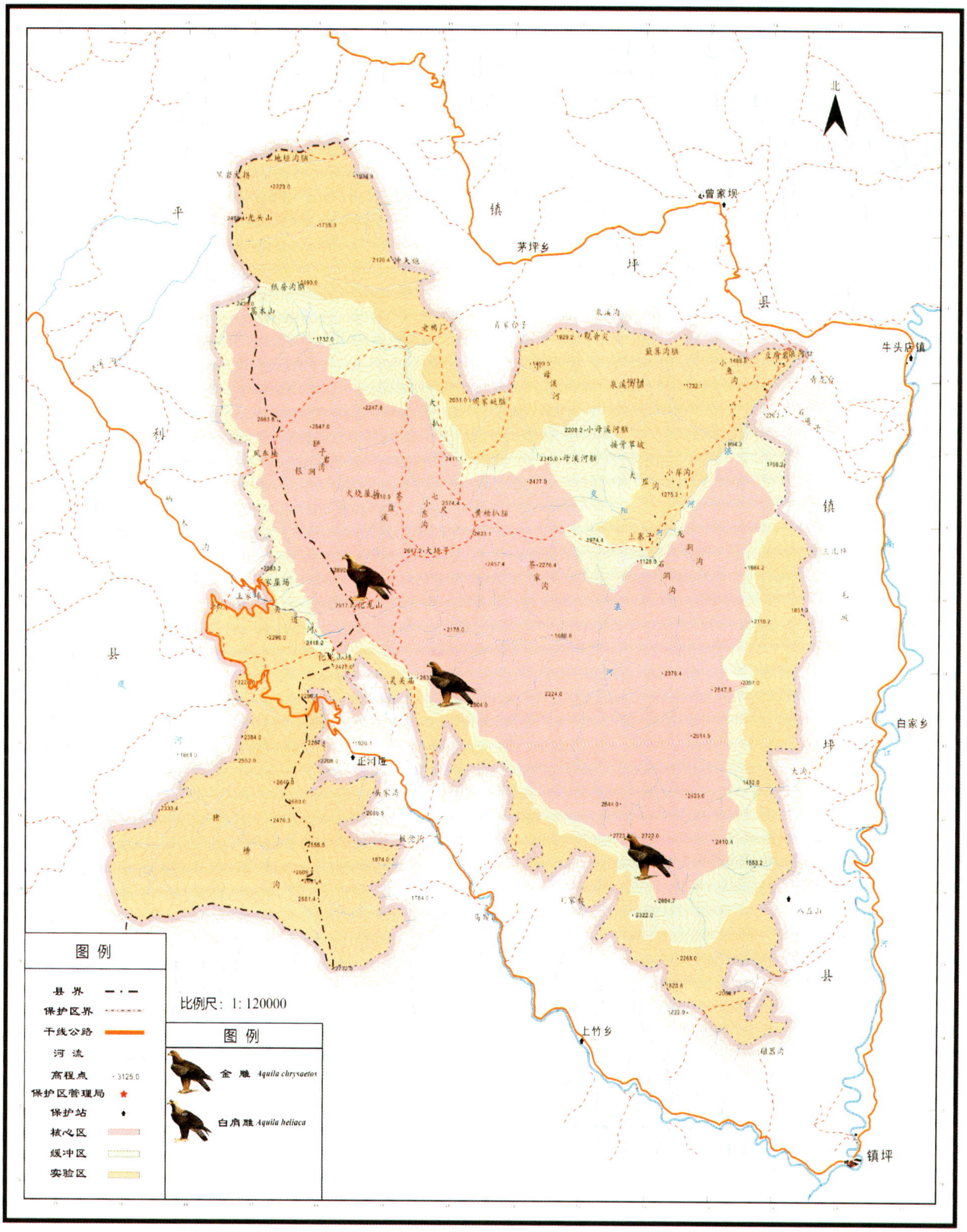

化龙山自然保护区国家I级重点保护鸟类分布示意图

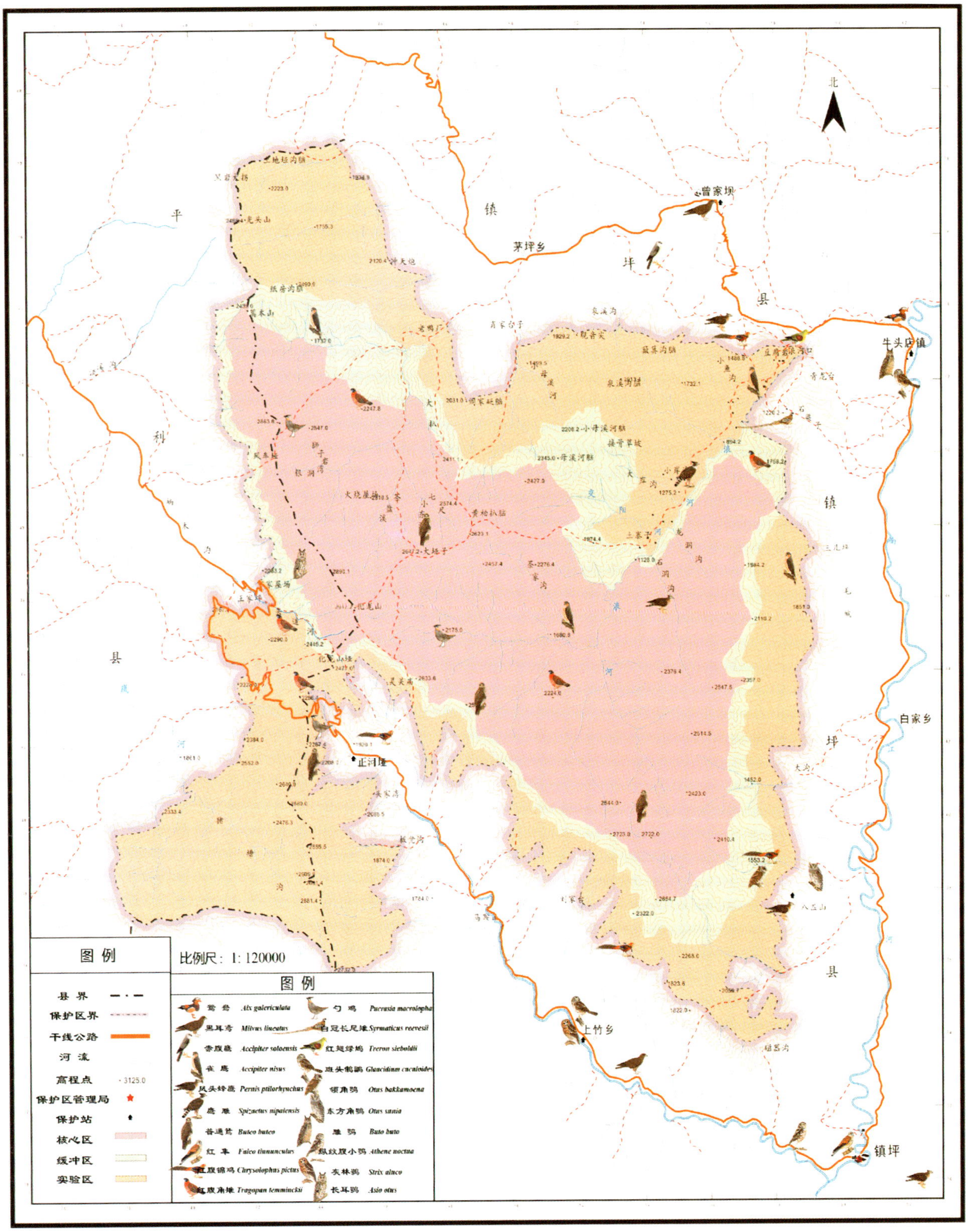

化龙山自然保护区国家Ⅱ级重点保护鸟类分布示意图

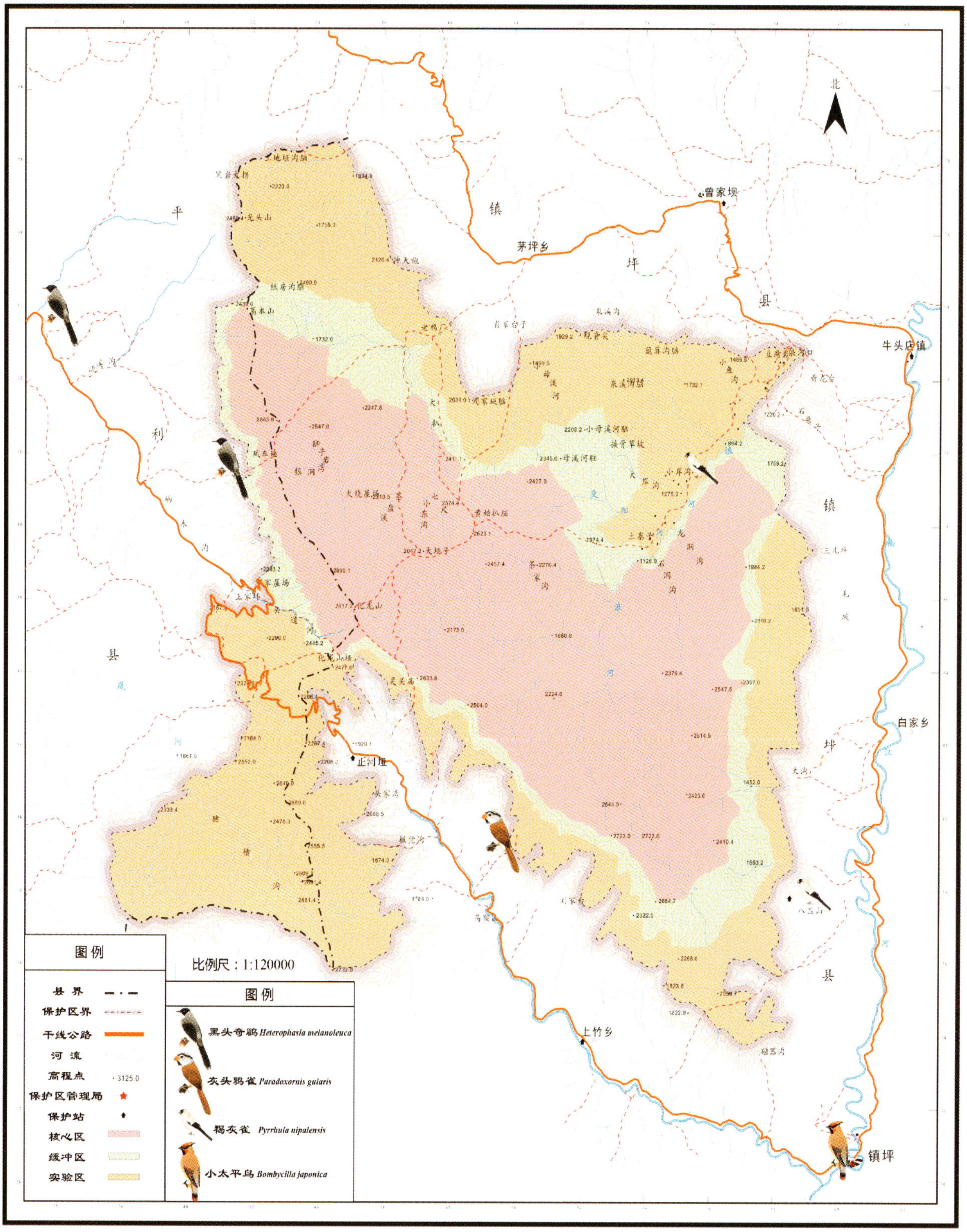

化龙山自然保护区陕西鸟类新纪录分布示意图

化龙山之林间溪流——马玉龙 摄

化龙山秋色——马玉龙 摄

化龙山之高山灌丛——马玉龙 摄

编辑委员会

陕西省化龙山国家级自然保护区陆生脊椎动物资源野外考察成员

陕西师范大学

于晓平　李金钢　董　荣　郭俊峰　马小春　李　飏　刘　超　王　莉

霍志萍

化龙山国家级自然保护区管理局

陈少林　周树才　王卫东　龙大学　施金铎　黄立刚　姚忠文　刘　平

刘益波　邹奎兵　陈　君　宋要强　荣　海　张静伟　吕建荣　凌小惠

刘文峰　张　斌　李　军　程如林　陈　军　彭少勇　严共昭　田延军

马　燕　胡　梅　胡　锋　朱晓慧　郭敦平　张延军　刘　勇　张福按

陈伦斌　胡林巧　刘雪梅　龚光斌　钟　雷　梁伦平　胡卫军　姚　明

张青松　贺　峰　胡仁保　洪明胜

陕西省动物研究所

许涛清　裴俊峰　侯玉宝　张广平

前 言

陕西化龙山自然保护区位于陕、渝、鄂三省接壤地带，地处陕西省安康市镇坪、平利两县交界处——化龙山两侧林区，总面积 28 103 hm^2。主峰化龙山，又称"小神农架"，海拔 2 917 m，系岚河和南江河的分水岭，是大巴山的第二主峰，这里山峦起伏，沟谷密布，峭壁林立，石洞深幽，故有"巴山屋脊"之称。化龙山不仅拥有原始森林的迷人风光和宗教、神话传说等神秘文化，而且拥有独特的自然风景资源。

保护区属于亚热带常绿阔叶林区域、北亚热带常绿、落叶阔叶混交林地带，素以其生物区系的古老性、动植物种类的丰富性、森林植被的多样性、濒危物种的珍贵性、生态系统的稳定性、保护区的典型性而著称，是中国巴山北部地区重要的野生动植物物种资源库，也是中国巴山地区少有的原始自然历史本底，更是一个具有保护价值的综合自然生态系统。

为了进一步全面了解保护区的自然条件、生物多样性和管理现状，为保护区的发展提供决策依据，受陕西化龙山国家级自然保护区管理局的委托，我们于 2010 ~ 2012 年对保护区进行了为期两年的综合科学考察。本次考察由陕西师范大学生命科学学院、陕西省动物学研究所等单位的专业人员组成骨干队伍，带领多名博士、硕士研究生和技术人员，会同化龙山自然保护区的管理者，共同参与完成了此次考察工作。本次科学考察针对化龙山自然保护区野生脊椎动物资源的多样性展开调查，同时还调查了保护区的地质、地貌、气候、水文、土壤等自然地理条件和旅游资源、社区社会经济等内容。在此次科学考察的基础上，通过标本鉴定、数据处理及分析，编写出版《陕西化龙山国家级自然保护区脊椎动物资源及保护》。

科学考察结果表明，化龙山自然保护区森林覆盖率极高，生物区系原始性较强，森林植被多样性较高，生态系统典型性和代表性较显著，陆生脊椎动物资源丰富。此外，区内社区关系和谐，无土地和林权纠纷。管理机构健全，职工队伍稳定，管护能力较好。化龙山保护区共记录野生脊椎动物 374 种。其中哺乳纲动物 7 目 23 科 80 种；鸟纲 16 目 50 科 224 种；爬行纲 3 目 7 科 22 种；两栖纲 2 目 7 科 18 种；鱼纲 4 目 9 科 30 种。18 种两栖纲动物有国家Ⅱ级重点保护物种 1 种，中国特有种 12 种；22 种爬行纲动物有国家Ⅱ级重点保护物种 1 种，中国特有种 2 种；224

种鸟类包括国家Ⅰ级重点保护物种 2 种，国家Ⅱ级重点保护物种 24 种；80 种哺乳动物中，国家Ⅰ级重点保护种类 4 种，国家Ⅱ级重点保护物种 10 种。化龙山自然保护区地质构造复杂，气候湿润，森林生态系统原始，森林景观资源丰富，是一处集科研、探险、旅游、度假、避暑、道教文化于一体的大自然博物馆，具有很高的生态、经济、科研、文化和社会价值。

本次科学考察工作得到了陕西省林业厅、安康市和镇坪县人民政府、安康市林业局、镇坪县林业局、陕西师范大学、陕西省动物学研究所（西北濒危动物研究所）、陕西化龙山国家级自然保护区管理局等单位的大力支持与配合，在此一并表示感谢。

鉴于野外考察和室内总结时间有限，纰缪之处难免，实乃心余力绌，望各界批评指正。

编著者

2013 年 3 月

Preface

Hualong Mountain Nature Reserve of Shaanxi was situated in the juncture of Zhenping and Pingli County between Shaanxi, Chongqing, and Hubei, where the total area of the forest on the both sides of Hualong Mountain is 28 103 hm^2. Hualong Mountain with the highest elevation of 2 917 m is the second main peak of Daba Mountains, also called as "Small Shennongjia". It is the watershed of Lan River and Nanjiang River. There're undulate peaks, steep cliffs, deep valleys and thick forests, so it is called as "Roof of Bashan Mountain". Hualong Mountain not only has mysterious cultures, but also unique resources of natural scenery.

The natural reserve belongs to the subtropical laurel forest, north – subtropical mingled forest of evergreen defoliation and broad leaf, and is always famous for the ancient biotic province, ample animals and plants, multiple forest cover, rare endangered species, steady ecosystem, and typical natural reserve. It is the resource pool of important field animals and plants species and the rare historical background of primordial nature in the northern territory of Bashan Mountain, China. What's more, it's the integrative natural ecosystem possessing conservation value.

To further understand the natural conditions, biodiversity and management situation of the natural reserve, and to further provide the policymaking and foundation for the development of the natural reserve, a two – year integrative scientific investigation was conducted during 2010 ~ 2012. The backbone contingent for this investigation was made up of the professionals and several doctors and masters from College of Life Science of Shaanxi Normal University, and Shaanxi Institute of Zoology, with the managers from Hualong Mountain Nature Reserve. The investigation was about the diversity of field vertebrate resources in Hualong Mountain Natural Reserve, the natural geographical conditions, such as geology, physiognomy, climate, hydrology and soil, the tourist resources and the economic position of community was also involved. Based on the investigation, a book entitled "The Resources and Protection about Vertebrate in Hualong Mountain National Natural Reserve of Shaanxi Province" was compiled and will be published after the appraisal of specimen and the processing of data.

As shown from the investigation, there're high percentages of forest cover, strong primitiveness, large integrity, remarkable representativeness and abundant terrestrial vertebrate resources in Hualong Mountain Nature Reserve, but no existing the issue about burgage and ownership of forest. Likewise, there's harmonious relationship of community, and no existing the issue about burgage and ownership of forest, wholesome management institution, steady staff and good ability about management and protection. There're 374 field vertebrates in total, including 7 orders, 23 families, 80 species of mammals, 16 orders, 50 families, 224 species of birds, 3 orders, 7 families, 22 species of reptilian, 2 orders, 7 families, 18 species of amphibian, 4 orders, 9 families, 30 species of fishes. Among 18 species of amphibian, there's one species in China Key List of second-grade protection, with 12 species endemic to China. There're one species in China Key List of second-grade protection, and with two endemic to China among reptilians. Among 224 species of birds, there're two species in China Key List of first-grade protection, and 24 species of second-grade protection. There're four and 11 species of mammals of second-grade and first-grade protection in China Key List, respectively. The complex geological structure, humid climate, aboriginal ecosystem of forest, and ferocious forest landscape resources make the nature reserve becoming a museum of natural history with research, exploration, travel, vacation, summering, and Taoist culture, to be the value of ecology, economy, research, culture and society.

Thanks to the supports from Forestry Department of Shaanxi Province, the People's Government of Ankang City and Zhenping County, Forestry Bureau of Zhenping County, Shaanxi Normal University, Shaanxi Institute of Zoology (Northwest Institute of Endangered Zoological Species) and Administration of Hualong Mountain National Nature Reserve.

Due to limitted field investigation and summary indoor, omissions and limitations in this book is inevitable. We are looking forward to criticisms and comments from all social circles.

The Authors
March, 2013

目 录

第 1 章 总论（pandect）

1.1 地理位置

陕西化龙山国家级自然保护区位于陕西省最南部，地处安康市最东南部镇坪与平利两县的交界处，地理坐标为109°16′41″～109°30′29″E，31°54′39″～32°8′13″N，总面积28 103 hm^2，森林覆盖率91.7%，林业用地27 569 hm^2，占98.1%。化龙山自然保护区划定在渝、陕、鄂三省接壤地带，周边涉及镇坪和平利两县的两个国有林场（镇坪县国有林业总场和平利县千家坪国有林场）、5个乡镇（镇坪县上竹镇、城关镇、牛头店镇、曾家镇，平利县八仙镇），其中镇坪县境内23 802 hm^2，平利县境内4 301 hm^2。主峰化龙山，又名“小神农架”，介于镇坪县与平利县八仙镇之间，海拔2 917 m，是大巴山的第二主峰，系南江河（堵河上游）和岚河的分水岭，东西横亘渝、陕之间，延伸到湖北境内闻名中外的神农架。整个保护区处于大巴山弧形构造带内，南接重庆，东邻湖北，为森林生态系统类型自然保护区，区内森林的群体结构、种类组成、数量特征、空间结构及与环境的关系等，仍处于自然状态，基本上保持了原始、完整的森林生态系统。

1.2 自然地理概况

1.2.1 地质地貌

陕西化龙山自然保护区及其岚河与南江河之间广大地区的地质环境经历了大约9亿年长期复杂的演化过程，地质构造类型较为复杂、齐全，是化龙山自然保护区特殊自然环境形成的重要条件。

化龙山自然保护区处于燕山运动形成的巴山弧形构造带内，在喜河—麻街—钟宝大断裂的北侧，系南江河（堵河上游）和岚河的分水岭。化龙山自然保护区占据了重要的区域地理位置，主峰化龙山，海拔2 917 m，最低点海拔763 m，相对高差2 154 m，由岚河和南江河诸多支流为基线向周围辐射，从谷底到主峰，高差一般为2 000 m左右，地貌千变万化，生物分带和区系变化明显，构成北大巴山主脊一带极为典型的地貌环境之一。

化龙山自然保护区区域以中山为主（高程小于3 000 m），大巴山主脊和主峰化龙山横亘其中，南江河及岚河顺向北流，山势陡峭，谷地狭窄。本区属秦巴山地，地貌类型受基岩类型、地域性气候、水文、植被覆盖率及径流切割程度等因素制约，大部海拔600～2 000 m，属低山—中山区。外动力地质作用复杂、地貌形态类型多、成因各异。其地质特征主要包括沉积地层、岩浆岩体和地质构造。化龙山属于石灰岩山地，地面组成物质为寒武纪和奥陶纪的石灰岩、结晶灰岩、蛹状灰岩、角砾状灰岩、泥灰岩、白云质灰岩、钙质砂岩、炭质千页岩和泥板岩。在湿润多雨的环境中，因受强烈的流水侵蚀，寒冻风化和岩溶作用，形成尖峭险峻的山岭，狭窄深邃的山谷和岩溶地貌，切割深度 600 ~ 1 200 m，地面坡度多在 35° ~ 50°以上，多悬崖陡壁。山峰多由泥板岩组成，在外动力作用下而呈金字塔形，山岭狭窄，只在溶蚀洼地、岩溶丘陵成片分布的山顶部或在亚高山古冰川形成的谷盆，才局部呈现出比较平缓的外貌。

1.2.2 气候水文

1.2.2.1 气候

化龙山保护区地处亚热带暖温过湿山地气候区，但随垂直差异从低到高，具有山地暖温带和中温带过渡性气候的地带特征。根据气候分类的分类指标，可将自然保护区的气候分为凉温过湿润亚高山气候、暖温过湿润高中山气候和暖温湿润低中山气候三个气候类型。

凉温过湿润亚高山气候：大致分布于自然保护区的中部。常年无夏，年平均气温在 6℃以上，≥10℃的积温不足 1 700℃，最热月平均气温在 15℃以下，极端最低气温在 -15℃以下。基本无粮食作物，森林以红桦、冷杉、云杉为主要树种。

暖温过湿润高中山气候：海拔高度 1 200 ~ 1 900 m 之间。夏季短暂，年平均气温为 8 ~ 11℃，≥10℃积温 1 700 ~ 3 400℃，最热月平均气温 17 ~ 21℃，极端最低气温 -15 ~ -9.5℃之间。基本无农作物两熟的气候条件。植被为针叶与落叶阔叶混交林，以华山松、油松、栎类为主。

暖湿润低中山气候：分布于海拔 800 ~ 1 200 m 之间的地区。年平均气温 11 ~ 13.5℃，≥10℃积温 3 400 ~ 4 000℃。最热月份平均气温 21 ~ 24℃，极端最低气温 -15 ~ -8℃。大部分地区农作物可以两熟。植被以松栎林为主，有油松、栓皮栎等树种。

(1) 降水

化龙山自然保护区累计年降水量平均值为 946.2 ~ 1 004.1 mm 之间，全保护区 1 月份平均月降水量最少，分别在 6.1 ~ 7.9 mm 之间，9 月份月降水量最多，在 140.8 ~ 168.0 mm 之间。由于气候因素影响，降水量差异很大。化龙山自然保护区降水多集中在秋、夏季节，占全年降水量的 81%，特别是秋季，降水量占全年的 48%。

(2) 气温

该区累计年平均极端最高气温平均值海拔 1 000 m 以下各地都在 34℃以上，海拔 400 m 以下多在 39℃以上，海拔 400 ~ 600 m 之间为 37 ~ 39℃。极端高温在 35℃以上的年份，全区都有，大于 40℃的年份平利 1 年、岚皋 2 年。

20 多年中夏季温度高的年份为 1959、1962、1966、1967、1972、1978 年，一般出现在 7 月和 8 月份。累计极端最低温度海拔 500 m 以下分布与地形等高线相同，最低为 -5℃。海拔1 000 m 以上地区极端最低温度随高度增加而递减。极端最低温度在 -8℃以下的，一般出现2 ~ 3年，平利县 5 年，镇坪 18 年中出现过 14 年。极端最低温度在 -10℃以下的年份，平利出现过 2 年，镇坪县4年出现过7次。1977年1月30日镇坪出现了全区历史最低温度 -15℃。

(3)日照

化龙山自然保护区位于大巴山地区,其日照时数为1 500 ~ 1 750小时之间。平利最多,为1 744.7小时,镇坪最少,为1 495.6小时。从季节变化情况看,夏季日照时数最多,春季多于冬季,秋季阴雨多,日照时数最少。从日照百分率的地理分布来看,累年平均值为34% ~39%,其变化最高值在8月份,为49% ~54%;最低值:平利在11月份,为31%,岚皋、镇坪在2月份,均为26%。

(4)风

化龙山自然保护区属北亚热带季风气候区,冬夏两季风进风退,使区内各地主导风向及风的速度都产生了明显的变化。但由于地面风受复杂地形的影响,表现出明显的地方性特征。该区内年平均风速的分布不均,岚皋最小,仅为0.7 m/s,镇坪、平利均在2.0 m/s以上,尤以平利最大,3.1 m/s。

风速不仅随地域不同而有差别,还受季节的影响,各地冬半年风速均大于夏半年,冬末春初最大。一年从月均风速来看,10月份为全年平均风速最大的月份。这种风速年变化的特征皆由气压场及大气环流特征所决定。在保护区内,大巴山区风的速度随高度递增,峡谷地区,由于狭管效应风速大,形成各风向及平均风速的地理分布特征。

自然保护区内,一年大风的日数岚皋、镇坪年均不足5次。部分年份未见17 m/s的大风,平利为大风日数最多的,大风日数在15次以上。从风向频率来看,镇坪以北风为主,占23%,南风占22%,平利东南风频率达46%,西北风为20%,岚皋静风频率高,其他各方向风的频率很小。

(5)生理辐射

化龙山自然保护区太阳总辐射的年总量为312.951 $kCal/cm^2$,这是地表最主要的能量来源,是大气中一切物理过程和现象的基本动力,是农作物光合作用的重要物质和能量基础,是气候形成的主要因素之一。化龙山自然保护区太阳直接辐射的年总量在47 ~52 $kCal/cm^2$之间。年最高值出现在8月份,其为7.0 ~7.8 $kCal/cm^2$;最小值出现在12月份,为2.0 $kCal/cm^2$;生理辐射在51 ~55 $kCal/cm^2$之间。生理辐射可被利用的程度各不相同,本区≥10℃的生理辐射在38 ~45 $kCal/cm^2$之间,占全年生理辐射的75% ~80%,生理辐射与总辐射之比略大于50%,就生长季而言,一般在50%以下。

根据镇坪县气象站(海拔995.8 m)历年观测,年均温12.1℃,1月均温1.1℃,7月均温22.7℃,极端低温 -15℃,极端高温37.8℃,>10℃积温3 817℃。年降水量1 015 mm,降水量主要集中在5、7、8、9四个月,为全年总降水量的60%左右。无霜期为210 ~290天,平均为250天,夏季短暂。又据化龙山西南侧的千家坪林场(海拔2 030 m)观测,该处年均温7℃,1月均温 -5.5℃,7月均温15.2℃,极端低温 -33.6℃,极端高温29.5℃,>10℃积温1 650℃。年降水量964 mm,常年无夏,基本属凉温过湿亚高山气候。

(6)小气候(正河垭观测点)

正河垭保护点隶属化龙山自然保护区八仙保护站,位于镇坪县通往平利八仙镇的207省道上,距保护区管理局26 km,距八仙保护站28 km。地理位置31°59′44″E,109°20′28″N,海拔2 162 m,植被以针阔叶混交林为主,该处位于化龙山主峰西南侧,气候为山地温带气候。气温、湿度和降雨量与低海拔地区显著不同(图1 -1,1 -2)。

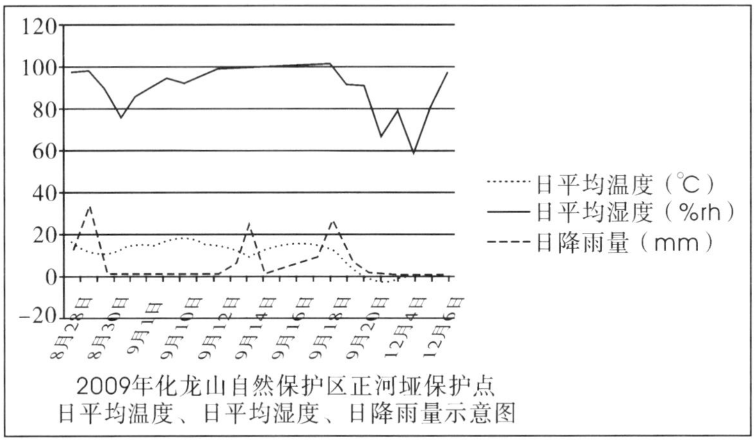

图 1－1　2009 年化龙山保护区正河垭保护点小气候特征

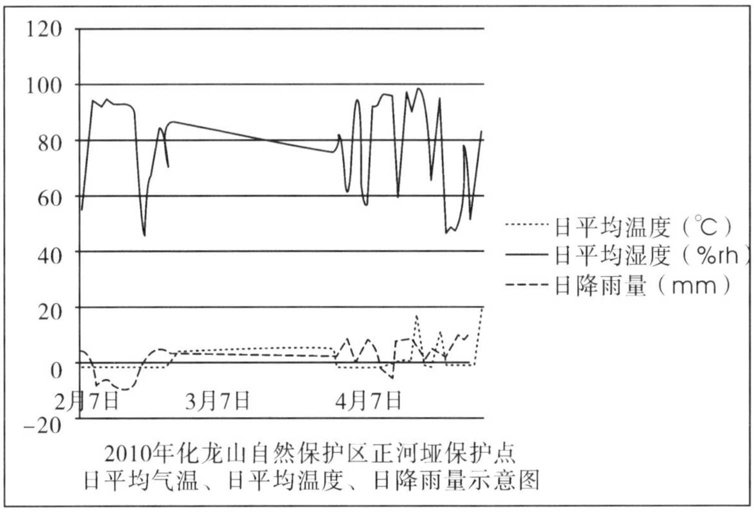

图 1－2　2010 年化龙山保护区正河垭保护点小气候特征

1.2.2.2 水文

(1)水系分布

化龙山自然保护区是陕西省河流密度最大的地区之一，南侧的大巴山脉走向西北—东南，主脊向北地势下降，北麓河流顺势流入汉江，因此该区河流系汉江水系。化龙山保护区横跨汉水流域南江河水系（浪河、红水河、竹溪河）和岚河水系（让河、楠木沟、白沙河、韩河），长度大于 83.8 km，流域面积大于 463.27 km^2，年径流量大于 3.426×10^9 m^3，其中南江河流域面积 23 802 hm^2，占有 85%；岚河流域面积 4 301 hm^2，占有 15%。源于保护区的河流有数十条之多，其中 3 级以上河流 12 条，多年平均径流量 2.7956×10^8 m^3。流域面积在 100 km^2 以上的河流有岚河、红水河、浪河及竹溪河。一般河流上游多系峡谷深渊，较大河流蜿蜒曲折，川流于群山之中，水力资源十分丰富。保护区的河流径流主要为降水形成，降水量的空间分布和时间变化直接影响径流的时空变化特征，因此气候和地貌是影响水文的主要因素之一。

岚河：发源于化龙山北麓，平利县境内流域面积 713.7 km^2，占平利县总面积的 27.2%，县内河流长 49.0 km，多年平均年径流量 12.864×10^9 m^3，经岚皋县在安康的杜家坝注入汉江。

红水河：发源于化龙山东北麓，流域面积 215.84 km^2，占南江河流域面积的 14.36%，河流全长32.0 km,多年平均年径流量 $1.25912\times10^8\ m^3$,在洪石乡双河口汇入南江河。

浪河:发源于化龙山东麓,流域面积121.30 km^2,占南江河流域面积的8.07%,河流全长24.3 km,多年平均年径流量 $7.16092\times10^8\ m^3$,在牛头店镇浪河口汇入南江河。

竹溪河:发源于化龙山东南麓,流域面积125.84 km^2,占南江河流域面积的8.35%,河流全长27.5 km,多年平均年径流量 $8.20396\times10^8\ m^3$,在城关镇竹溪河口汇入南江河。

(2)地下水

化龙山自然保护区气候湿润,雨量充沛,地表水丰富,使地下水的补给来源有了充分的保证,但由于区内的地层、岩性、地质构造、地形及风化壳特征以及植物被覆情况随地而异,使地下水的贮存环境差异较大,分布也极不均衡。

地下水主要由大气降水补给,深切的河道水文网是地下水的主要排泄场所。该区的亚热带气候特征与丰富的降水为地下水形成了充沛的补给条件。局部地段接受地表水的补给,保护区内分为层状基岩裂隙水和岩溶化基岩岩溶裂隙水两大含水岩组,地下水总量为 $1.8059\times10^8\ m^3$/年。层状基岩裂隙水含水岩组分布在化龙山东北麓,此组地下水比较丰富,天然水流量一般为0.60~3.0 L/s,个别泉水流量可达4.17 L/s,属富含水区。岩溶化基岩岩溶裂隙水含水岩组分布在化龙山西南麓,此组地下水更为丰富,天然水流量一般13.0 L/s,个别泉水流量可达14.0 L/s,属极强富含水区。

根据地下水在介质中的赋存状态、水理性质、水力特征,可将本区地下水分成四种基本类型。

松散岩类空隙水:主要分布于山间河谷盆地及河流宽谷段。以潜水为主,水量丰富。含水岩层为第四纪冲积砂、卵石、砂砾石等。其富水性与水位埋深随不同地貌单元而异。高漫滩及河流一级阶地水量丰富,水位埋深多在15 m以内,含水层厚度15 m,单井出水量400~800 t/d,单位涌水量10~15 t/h·m;一、二级阶地的水位埋深为15~30 m,含水层厚8~30 m,单井出水量300~600 t/d,单位涌水量3~10 t/h·m;三级及三级以上阶地,含水厚度变薄,水位埋深加大,单井出水量100~4 000 t/d,单位涌水量0.5~3.0 t/h·m。

碳酸盐岩类裂隙溶洞水:分为碳酸盐裂隙溶洞水和碎屑岩、碳酸盐岩裂隙岩溶水两个亚类。前者为区内主要含水岩层、碳酸盐含量大于70%。分布面积不大,但水量却很丰盈。大泉多,流量常在20~70 L/s,少量超过100 L/s。M值一般为3.53~5.98L/s·km^2。后者碳酸盐含量30%~70%,岩溶不发育,地下水富集较差,水量中等或贫乏,泉水流量多在0.3~3L/s。M值0.6~2.2L/s·km^2。

基岩裂隙、孔隙层间水:呈带状分布于保护区及邻区一带,常见泉水流量2~5 L/s。区内广泛分布的碎屑岩,虽经多次构造运动,褶皱、断层、裂隙均较发育,但为基性岩脉充填,故富水性较弱。

结晶岩裂隙水:主要含于以花岗岩为主的各类火成岩中。以风化壳潜水居多。由于构造断裂,风化裂隙,在各地的发育程度不同,富水性差别大。岚皋明珠坝—芳流一带,含水介质为古生代基性火山岩,面积172.5 km^2,因受红椿坝断裂影响,泉水流量1~2 L/s。水量中等的,平利一带广泛发育的岩脉、岩墙,因围岩多系软塑性岩石,渗透性差,使岩脉、岩墙相对富水,常见泉水流量0.1~0.2 L/s。

1.2.3 土壤

化龙山自然保护区热量丰富,水源充沛,地形起伏,高低悬殊,岩浆岩、沉积岩、变质岩及第四纪沉积物构成了复杂的地质基础。它们在外营力风化、侵蚀、堆积的作用下,形成了复杂多样的土壤类型和较高的土壤生产潜力。化龙山自然保护区范围内土壤的分布是由多种多样的自然成土条件所决定的。

由于成土母岩、气候条件和生物区系的垂直差异,化龙山保护区内土壤具有明显的垂直地带性分布规律,区内分布的主要土壤类型有黄棕壤土类、棕壤土类、山地草甸土、水稻土和灰化土等。

(1)黄棕壤土类

主要分布在海拔 1 400 m 以下,该区热量适中,土壤冬季无稳定的冻土层,粘化较明显,土体趋向紧实,有机质分解较快,土壤基盐补充较快。该土类分布区自然条件优越,适生植物种类繁多,生长快。主要包括以下 4 个亚类:

①普通黄褐土

主要分布在海拔 900 m 以下的河流两岸,质地为重壤,土壤代换量高,基盐丰富。包括 2 个土属,6 个土种。主要以农作物及泡桐、核桃、油桐、棕树等生长为主。

②粗骨性黄褐土

分布于热量丰富、坡度较大、海拔在 900 m 以下的低山区,土壤以物理风化为主,多属幼年土,土体中砾石碎屑较多。包括 2 个土属,10 个土种。主要以农作物及马尾松、栎类等生长为主。

③普通黄棕壤

分布于气候温和湿润,海拔在 900 ~ 1 400 m 之间的中山区。土壤淋溶作用较强,结构较好,土体较松软,pH 值适中,土壤多为中性反应。有机质分解慢,含量高。包括 2 个土属,9 个土种。该分布区自然资源丰富,植被种类繁多,生长良好,亚热带植物在该类土壤上多可过冬,但受冻害机率较高。

④粗骨性黄棕壤

分布于气候温和湿润,海拔在 900 ~ 1 400 m 之间的中山区。属直接发育于岩石风化残积物和坡积物上的幼年阶段粗骨性土壤。质地粗糙,砾石含量高,pH 值适中,有机质含量较高。包括 2 个土属,14 个土种。该分布区自然资源丰富,植被种类繁多,针阔叶林木均能良好生长。

(2)棕壤土类

分布于冷凉的大巴山北坡,海拔在 1 400 m 以上的中高山地。土壤淋溶作用明显,物理风化强,土体冬季有稳定的冻土层。有机质分解慢,含量高,一般在 20.9 ± 8.18% 之间,最高的可达 34.12%。该分布区气候凉爽、湿度过大,主要植被有常绿针叶林和落叶阔叶林,代表植物有云杉、冷杉、红桦、箭竹等,为重要的水源涵养区和珍贵动物聚集区。棕壤包括以下 2 个亚类:

①普通棕壤

发育于黄土状母岩石和泥质石灰岩风化母质上。主要分布在缓平槽、凹土带。深的高达数米,一般在 60 ~ 80 cm。土壤有机质和全氮含量丰富,矿化度低养分释放慢,速效性养分贫乏。

②粗骨性棕壤

发育在花岗麻岩、板岩、片岩风化的母质上,土层深厚,土体中多砾石,粘粒含量少,质地多为轻壤,土性冷凉,速效性养分相对贫乏。

(3)山地草甸土

山地草甸土零星分布于海拔 2 000 m 以上的平缓和低洼地区,面积小。由于山区雨量充沛,气温低,土壤经常处于湿润状态,草甸植物生长繁茂。

(4)水稻土

水稻土普遍分布于河流两岸,分布区主要在平利县的长安、大贵一带比较集中,属冲积—洪积土。系长期种植水稻、在水淹没条件下形成的土壤。

(5)灰化土

灰化土在化龙山地区有零星分布,形成于海拔2 800 m上下的云杉、冷杉林下。

1.3 自然资源概况

1.3.1 森林资源

化龙山自然保护区总面积28 103 hm^2,其中林业用地面积27 569 hm^2,占总面积的98.1%,非林业用地面积534 hm^2,占总面积的1.9%。林业用地中有林地面积25 080 hm^2,占保护区总面积的89.24%;疏林地952 hm^2,占总面积的3.38%;灌木林地690 hm^2,占总面积的2.46%;未成林造林地833 hm^2,占总面积的2.97%;宜林地14 hm^2,占总面积的0.05%。森林覆盖率91.7%。森林资源以阔叶树为主,主要有栎类、桦类、山杨类等,主要分布于海拔2 500 m以下,巴山冷杉、巴山松等针叶树,分布在海拔2 500 m以上,杉木、马尾松等针叶树主要以人工林为主,分布在海拔较低的林缘、村落周围。区内森林的群体种类组成、数量特征、空间结构以及与环境的关系等,仍处于自然状态,基本上保持了原始、完整的森林生态系统。

1.3.2 植物资源

1.3.2.1 植物种类

化龙山保护区植物资源丰富,有种子植物147科743属1 948种;蕨类植物26科46属114种;其中种子植物分别占我国种子植物总科、总属、总种数的55.8%、24.01%和7.06%。就木本植物的种类数量来看,《陕西树木志》记载陕西省木本植物计101科321属1 224种(包括种以下分类单位),化龙山木本植物计99科,仅缺麻黄及柽柳两个科;309属,仅缺12属;844种,占全省木本植物总数的68.95%。这充分说明了化龙山种子植物的丰富程度。

种子植物中乔木有巴山冷杉(*Abies fargesii*)、巴山松(*Pinus henryi*)、华山松(*P. armandii*)、马尾松(*P. massoniana*)、杉木(*Cunninghamia lanceolata*)、栎类(*Quercus* spp)、桦类(*Betula* spp)、山杨类(*Populus* spp)及漆(*Toxicodendron* spp)、槭(*Acer* spp)、椴树(*Tilia* spp)等;主要灌木有多种胡枝子(*Lespedeza* spp)、马桑(*Coriaria nepalensis*)、黄檀(*Dalbergia* spp)、蔷薇(*Rosa* spp)、盐肤木(*Rhus chinensis*)、荆条(*Vitex negundo* var. *heterophylla*)、杜鹃(*Rhododendron simsii*)、黄栌(*Cotinus coggygria*)、胡颓子(*Elaeagnus* spp)、火棘(*Pyracantha fortuneana*)、海桐(*Pittosporum tobira*)、小果卫茅(*Euonymus microcarpus*)、冬青(*Ilex purpurea*)等;草本植物有菅草(*Themeda* spp)、白茅(*Imperata cylindrica*)、芒(*Miscanthus* spp)等。丰富的植物资源蕴藏着极大的经济价值,据统计,保护区生长有药用植物约280余种,主要有天麻(*Gastrodia elata*)、党参(*Codonopsis* spp)、当归(*Angelica sinensis*)、黄连(*Coptis chinensis*)、杜仲(*Eucommia ulmoides*)、黄柏(*Phellodendron amurense*)、厚朴(*Magnolia offcinalis*)、玄参(*Scrophularia ningpoensis*)、银杏(*Ginkgo biloba*)等;油料植物有油桐(*Vernicia fordii*)、乌桕(*Sapium sebiferum*)、核桃(*Juglans* spp)、漆树、水冬瓜(*Alnus cremastogyne*)等;淀粉植物有板栗(*Castanea mollissima*)、榛子(*Corylus heterophylla*)、

槲栎(*Quercus aliena*)等;纤维植物有棕榈(*Trachycarpus fortunei*)、构树(*Broussonetia papyrifera*)、桑(*Morus* spp)、葛藤(*Pueraria lobata*)等;野生果类有猕猴桃(*Actinidia* spp)、野山楂(*Crataegus cuneata*)、草莓(*Fragaria* spp)、毛栗(*Castanea seguinii*)、四照花(*Dendrobenthamia* spp)、木通(*Akebia* spp)等;野生花卉植物有兰草(*Cymbidium* spp)、迎春花(*Jasminum nudiflorum*)、紫玉兰(*Magnolia liliiflora*)、青荚叶(*Helwingia japonica*)、腊梅(*Chimonanthus praecox*)、金桂(*Osmamthus fragrans*)及蔷薇科、忍冬科的种类等40余种。蕨类植物是植物界中一个重要的组成部分,有着极大的食用、药用价值,主要代表为耳蕨属(*Polystichum*)、鳞毛蕨属(*Dryopteris*)、铁角蕨属(*Adiantum*)的种类。

1.3.2.2 植被类型

化龙山全区气候具有北亚热带气候的特色。植被种类丰富,主要属于北温带成分和东亚北美成分。化龙山自然保护区植被分类的原则、单位和系统严格遵守《中国植被》的分类原则、单位和系统,并且采用植物群落学—生态学原则进行植被分类。据此,化龙山的植被主要分为4个植被型组、9个植被型、14个植被亚型和31个群系,还有一些栽培植被,如人工林、农田、拓荒地等。

针叶林 Coniferous forest

Ⅰ. 寒温性针叶林 Cool - temperate Coniferous forest

一、寒温性常绿针叶林 Cool - temperate evergreen Coniferous forest

1. 巴山冷杉林(Form. Abies fargesii)

2. 青杆林(Form. Picea wilsonii)

Ⅱ. 温性针叶林 Temperate Coniferous forest

二、温性常绿针叶林 Temperate evergreen Coniferous forest

3. 华山松林(Form. Pinus armandii)

4. 巴山松林(Form. Pinus henryi)

Ⅲ. 暖性针叶林 Warm - temperate Coniferous forest

三、暖性常绿针叶林 Warm - temperate evergreen Coniferous forest

(一)暖性松林 Warm Pine forest

5. 马尾松林(Form. Pinus massoniana)

(二)杉木林 Chinese Fir forest

6. 杉木林(Form. Cunninghamia lanceolata)

阔叶林 Broadleaved forest

Ⅳ. 落叶阔叶林 Deciduous broadleaved forest

四、典型落叶阔叶林 Typical deciduous broadleaved forest

(一)栎林 Oak forest

7. 锐齿栎林(Form. Quercus accuerionalis)

8. 短柄枹林(Form. Quercus glandulifera)

9. 麻栎林(Form. Quercus acutissima)

10. 栓皮栎林(Form. Quercus variabilis)

(二)栗林 Kuribayashi forest

11. 板栗林(Form. Castanea mollissima)

12. 锥栗林(Form. Castanea henryi)

(三)水青冈林 Beech forest

13. 米心水青冈林(Form. Fagus engleriana)

(四)落叶阔叶杂木林 Deciduous broadleaf mixed Forest

14. 野漆林(Form. Toxicodendron succedaneum)

五、山地杨桦林 Poplar – brich natural forest

15. 山杨林(Form. Populus davidiana)

16. 红桦林(Form. Betula albo – sinensis)

17. 亮叶桦林(Form. Betula luminifera)

Ⅴ. 常绿落叶阔叶混交林 Deciduous – evergreen broadleaved mixed forest

六、落叶、常绿阔叶混交林 Deciduous – evergreen broadleaved mixed forest

18. 刺叶栎林(Form. Quercus spinosa)

七、山地常绿落叶阔叶混交林 Mountainous deciduous – evergreen broadleaved mixed forest

19. 青冈、锐齿栎林(Form. Cyclobolanopsis sp.、Quercus aliena var. accuteserrata)

20. 以短柱柃为亚层的常绿落叶阔叶混交林(Form. Eurya brevistyla)

Ⅵ. 常绿阔叶林 Evergreen broadleaved forest

八、典型常绿阔叶林 Typical evergreen broadleaved forest

21. 楠林(Form. Phoebe sp.)

Ⅶ. 竹林 Bamboo forest

九、温性竹林 Temperate bamboo forest

(一)、山地竹林 Mountainous bamboo forest

22. 箭竹林(Form. Fargesia nitida)

十、暖性竹林 Warm bamboo forest

(二)、丘陵、山地竹林 Hilly and mountainous bamboo forests

23. 金竹林(Form. Phyllostachys sulphurca)

24. 狭叶方竹林(Form. Chimonobambusa angustifolia)

灌丛与灌草丛 Shrubs

Ⅷ. 落叶阔叶灌丛 Deciduous broadleaf shrubs

十一、高寒落叶阔叶灌丛 Cool – temperate deciduous broadleaf shrubs

25、柳灌丛 Salix shrub

十二、温性落叶阔叶灌丛 Temperate deciduoud broadleaf shrubs

26. 峨嵋蔷薇(Form. Rosa omeiensis)

27. 陕甘花楸灌丛(Form. Sorbus koehneana)

28. 杂灌丛(Form. spp)

十三、暖性落叶阔叶灌丛(Form. Sorbus koehneana)

29. 马桑灌丛(Form. Coriaria sinica)

30. 火棘、小果蔷薇灌丛(Form. Pyracantha fortuneana、Rosa cymosa)

草甸 Grassland

Ⅸ. 草甸 Grassland

十四、典型草甸 Typical grassland

31. 亚高山草地 Sub – alpine grassland

1.3.3 动物资源

1.3.3.1 动物种类

化龙山保护区共记录野生脊椎动物 374 种。其中哺乳纲动物 7 目 23 科 80 种；鸟纲 16 目 50 科 224 种；爬行纲 3 目 7 科 22 种；两栖纲 2 目 7 科 18 种；鱼纲 4 目 9 科 30 种。据资料记载（王玛丽等 2004），保护区已鉴定昆虫 608 种，隶属 155 科，其中仅蝶类就有 151 种，绢蝶科的冰清绢蝶 *Parnassius glacialis* 为国家保护蝶种。因此，化龙山自然保护区是我国巴山北部地区重要的野生动物种质资源库。

1.3.3.2 重点保护种类

18 种两栖纲动物有国家Ⅱ级重点保护物种 1 种，中国特有种 12 种；22 种爬行纲动物有国家Ⅱ级重点保护物种 1 种，中国特有种 2 种；224 种鸟类包括国家Ⅰ级重点保护物种 2 种，国家Ⅱ级重点保护物种 24 种；80 种哺乳动物中，国家Ⅰ级重点保护种类 4 种，国家Ⅱ级重点保护物种 10 种。

1.3.3.3 旅游资源

化龙山独特的地理位置和湿润的季风气候孕育了丰富的森林景观资源。区内山势雄伟，怪石嶙峋。华山之险，峨眉之秀，黄山之奇融为一体。山峰多呈金字塔形，层峦叠嶂，绿树泼墨，山青水秀，风景如画。晨昏雨后，危崖嵯峨高耸，自然天成。谷内烟岚上浮，山峰林木若隐若现，景象万千。区内河流众多，浪河风光奇异、俊秀、壮美。瀑布群镶嵌于峡谷之间，霓雾缥缈，流光倒影，逶迤多姿。

四季交替，植物景观变化万千。春天，万物复苏，百花盛开，群芳争艳。各种名贵兰花、迎春花、紫玉兰、海樱桃、腊梅花、金桂、银桂等野生花卉竞相开放，春意盎然。漫步花海，径幽香远，使人顿觉心旷神怡。夏季，漫山浓荫滴翠，高山草甸，嫩绿点点，莽莽松杉，青翠挺拔。漫步其中，游人可领略森林绿野、鸟语花香的自然景色。秋季，红叶如染，野果累累，又一派迷人景象。冬季，草木萧疏，栎桦凋零，青松伫立，雪压枝头，银装素裹，仿佛银柳闪烁，玉菊怒放，恰似北国风光。化龙山是一处集自然保护、旅游度假、探险和科普教育于一体的大自然博物馆。

1.4 化龙山地区动物资源研究考察历史

化龙山位于陕西省东南隅，南与重庆城口和湖北巫溪接壤，交通不便。关于该地区的动物学考察相对于秦岭地区较少。虽然近代西方国家对华生物学考察涉及了陕西的诸多地区（赵铁桥 1991a，b），但大部分限于秦岭。法国人 Sauvage 和 Dabry（1874）关于陕西南部鱼类新种（*Gobio imberbis* 和 *Nemachilus bleekeri*）的记录实为少见。建国之后，国家十分重视野生动物资源调查工作，中国科学院动物研究所、北京师范大学、四川生物研究所、西北大学、陕西师范大学、西北农学院、陕西卫生防疫站等单位的动物学工作者先后在陕西进行了大量的调查研究工作。黄洪福（1963，1965）对陕西南部、嘉陵江上游和渭河中段的鱼类区系进行了研究；郑作新等（1962）对秦巴山区的鸟类区系研究发现了陕西省鸟类新纪录 53 种；张保良等（1979）对多年人工养麝的经验进行了总结，为加强资源保护、提倡动物驯养繁殖提供了科学依据。

20 世纪 80 年代以来，在动物区系、珍贵动物生态学和动物资源保护方面的研究越来越多。陕西省秦岭大巴山地区哺乳类的分类和区系的研究报告较多（陈服官等，1980；王廷正等，1980；吴家炎等，1982；宋世英，1984）。王廷正等（1981）曾数次在大巴山地区进行鸟类调查，采集鸟类标本164种(亚种)。宋鸣涛(1982)对大巴山地区的两栖类进行了调查,之后发表了爬行动物新种——潘氏闭壳龟(1984);方荣盛(1981)和原洪(1983、1985)曾对陕西省两爬种类的区系作过详细研究,记录两栖类动物26种,爬行类51种。方树森等(1984)对陕西鱼类的报道涉及化龙山地区。《秦岭鱼类志》(陕西省动物研究所1987)涉及了很多采自大巴山的鱼类标本;《中国麝类》(吴家炎2006)对化龙山地区林麝的分布数量和保护状况进行了研究。

20世纪90年代至今,关于大巴山地区的动物研究不断增多。李保国等(1996)报道了陕西猕猴的栖息地和食物组成;陕西中国特有鸟类和秦岭大巴山鸟类调查涉及了化龙山地区(巩会生等2007a,b);温占强等(2008)、巩会生等(2008)报道了临近地区的米仓山保护区的鸟类组成。贺春霞等(2009)对化龙山地区(镇坪和平利)地表甲虫的多样性进行了研究报道。

关于化龙山地区的综合专项科学考察始于1990年代,由陕西省林业厅组建的化龙山自然保护区科学考察组对本区的鸟类也进行了调查。王玛丽等(2004)结合以往文献资料,报道本区分布野生陆栖脊椎动物251种(不含鱼类),其中哺乳纲动物7目23科55属77种;鸟纲13目33科97属141种;爬行纲2目7科15属19种;两栖纲2目6科7属14种。

本次科学考察在前人研究的基础上增加了化龙山鱼类资源的调查,记录本区鱼类4目9科30种。开展了翼手目兽类专项调查,发现了翼手目陕西省新纪录2种(大菊头蝠和西南鼠耳蝠)(裴俊峰2011,2012)。在鸟类调查中增加化龙山鸟类新纪录83种,其中陕西省鸟类新纪录4种——褐灰雀(龙大学等,2010)、黑头奇鹛(王卫东等,2012)、灰头鸦雀(荣海,王卫东,2011)和小太平鸟(吕建荣等,2013)。

第2章 鱼纲(Pisces)

鱼纲是适应水生生活的低等脊椎动物类群。体被鳞片、以鳃呼吸、以鳍运动的变温水生脊椎动物。除极少数地区外,不论从两极到赤道,或是由海拔6 000 m的高原山溪到万米深海都有鱼类生存。在长期的进化过程中,经过适应辐射演变成种类繁多、千姿百态、色彩绚丽和生活方式迥异的鱼类。鱼纲是脊椎动物中种类最多的一个类群,全世界约有22 000多种。

关于化龙山地区以往的鱼类调查资料较少。法国人Sauvage和Dabry(1874)发表了陕西南部的两个鱼类新种(*Gohio imberbis* 和 *Nemachilus bleekeri*);之后黄洪福等(1963)发表了"陕西省南部鱼类调查",共记载鱼类67种及亚种,分别隶属于5目9科50属;方树森等(1984)报道了陕西秦巴山区鱼类8目15科115种;陕西省动物研究所(1987)在《秦岭鱼类志》中记录了一新种——大鳞黑线鳌 *Atrilinen macrolepis* Song et Fang,标本采自陕西镇坪堵河上游。

本次科学考察(2010~2011)采用现场捕捞(网捕、电捕)和市场调查相结合的方法对化龙山保护区内的鱼类进行了调查和分析,结果如下。

2.1 区系分析

2.1.1 物种组成

保护区鱼类共计30种(表2-1)分别隶属4目9科26属。其中鲤形目鲤科12种,占种数的40%;鳅科7种,占种数23.34%;鲈形目鮨科3种,占种数的10%;鰕虎鱼科2种,占种数的6.67%;鲇形目鮠科2种,占种数的6.67%;平鳍鳅科、鲇科、鮡科及合鳃鱼科各1种,分别占种数的3.33%。鲤科鱼类为显著优势类群,其次为鳅科,30种鱼类均为纯淡水鱼类。

保护区水系属汉江水系,据《秦岭鱼类志》(陕西省动物研究所1987)记载,陕西汉江段共有鱼类106种,隶属于7目16科68属。化龙山自然保护区与陕西汉江段鱼类资源比较,其种类占陕西汉江段鱼类的28.3%,科数占56.25%,属数占38.24%,除种数所占比例低于3%以外,其科、属所占比例均在30%以上,在平均海拔1 000 m以上的山区,鱼类资源较为丰富。这反映了化龙山自然保护区的鱼类与汉江水系鱼类区系有着一定的起源联系。

2.1.2 区系分析

中国是鲤科鱼类最为丰富的国家之一,中国长江、黄河等各大江河鲤科鱼类的数目都占主要地位。中国鲤科鱼类占到鱼类总数的80%以上。陕西汉江段鲤科鱼类种数占到60%,化龙山自然保护区南江河和岚河水系属汉江水系,其鲤科鱼类种数仅占43.3%,其原因系保护区地处高山区,河流鳅科鱼类较多,占到了种数的20%,相应鲤科的种数比例自然有所降低。

我国地域辽阔,自然环境差异大,鱼类不同类群在国内的分布是不均衡的,具有十分明显的地域特点。综合分析南江河水系的 9 个科属的鱼类分别属南亚和东亚两个类群。

除鲤科鲃亚科的多鳞铲颌鱼、鲱科、平鳍鳅科属南亚类群鱼类以外,南江河鱼类大部分都属于鲤科东亚类群的鱼类,由于青藏高原鱼类向东扩散,在保护区内尚有鳅科的极少数高原鱼类分布(贝氏高原鳅),成为高原鱼类分布的边缘区。秦岭是中国鱼类动物地理古北界和东洋界的分界线,保护区在地理位置上属东洋界的北部边缘区,其鱼类区系成分具有过渡地带的特点,但主要成分还是属于长江中游鱼类区系。

根据《中国淡水鱼类的分布区划》(李思忠 1981)已知我国现有淡水鱼类 800 余种,其分布环境山脉、水系、海拔及气候各异,将我国淡水鱼类划分为 5 区、21 个亚区。

陕西省鱼类分布区划尚未进行过专门研究,但国内外学者在进行东亚或中国鱼类分布区划研究时,都曾涉及陕西省淡水鱼类分布区划,依贝尔格划分,陕西全境属于中印区的中国亚区;森为三将陕西全境划属古北区的中国亚区,其北部(陕西关中)属华北分区,陕西南部属长江中上游分区;张春霖将陕西秦岭以北划属江河平原区的分界地区;李思忠将陕西秦岭以北地区划为河海分区及江淮分区,秦岭以南地区属华东(江河平原)亚区。陈景、许涛清在《秦岭鱼类志》专著中,就有关秦岭在鱼类动物地理学中的位置研究中,将秦岭作为鱼类动物地理古北界和东洋界的分界线,秦岭以北属古北界,秦岭以南属东洋界。化龙山国家自然保护区位于秦岭以南的巴山地区,鱼类动物地理区划应属东洋界的北界线边缘。

表 2-1　陕西化龙山国家级自然保护区鱼类名录及分布

分布 目科种	南江河							岚河	
	干流	南江何支流						干流	支流
		浪河口	洪石河	裴河	竹溪河	鱼泉河	毛坝河		韩河
Ⅰ. 鲤形目 CYPRINFORMES									
(1)鳅科 Cobitidae									
1. 红尾副鳅 *Paracobitis variegatus*	+ *	+	+		+		+		
2. 背斑高原鳅 *Triplophysa pappenheimi*	+								
3. 贝氏高原鳅 *Triplophysa bleekeri*	+		+				+		
4. 紫薄鳅 *Leptobotia taeniops*	+	+			+				
5. 汉水扁尾薄鳅 *Leptobotia tientaiensis*(Wu)	+								
6. 中华花鳅 *Cobitis sinensis Sauvade et* Dabry	+								
7. 泥鳅 *Misgrunus anguilicaudatus*(Cantor)	+								
(2)鲤科 Cyprinidae									
8. 马口鱼 *Opsariichthys bidens* Günther	+								
9. 唇䱻 *Hemibarbus labeo* (Pallas)	+								
10. 宽鳍鱲 *Zacoo platypus*(Schlegel)	+			+		+			

续表

分布 目 科 种	南江河							岚河	
	干流	南江何支流						干流	支流
		浪河口	洪石河	裴河	竹溪河	鱼泉河	毛坝河		韩河
11. 拉氏鲅 *Phoxinus lagowskii* Dybowsky	+	+	+	+	+	+			
12. 大鳞黑线鳌鱼 *Atrilinea macrolepis*	+								
13. 鳌条 *Hemiculter leucisculus*(Basilewsky)	+	+					+		
14. 麦穗鱼 *Pseudorasbora parva*(Temminck et Schlegel)	+								
15. 短须颌须鮈 *Gnathopogon imberbis*(Sauvage et Dabry)	+		+		+		+	+	
16. 点纹颌须鮈 *Gnathopogon woterstorffi*	+								
17. 似鮈 *Psendogobio vaillanti*	+	+							
18. 片唇鮈 *Platysmacheilus exiguus*	+								
19. 多鳞铲颌鱼 *Scaphesthes macrolepis* (Bleeker)	+				+				
(3)平鳍鳅科 Homalopteridae									
20. 峨眉后平鳅 *Metahomaloptera omeiensis* Chang	+		+		+		+		
Ⅱ鲇形目 SILURIFORMES									
(4)鲇科 Siluridae									
21. 鲇 *Silurus asotus* Linnaeus	+								
(5)鲿科 Bagradae									
22. 黄颡鱼 *Pelteobugrus fulvidraco*(Richardsom)	+								
23. 粗唇鮠 *Leiocassis crassilabris* Günther	+								
(6)鮡科 Sisoridae									
24. 中华纹胸鮡 *Glytothorax sinense*	+								
Ⅲ鲈形目 PERCIFORMES									
(7)鮨科 Serranidae									
25. 大眼鳜 *Siniperca kneri*	+								
26. 鳜 *Siniperca chuatsi*	+								
27. 斑鳜 *Sinipercu scherzeri* Steindachner	+								
(8)鰕虎鱼科 Gobiidae									
28. 栉鰕虎鱼 *Ctenogobius giurinus*(Rutter)	+								
29. 神农栉鰕虎鱼 *Ctenogobiusd shennongensis*	+								
Ⅳ合鳃鱼目 SYNBRANCHIFORMES									
(9)合腮鱼科 Synbranchidae									
30. 黄鳝 *Monopterus albus*								+	

* + 表示在该条河流采到标本。

2.2 群落结构及多样性组成

2.2.1 群落结构

如表 2－1 所示，在化龙山保护区内采集的 30 种鱼类在汉江支流南江河干流均有记录。其支流浪河记录 5 种，分别是红尾副鳅 *Paracobitis variegatus*、紫薄鳅 *Leptobotia taeniops*、拉氏鲅 *Phoxinus lagowskii*、鳘条 *Hemiculter leucisculus* 和似鮈 *Psendogobio vaillanti*，占总数的 16.67%；洪石河也采集到 5 种，分别是红尾副鳅、贝氏高原鳅 *Triplophysa bleekeri*、拉氏鲅、短须颌须鮈 *Gnathopogon imberbis* 和峨眉后平鳅 *Metahomaloptera omeiensis*，占总数的 16.67%；裴河只记录 1 种，即拉氏鲅，占总数的 3.33%；竹溪河记录到 7 种，分别是红尾副鳅、紫薄鳅、宽鳍鱲 *Zacoo platypus*、拉氏鲅、短须颌须鮈、多鳞铲颌鱼 *Scaphesthes macrolepis* 和峨眉后平鳅，占总数的23.33%；鱼泉河也只采到拉氏鲅 1 种；毛坝河采到 8 种，分别是红尾副鳅、贝氏高原鳅、马口鱼 *Opsariichthys bidens*、宽鳍鱲、鳘条、短须颌须鮈、峨眉后平鳅和黄鳝 *Monopterus albus*，占总数的 26.67%。汉江另一条支流岚河只采到短须颌须鮈 1 种，占 3.33%。

2.2.2 多样性组成

以南江河及其支流采集的 24 种鱼类为例进行多样性分析，结果表明，无论从优势度(Simpson 指数 *D*)、多样性(Shannon－wiener 指数 *H′* 和 Brillouin 指数 *H*)还是均匀度(Pielou 指数 *J′* 和 McIntosh 指数 *DMc*)来看，南江河干流均高于其支流水平(表 2－2)。

表 2－2　化龙山保护区南江河及其支流的生物多样性比较

种　类	干　流		支　流	
	个体数	比例(%)	个体数	比例(%)
1. 峨眉后平鳅 *Metahomaloptera omeiensis*	64	9.97	18	3.6
2. 栉鰕虎鱼 *Ctenogobius giurinus*	3	0.47	0	0
3. 似鮈 *Psendogobio vaillanti*	40	6.23	2	0.4
4. 短须颌须鮈 *Gnathopogon imberbis*	39	6.07	28	5.6
5. 麦穗鱼 *Pseudorasbora parva*	35	5.45	0	0
6. 多鳞铲颌鱼 *Scaphesthes macrolepis*	94	14.64	48	9.6
7. 泥鳅 *Misgrunus anguilicaudatus*	1	0.16	0	0
8. 神农栉鰕虎鱼 *Ctenogobiusd shennongensis*	1	0.16	0	0
9. 餐条 *Hemiculter leucisculus*	212	33.02	3	0.6
10. 鲇 *Silurus asotus*	1	0.16	0	0
11. 大鳞黑线鳘 *Atrilinea macrolepis*	1	0.16	0	0
12. 马口鱼 *Opsariichthys bidens*	20	3.12	1	0.2
13. 宽鳍鱲 *Zacoo platypus*	12	1.87	20	4
14. 唇鲭 *Hemibarbus labeo*	5	0.78	0	0

续表

种　类	干　流		支　流	
	个体数	比例(%)	个体数	比例(%)
15. 汉水扁尾薄鳅 *Leptobotia tientaiensis*	1	0.16	0	0
16. 粗唇鮠 *Leiocassis crassilabris*	1	0.16	0	0
17. 中华花鳅 *Cobitis sinensis*	5	0.78	0	0
18. 点纹颌须鮈 *Gnathopogon woterstorffi*	5	0.78	0	0
19. 红尾副鳅 *Paracobitis variegatus*	16	2.49	37	7.4
20. 片唇鮈 *Platysmacheilus exiguus*	1	0.16	0	0
21. 拉氏鲅 *Phoxinus lagowskii*	50	7.79	270	54
22. 贝氏高原鳅 *Triplophysa bleekeri*	35	5.45	57	11.4
23. 紫薄鳅 *Leptobotia taeniops*	0	0.00	15	3
24. 黄鳝 *Monopterus albus*	0	0	1	0.2
Simpson 优势度指数(D)	0.8610		0.6923	
Shannon – wiener 多样性指数(H')	3.4350		2.2873	
Brillouin 多样性指数(H)	3.3382		2.3571	
Pielou 均匀度指数(J')	0.7774		0.6775	
Mclntosh 均匀度指数(DMc)	0.6641		0.4411	

此外随着海拔高度的变化，南江河干流鱼类组成的多样性也发生了相应的变化，优势度、多样性和均匀度都随着海拔的逐渐升高而下降，海拔升高，河道变窄，水温下降，鱼类的种类减少，个别种类呈现集中分布(表2－3)。

表2－3　南江河鱼类多样性随海拔高度的变化

样方序号	地　点	海拔高度(m)	物种数	Simpson 指数(D)	Shannon – wiener 指数(H')	Pielou 指数(J')	Brillouin 指数(H)	Mclntosh 指数(DMc)
1	双河口	578	11	0.8971	3.2304	0.8828	2.5002	0.7496
2	双河口	580	8	0.8432	2.6344	0.8302	2.2563	0.6456
3	安宁渡	610	8	0.7859	2.4166	0.7919	2.1079	0.5656
4	白竹峡	623	10	0.7504	2.4863	0.7158	2.1036	0.5491
5	水晶坪	623	7	0.5464	1.7044	0.5968	1.4773	0.3658
6	石灰陀	650	7	0.6838	1.9863	0.6957	1.7250	0.4753
7	浪河口	650	4	0.5723	1.3855	0.7183	1.3435	0.3797
8	白家电站	787	6	0.7621	2.1508	0.8189	1.9192	0.5151
9	锦鸡洞	881	5	0.8019	2.2968	1.0249	2.1513	0.6789

第3章

两栖纲(Amphibia)

两栖纲是首次登陆的陆栖脊椎动物类群。在动物进化中最主要的进步性特征是五趾型四肢和肺首次出现,初步解决了在陆地上的运动和呼吸。但其皮肤裸露、体温不恒定和不能在陆地上繁殖等不完善特征限制了其生活环境、季节和分布范围。现存两栖类多生活于热带、亚热带和温带地区。

关于化龙山两栖动物调查的报道较少,仅有胡淑琴等(1966)较为系统地报道了秦岭及大巴山地陕西境内的两栖纲动物14种;王廷正等(1981)在大巴山动物资源调查报告中仅涉及了大鲵(*Andrias davidianus*);在之后的保护区第一次科学考察后,李家俊和赵一庆(1999)、王玛丽等(2004)记录了两栖纲动物14种。

化龙山保护区地处陕西省最南端,区内辖镇坪县上竹、牛头店、曾家等乡镇和平利县的八仙镇。气候特征属于北亚热带山地湿润气候,海拔落差较大(500 ~ 2 917 m),地域性小气候特征显著。因此区内两栖纲动物的区系组成和生态分布也有着自身的规律和特点。

3.1 区系分析

3.1.1 物种组成

本次调查结果表明,化龙山保护区现有两栖纲动物2目7科18种(表3-1)。占中国两栖动物种类总数(280种)的6.4%,占陕西省两栖动物种类总数(28种)的64.2%。其中有尾目(也称蝾螈目 Salamandriformes)2科2属3种,隐鳃鲵科的大鲵为中国特有种类,国家II级重点保护物种;小鲵科的巫山北鲵(*Ranodon wushanensis*)、秦巴北鲵(*Ranodon tsinpaensis*)是中国特有种类。无尾目(也称蛙形目 Raniformes)5科9属15种,锄足蟾科的小角蟾(*Megophrys minor*)、淡肩角蟾(*Megophrys boettgeri*)宝兴齿蟾(*Oreolalax popei*),蟾蜍科的华西蟾蜍(*Bufo andrewsi*)、蛙科的隆肛蛙(*Rana quadranus*)、花臭蛙(*Odorrana schmackeri*)、崇安湍蛙(*Amolops chunganensis*)和金线侧褶蛙(*Pelophylax plancyi*),姬蛙科的合征姬蛙(*Microhyla mixtura*)均为中国特有两栖动物。王玛丽等(2004)认为,化龙山自然保护区两栖纲动物种类较为缺乏(14种)。本次调查结果表明,保护区两栖类18种,其中淡肩角蟾、宝兴齿蟾和斑腿树蛙为保护区的新纪录种,金线侧褶蛙为陕西省的新纪录种类。预测随着调查的不断深入,除了毛乌素风沙区分布的黑龙江林蛙(*Rana amurensis*)和黄土高原分布的花背蟾蜍(*Bufo raddei*)以外,秦巴山区分布的两栖类在区内均有可能存在。

表 3－1　化龙山自然保护区两栖纲动物名录

目、科、种	区系成分			海拔(m)	地理型	保护级别	备注
	O	P	G				
I. 有尾目 CAUDATA							
一、隐鳃鲵科 Cryptobranchidae							
1. 大鲵 Andrias davidianus			+	760～2 000	E	II	中国特有种
二、小鲵科 Hynobiidae							
2. 巫山北鲵 Ranodon wushanensis			+	1 500～2 000	Sn	Sy	中国特有种
3. 秦巴北鲵 Ranodon tsinpaensis			+	1 500～2 000	Sh	Sy	中国特有种
II. 无尾目 AUNRA							
三、锄足蟾科 Pelobatidae							
4. 小角蟾 *Megophrys minor*	+			760～2 500	Sd	Sy	中国特有种
5. 淡肩角蟾 *Megophrys boettgeri*	+			500～1 600	Sd	Sy	中国特有种
6. 宝兴齿蟾 *Oreolalax popei*	+			1 000～2 900	Hc	Sy	中国特有种
四、蟾蜍科 Bufonidae							
7. 中华蟾蜍 *Bufo gargarizans*			+	760～2 900	Eg	Sy	
8. 华西蟾蜍 *Bufo andrewsi*			+	760～2 900	Sa	Sy	中国特有种
五、蛙科 Ranidac							
9. 泽蛙 Rana limnocharis	+			760～1 500	We		
10. 黑斑蛙 *Rana nigromaculata*			+	760～2 000	Ea	Sy	
11. 隆肛蛙 Rana quadranus	+			760～2 500	Sh	Sy	中国特有种
12. 中国林蛙 *Rana chensinensis*			+	760～1 500	Xa	Sy	
13. 花臭蛙 *Odorrana schmackeri*	+			760～1 500	Si	Sy	中国特有种
14. 崇安湍蛙 *Amolops chunganensis*	+			2 000～2 500	Si	Sy	中国特有种
15. 金线侧褶蛙 *Pelophylax plancyi*	+			760～1 000	E	Sy	特有，陕西记录
六、树蛙科 Rhacophoridae							
16. 斑腿树蛙 *Rhacophorus megaecephalus*	+			500～1 000	Wd	Sy	化龙山新纪录
七、姬蛙科 Microhylidae							
17. 饰纹姬蛙 *Microhyla ornata*	+			760～1 500	Wc	Sy	
18. 合征姬蛙 *Microhyla mixtura*	+			760～1 500	Si	Sy	中国特有种

注：保护级别：II 国家二级重点保护物种；Sy 中国“三有物种”。区系成分：O 东洋界种类；P 古北界种类；G 广布种类。地理型：E 季风型，Ea 季风型（延伸至远东地区），Eg 季风型（至乌苏里）；Hc 喜马拉雅—横断山型；Sa 南中国型（热带），Sh 南中国型（中、北亚热带），Si 南中国型（中亚热带），Sn 南中国型（北亚热带）；Xa 东北—华北型（至阿穆尔）；Wc 东洋型（热带—中亚热带），Wd 东洋型（热带—北亚热带），We 东洋型（热带—温带）。

3.1.2 区系成分

表 3－1 表明,在化龙山保护区的 18 种两栖类中,东洋界种类 11 种,广布种类 7 种,分别占 61.11% 和 38.89%,区内无古北界两栖类物种存在。绝大多数两栖纲种类生活在温暖潮湿的热带或亚热带地区,随着纬度的升高,两栖纲种类的分布越来越少,如陕西省两栖纲中古北界种类仅占全省的 10.7%(3 种)(于晓平等 未发表)。秦岭是东洋界和古北界的分界线,对物种的分布具有显著的阻隔作用,因此保护区内无古北界两栖类物种是由该类群动物的地理分布格局和秦岭的阻隔作用共同决定的。

3.2 地理分布

化龙山保护区在中国自然景观区划中地处东部季风区北、中亚热带湿润区。植被类型以落叶阔叶林和常绿阔叶林为主。在中国动物地理区划中属于东洋界华中区西部山地高原亚区的秦岭—大巴山地省(张荣祖 1999)。该区位于陕西省东南隅,东与秦岭—武当山地为界,南与四川盆地和川鄂山地相邻,西望岷山山地,北临渭河谷地和陇东—六盘山地。特殊的自然地理条件使得区内两栖类动物的地理成分较为复杂(图 3－1)。

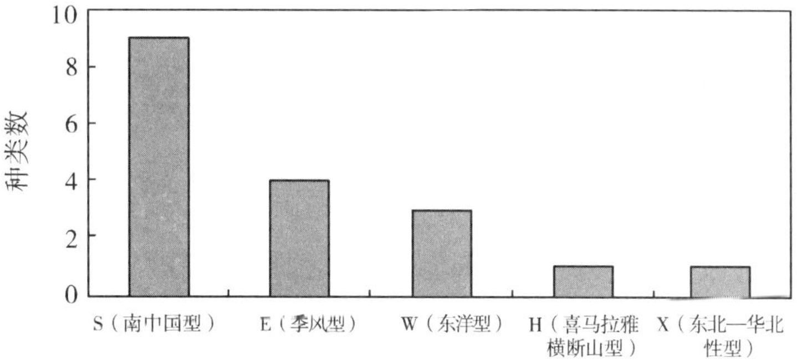

图 3－1　化龙山保护区两栖纲动物地理分布型

如图 3－1 所示,化龙山保护区两栖类中的南中国型(S)最为丰富,有 9 种,占总数的 50.0%,其中热带型(Sa)1 种,热带—北亚热带型(Sd)2 种,中北、亚热带型(Sh)2 种,中亚热带型(Si)3 种,北亚热带型(Sn)1 种;东部季风型(E)种类 4 种,占总数的 22.2%,其中包括典型的季风型(E)种类 2 种,阿穆尔远东型(Ea)和乌苏里朝鲜型(Eg)各 1 种;东洋型(W)种类 3 种,占总数的 16.7%,其中包括热带—中亚热带型(Wc)、热带—北亚热带型(Wd)和热带—温带型(We)各 1 种;此外区内还分布有喜马拉雅—横断山型(Hc)和东北—华北型(Xa)种类各 1 种,分别仅占总数的 5.6%。以南中国型种类为主的分布格局充分体现了本区的北、中亚热带温湿气候特征,东洋型和季风型种类次之体现该区在中国动物地理区划中的位置所在,另有少量西南区成分(喜马拉雅—横断山型)和华北成分(东北—华北型)渗入本区。

3.3 生态分布

与纬度对两栖纲动物的影响类似,随着海拔的升高,它们的分布也会发生较大的变化。化龙山保护区海拔范围500～2 917 m，不同海拔梯度上分布着不同的种类（表3－1，图3－2）。500～1 000 m之间，气候为暖湿润低中山气候，植被类型为常绿阔叶林和落叶阔叶林，种类最为丰富，绝大多数种类在本区出现，有14种，占77.8%；1 000～2 000 m之间为暖温过湿润高中山气候，植被类型为针阔混交林向针叶林的过渡地带，种类相对减少，有11种，占62.1%；2 000～2 500 m之间为凉温过湿润亚高山气候，植被在针阔混交林上线和针叶林带，种类显著减少，有5种，占27.8%；2 500 m以上是针叶林向高山草甸的过渡地带，种类最少，仅有3种，占16.7%，而且这些种类是相对耐寒、耐旱的种类，如中华蟾蜍、华西蟾蜍和宝兴齿蟾。

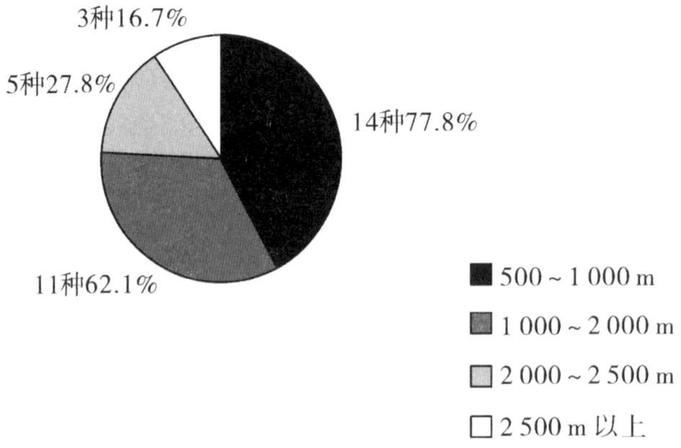

图3－2　化龙山保护区两栖类的垂直分布

3.4 珍稀及特有物种

化龙山保护区的18种两栖纲动物仅有1种国家保护物种——大鲵（*Andrias davidianus*）其余均为国家“三有”动物。因两栖类分布的局限性，其分布的特有化特征十分明显。本区内拥有中国特有物种12种，占总数的66.67%。此外本次调查还发现了保护区的新纪录淡肩角蟾（*Megophrys boettgeri*）、宝兴齿蟾（*Oreolalax popei*）、斑腿树蛙（*Rhacophorus megaecephalus*）和金线侧褶蛙（*Pelophylax plancyi*），其中金线侧褶蛙为陕西省新纪录。现将它们的分类地位、形态特征、地理分布和保护状况分述如下。

（1）大鲵

学　　名　*Andrias davidianus*

英 文 名　Chinese Giant Salamander

分类地位　有尾目 Caudata 隐鳃鲵科 Cryptobranchidae

形态特征　体大，成体全长一般1 m左右，头体扁平，头长略大于头宽；外鼻孔小，近吻端；眼很小，无眼睑，位于头的背上方；犁骨齿列呈“⌒⌒”形与上颌齿平行；鼻骨与上颌骨相接；额骨不入外鼻孔。四肢短扁，指4、趾5，尾短而侧扁。体表皮肤光滑，具有成对疣粒，头部的更明显。体侧具纵行皮肤褶。体色变异大，以棕黑色为多，随生境不同有的呈褐色、浅棕色、绿褐色等，常有黑色或深褐色花斑。

生态分布　中国特有种。国内分布于河北、河南、山西、甘肃、青海、四川、云南、贵州、湖北、安徽、江苏、浙江、江西、湖南、福建、广东、广西。在我省主要分布于秦岭主脊以南秦巴山区长江水系的较大河溪之内;在秦岭北坡属黄河水系渭河支流的较高海拔处偶有分布,但数量极少。

生态习性　主要营水栖生活,多栖息于水流较缓的河流、大溪流之岩洞或深潭中。成体常营单栖生活,幼体喜集群。白天很少活动,偶尔上岸晒太阳,夜间觅食,多在滩口或浅滩处捕食。主要以蟹、鱼、蛙、虾、水蛇、水生昆虫等为食。

数量状况　1999 ~ 2000 年陕西省两栖爬行动物专项调查结果显示,大鲵在我省适生境内平均居群密度为 0.66 尾/hm^2,适生境面积约为 79 000 hm^2,全省大鲵贮存量估计在 5 万尾左右。在秦巴山地的分布规律是秦岭北坡极少,秦岭南坡较少,米仓山及大巴山地区数量相对较多。大鲵是我省两栖动物中唯一的国家Ⅱ级重点保护野生动物,由于其具有较高的经济价值,一些不法之徒在巨额利益驱动下,在大鲵资源产地采取掠夺式的捕捉方式,使野生资源数量急剧减少,少数产地近于枯竭,全省大鲵野生资源处于临危等级,目前野外已经很难见到。

保护级别　国家Ⅱ级重点保护动物。

(2) 巫山北鲵

学　　名　*Randon shihi*

英 文 名　Wushan Salamander

分类地位　有尾目 Caudata 小鲵科 Hynobiidae

形态特征　雄鲵 151 ~ 200 mm,雌鲵 133 ~ 162 mm。头长略大于宽,唇褶发达;犁骨齿 2 短列,间距宽,呈"/\"形,前颌囟较大。皮肤光滑,肋沟 11 条;前后肢贴体相对时,指、趾多达对方的掌、蹠部;掌、蹠部腹面有棕色角质鞘,指 4,趾 5。尾高甚侧扁,尾肌和鳍褶发达。体尾黄褐、灰褐或绿褐色,有黑褐色或浅色大斑,腹面乳黄有黑褐色细斑点。

生态分布　中国特有种。国内分布于河南(商城)、四川(东部)、湖北(西部)。我省分布限于秦岭南坡、汉江谷地和巴山山地。

生态习性　栖息于 910 ~ 2 350 m 的山区流溪中。沟内石块甚多,水流平缓,一般两岸植被较为丰富。成鲵以水栖为主,多伏于溪流水内石下,少数上岸活动。3 月下旬至 4 月上旬为繁殖季节,雌鲵产出卵鞘袋 1 对,共有卵 12 ~ 42 粒。主要捕食毛翅目等水生昆虫幼虫及金龟子等。

数量状况　较常见。

保护级别　列入中国国家林业局 2000 年 8 月 1 日发布的《国家保护的有益的或者有重要经济、科学研究价值的陆生野生动物名录》。

(3) 秦巴北鲵

学　　名　*Ranodon tsinpaensis*

英 文 名　Tsinpa Salamander

分类地位　有尾目 Caudata 小鲵科 Hynobiidae

形态特征　雄鲵全长 119 ~ 142 mm,头体长 62 ~ 71 mm。头部扁平,无唇褶,犁骨齿列较短呈"、ˊ",每侧有齿 7 ~ 10 枚,有前颌囟。皮肤光滑,肋沟 13 条;前后肢贴体相对时,指、趾末端仅相遇,指 4,趾 5。雄性头体及四肢无白刺。尾略短于头体长,尾鳍褶较明显。体尾背面金黄色与深棕褐色交织成云斑状;腹面藕色,杂以细白点。

生态分布　中国两栖类特有种。分布于陕西(周至、宁陕)、四川(万源)。主要分布于秦岭主脊两侧附近的周至、佛坪县境内。化龙山保护区曾在浪河高山溪流中采到标本(王玛丽等 2004)。

生态习性　秦巴北鲵在我省生活在海拔 1 600 m 以上的秦岭南坡和北坡小山溪附近,山溪一般 1 ~ 2 m 宽,坡度不大(15°左右)。山溪边植被茂密,多为草本植物及灌木丛,少有高大乔木。栖居处阳光不易照到,水温较低(10℃左右)。成体白昼栖居在水已干或近于干枯的山溪内大石块下方或碎石泥堆缝中,或隐蔽在距山溪 1 m 左右岸边石缝内,栖息地都很潮湿。成体除生殖期外,一般不直接生活于水中。

数量状况　常见。1999 ~ 2000 年陕西省两爬专项调查显示秦巴北鲵在我省适生境内平均居群密度为 2.55 尾/hm^2,总数量约 10 000 尾。

保护级别　列入中国国家林业局 2000 年 8 月 1 日发布的《国家保护的有益的或者有重要经济、科学研究价值的陆生野生动物名录》。

(4) 小角蟾

学　　名　*Megophrys minor*

英 文 名　Little Horned Toad

分类地位　无尾目 Anura 锄足蟾科 Pelobatidae

形态特征　体小,雄蟾体长 37 mm,雌蟾 43 mm 左右。头长宽几乎相等,吻盾形,显著突出于下唇,鼓膜大而圆,犁骨棱不显,无犁骨齿。整个背面较为光滑,有排列成行及分散的小痣粒;上眼睑小疣多,无明显的角状大疣,体侧有小圆疣。后肢较长,胫跗关节前达眼部;指、趾端圆,趾侧无缘膜,趾间有蹼迹。体背面多为黄橄榄斑纹。雄性肛门上方不呈弧状凸出,第一、二指有细小婚垫。

生态分布　中国两栖类特有种。分布于四川、贵州。陕西省见于秦岭南坡、汉江谷地和巴山地区。

生态习性　生活于海拔 1 000 m 左右的山溪附近的草丛中。夏季雨夜或雨后的晴天夜晚发出“呷、呷、呷……”的连续鸣声。

数量状况　偶见。

保护级别　列入中国国家林业局 2000 年 8 月 1 日发布的《国家保护的有益的或者有重要经济、科学研究价值的陆生野生动物名录》。

(5) 华西蟾蜍

学　　名　*Bufo raddei*

英 文 名　West China Toad

分类地位　无尾目 Anura 蟾蜍科 Bufonidae

形态特征　雄蟾体长 73.2 mm,雌蟾 100 mm 左右。头宽大于头长,吻端圆而高,吻棱明显;鼻间距小于眼间距;上眼睑无显著的疣;鼓膜显著,近圆形。皮肤粗糙,背部布满大小不等的圆形瘰粒,仅头部平滑,耳后腺大呈长圆形;腹部满布疣粒,胫部瘰粒大,一般无跗褶。雄性背面墨绿色或褐绿色,雌性背面色浅,呈土褐色;腹面乳黄色与棕色或黑色形成花斑,一般无土红色斑纹。雄性内侧 3 指基部有黑色婚垫,无声囊。卵径 1.5 mm 左右,动物极黑色,植物极棕色。

生态分布　中国特有种。除宁夏、新疆、西藏、青海、云南、海南外,其余各省、区均有分布。华西蟾蜍在我省主要分布于西安、宝鸡、汉中所辖秦巴山区的各县境内。

生态习性　生活在不同海拔区的多种生境中。除冬眠和繁殖期在水中生活外,一般多在陆地草丛、林下、居民点周围或沟边、山坡的石下或土穴、石洞等潮湿地方栖息。黄昏时出来捕食,其食性较广。

数量状况　常见。据 1999 ~ 2000 年两爬专项调查,华西蟾蜍在分布区适生境内平均居群密度为 16.38 只/hm^2,适生境面积约为 28 245 hm^2,全省华西蟾蜍贮存量估计在 45 万只左右。

保护级别　列入中国国家林业局 2000 年 8 月 1 日发布的《国家保护的有益的或者有重要经济、科学研究价值的陆生野生动物名录》。

(6) 隆肛蛙

学　　名　*Rana quadranus*

英 文 名　Swelled Vent Frog

分类地位　无尾目 Anura 蛙科 Ranidae

形态特征　体较肥硕,雄蛙体长 82 mm,雌蛙 90 mm 左右。头宽大于头长。吻棱明显;鼓膜小而不显。除头顶及体背前部较光滑外,体背后部、体侧满布疣粒,有的体背前亦散有疣粒;眼后方有 1 条横肤沟。前肢细而不粗壮;指、趾末端球状;后肢长、胫跗关节前达鼻孔前方;无跗褶,趾间满蹼,外侧蹠间蹼达蹠长之半,第五趾外侧缘膜仅达趾基部。背面橄榄绿而略带黄横纹清晰;腹面多为鲜黄色。雄蛙肛部周围皮肤呈囊状泡起;指上无婚刺,前臂、胸腹部无刺;亦无声囊和雄性线。卵径 3 ~ 4 mm,动物极深棕色,有 1 个浅色圆环。

生态分布　中国特有种。国内分布于河南、山西、甘肃、四川、湖南、湖北、安徽。我省常见于秦岭南北坡和秦巴山地。

生态习性　生活于海拔 500 ~ 1 830 m 山区的大小流溪或沼泽地水坑中或其附近灌木、草丛地带。白天多隐伏于清澈溪底的石缝间、石块下或小瀑布下的石洞内,亦有藏匿在溪边石隙或草丛中的,夜晚活动于溪边或附近的耕地内。

数量状况　常见蛙类。据 1999 ~ 2000 年两爬专项调查,隆肛蛙在我省适生境内的平均居群密度为 23.26 只/hm^2,适生境面积约为 171 204 hm^2,全省隆肛蛙的贮存量估计在 400 万只左右。

保护级别　列入中国国家林业局 2000 年 8 月 1 日发布的《国家保护的有益的或者有重要经济、科学研究价值的陆生野生动物名录》。

(7) 花臭蛙

学　　名　*Odorrana schmackeri*

英 文 名　Piebald Odorous Frog

分类地位　无尾目 Anura 蛙科 Ranidae

形态特征　雄蛙体长 44 mm,雌蛙 80 mm 左右。鼓膜大,约为第三指吸盘的 2 倍;上眼睑、体后背部及后肢背面均无小白刺;体侧无背侧褶。指、趾具吸盘,纵径大于横径,均具有复侧沟,第三指吸盘宽度不大于其下方指节的 2 倍;胫跗关节前达鼻孔或眼鼻之间,趾间全蹼缺刻深,第四趾末 2 指节以缘膜达指端。体背面为绿色,间以棕褐色或褐黑色大斑点,多近圆形并镶以浅色边。

生态分布　中国特有种,化龙山保护区新记录。分布于河南、甘肃、四川、贵州、湖北、安徽、江苏、浙江、江西、湖南、福建、广东、广西。我省见于秦岭南坡、汉江谷地和巴山山地。

生态习性　生活于海拔 1 400 ~ 2 000 m 的大小山溪内。7 ~ 8 月为繁殖期,夜间发出鸣叫声。

数量状况　偶见。

保护级别　列入中国国家林业局 2000 年 8 月 1 日发布的《国家保护的有益的或 者有重要经济、科学研究价值的陆生野生动物名录》。

(8) 崇安湍蛙

学　　名　*Amolops chunganensis*(*Pope*)

英 文 名　Chungan Torrent Frog

分类地位　无尾目 Anura 蛙科 Ranidae

形态特征　雄蛙体长 37 mm,雌蛙 50 mm 左右。头长略大于头宽,吻端钝圆,吻长略短于眼径;鼓膜远大于第三指吸盘;犁骨齿 2 斜列。体背面皮肤光滑满布极小痣粒,背侧褶平直。各指吸盘较小均具横沟;胫跗关节前达吻端或吻眼之间;内蹠突卵圆形,有外蹠突;第四趾蹼达第三关节下瘤,其余趾为全蹼。体背面橄榄绿色、灰棕或棕红色,有不规则深色斑点或不明显;四肢有横纹;腹面浅黄色,咽胸部有云斑。雄蛙第一指具婚垫,有 1 对咽侧下外声囊,有雄性线。卵径 2.8 mm 左右,白色。

生态分布　中国特有种。分布于甘肃、四川、贵州、浙江、湖南、福建、广东。我省主要分布于秦岭北坡,巴山地区也有分布,曾于化龙山保护区千家坪林场和八仙镇采到标本。

生态习性　生活于海拔 700 ~ 1 800 m 林木繁茂的山区。非繁殖期间分散栖于林间,繁殖季节在 7 月。

数量状况　较常见。

保护级别　列入中国国家林业局 2000 年 8 月 1 日发布的《国家保护的有益的或者有重要经济、科学研究价值的陆生野生动物名录》。

(9) 金线侧褶蛙

学　　名　*Pelophylax plancyi*

英 文 名　Beijing Gold - striped Pond Frog

分类地位　无尾目 Anura 蛙科 Ranidae

形态特征　雄蛙体长 55 mm,雌蛙 67 mm 左右。头略大于头宽;吻钝圆;鼓膜大而明显,略小于眼径。背面皮肤光滑或有疣粒,体侧疣粒显著;背侧褶宽而明显,前段窄,中段宽,直达胯部。后肢较粗短,左右跟部不相遇,胫跗关节前伸达眼后角;内蹠突极发达,略短于第一趾。背面绿色、暗绿色或橄榄绿色;背侧褶及鼓膜棕黄色,四肢背面有棕色斑,大腿后背面云斑少;有清晰的黄色及酱色纵纹;腹面淡黄色,咽胸部及胯部金黄色。雄性第一指有婚垫;有 1 对咽侧内声囊,有雄性线。卵径 1.4 mm 左右,动物极褐色。

生态分布　中国两栖类特有种。陕西两栖类新记录,本次调查在镇坪牛头店采到标本。国内分布于辽宁(东沟)、河北、山东、河南、山西、安徽、江苏、浙江、江西。

生态习性　生活在平原、丘陵地区的水田、池塘、沟渠的静水域中,在水草丛生的水塘内数量较多。繁殖季节在 4 ~6 月,成蛙主要捕食小型昆虫及其他小动物。

数量特征　偶见。

保护级别　列入中国国家林业局 2000 年 8 月 1 日发布的《国家保护的有益的或者有重要经济、科学研究价值的陆生野生动物名录》。

(10) 斑腿树蛙

学　　名　*Rhacophorus megacephalus*

英 文 名　Spot - legged Treefrog

分类地位　无尾目 Anura 树蛙科 Rhacophoridae

形态特征　体扁而窄长,雄蛙体长 53 mm,雌蛙 76 mm 左右。鼓膜大而明显;犁骨齿强。背面皮肤光滑,有细小痣粒。指间无蹼;指侧均有缘膜。胫跗关节前达眼与鼻孔之间;趾间蹼弱,第四趾外侧趾间蹼达远端两个关节下瘤之间,其余各趾以缘膜达趾端;外侧蹠间蹼不发达,一般有深色“X”形斑或为纵条纹,有的仅散有深色斑点;腹面乳白色,咽喉部有深色斑;股后有网状斑。雄性第一、第二指基部有乳白色婚垫;通常具内声囊;有雄性线。卵白色,卵径 1.5 mm 左右。

生态分布　化龙山保护区新纪录。广泛分布于秦岭以南各省(区),如甘肃、湖北、安徽、江苏、浙江、江西、湖南、福建、台湾、四川、云南、贵州、西藏、广东、海南、广西、香港。我省主要分布于秦岭南坡、汉江谷地和巴山山地。

生态习性　生活在海拔 80 ~1 600 m 的丘陵和山区,常栖息在稻田、草丛或泥窝内,或在田埂石缝以及附近的灌木、芭蕉叶基部和地面的腐叶下。傍晚发出“啪、啪、啪”的鸣叫声。行动较缓,跳跃能力不强。繁殖期因地而异。

数量状况　少见。

保护级别　列入中国国家林业局 2000 年 8 月 1 日发布的《国家保护的有益的或者有重要经济、科学研究价值的陆生野生动物名录》。

第4章 爬行纲（Reptilia）

爬行动物是完全摆脱对水环境的依赖而真正征服陆地的脊椎动物类群，可以适应各种不同的陆地生活环境。爬行动物也是统治陆地时间最长的动物，其主宰地球的中生代也是整个地球生物史上最引人注目的时代。爬行动物不仅曾是陆地上的绝对统治者，而且遍布海洋和天空，地球上没有任何一类其他脊椎动物类群有过如此辉煌的历史。现在虽然大多数爬行动物的类群已经灭绝，但就种类来说，爬行动物仍然是非常繁盛的一群，其种类数量仅次于鸟类。由于摆脱了对水环境的依赖，爬行动物的分布受温度影响较大。现存的爬行动物大多数分布于热带、亚热带地区，在温带和寒带地区则很少，只有少数种类可到达北极圈附近或分布于高山上，而在热带地区，无论湿润地区还是较干燥地区，种类都很丰富。目前世界上的爬行动物有 8 000 种之多，我国有 380 余种，陕西省爬行动物 51 种。本次调查和文献记录显示化龙山保护区拥有爬行纲动物 22 种。

与两栖纲类似，受变温动物自身生理条件影响，爬行动物的分布仍然受到环境条件（尤其是气温条件）的限制。化龙山保护区的气候特征属于北亚热带山地湿润气候，海拔落差较大（500～2 917 m），地域性小气候特征显著。因此区内爬行纲动物的区系组成和生态分布也有着自身的规律和特点。

4.1 区系分析

4.1.1 物种组成

本次调查结果表明，化龙山保护区现有爬行动物 3 目 7 科 22 种（表 4－1）。占中国爬行动物总数（380 种）的 5.8%，占陕西省爬行动物总数（51 种）的 43.1%。其中龟鳖目（TESTUDOFORMES）2 科 3 属 4 种，龟科中的潘氏闭壳龟（*Cuora pani*）是 1981 年首次发现于陕西省平利县的新种记录（宋鸣涛 1984），分布区极为狭窄。之后在四川（李东 2000）、河南（黄斌和黄勇 2011）等地相继发现该种的新分布地。鳖科中的山瑞鳖（*Trionyx steindachneri*）是我国 II 级重点保护物种；蜥蜴目（LACERTIFORMES）3 科 5 属 6 种，其中鬣蜥科的米仓龙蜥（*Japalura micangshanensis*）为化龙山保护区的新纪录种；蛇目（SERPENTIFORMES）3 科 9 属 12 种，其中紫灰锦蛇（*Elaphe porphyracea*）和斜鳞蛇（*Pseudoxenodon macrops*）为化龙山保护区的新纪录种。

表 4－1　化龙山自然保护区爬行动物名录

目、科、种	区系成分			海拔(m)	地理型	保护级别	备注
	O	P	G				
I. 龟鳖目 TESTUDOFORMES							
一、龟科 Testudinidae							
1. 乌龟 *Chinemys reevesii*	+			760～2 000	Sm	Sy	
2. 潘氏闭壳龟 *Cuora pani*	+			760～1 500	Sn	Sy	
二、鳖科 Trionychidae							
3. 中华鳖 *Trionyx sinensis*			+	760～1 500	Ea	Sy	
4. 山瑞鳖 *Trionyx steindachneri*	+			760～1 500	Sd	II	
II. 蜥蜴目 LACERTIFORMES							
三、鬣蜥科 Agamidae							
5. 草绿龙蜥 *Japalura flaviceps*	+			760～2 000	Hc	Sy	
6. 米仓龙蜥 *Japalura micangshanensis*	+			700	Si	Sy	化龙山新纪录
四、石龙子科 Scincidae							
7. 黄纹石龙子 *Eumeces xanthi*		+		760～2 500	Ba	Sy	
8. 山滑蜥 *Leiolopisma monticola*		+		1 500～2 000	Hc	Sy	
9. 蝘蜓 *Lygosoma indicum*	+			760～2 000	We	Sy	
五、蜥蜴科 Lacertidae							
10. 北草蜥 *Takydromus septentrionalis*			+	760～2 000	E	Sy	
III. 蛇目 SERPENTIFORMES							
六、游蛇科 Colubridae							
11. 赤链蛇 *Dinedon rufozonatum*			+	760～1 500	Ed	Sy	
12. 王锦蛇 *Elaphe carinata*	+			760～2 000	Sd	Sy	
13. 玉斑锦蛇 *Elaphe mandarina*	+			760～2 000	Sd	Sy	
14. 黑眉锦蛇 *Elaphe taeniura*			+	760～2 000	We	Sy	
15. 紫灰锦蛇 *Elaphe porphyracea*	+			2 400	We	Sy	化龙山新纪录
16. 颈槽游蛇 *Rhabdophis nuchalis*	+			1 500～2 000	Sd	Sy	
17. 虎斑游蛇 *Natrix tigrina*	+			760～2 000	Ea	Sy	
18. 翠青蛇 *Entechinus major*	+			760～1 500	Sv	Sy	
19. 乌稍蛇 *Zaoeys dhunaades*	+			760～1 500	Wc	Sy	
20. 斜鳞蛇 *Pseudoxenodon macrops*	+			760～2 700	W	Sy	化龙山新纪录
七、蝰科 Viperidae							
21. 菜花烙铁头 *Trimeresurus jerdonii*	+			1 500～2 917	Sj	Sy	
22. 蝮蛇 *Agkistrodon halys*			+	1 500～2 917	E	Sy	

注：保护级别：II 国家二级重点保护物种；Sy 中国“三有物种”。区系成分：O 东洋界种类；P 古北界种类；

G 广布种类。地理型:Ba 华北型, E 季风型, Ea 季风型(至远东地区),Ed 季风型(至朝鲜、日本),Hc 喜马拉雅—横断山型(东南部),Sd 南中国型(热带—北亚热带),Si 南中国型(中亚热带),Sj(n) 南中国型(北亚热带),Sm 南中国型(热带—暖温带),Sv 南中国型(热带—中温带),W 东洋型,Wc 东洋型(热带—中亚热带),We 东洋型(热带—温带)。

4.1.2 区系分析

表4-1表明,在化龙山保护区分布的22种爬行动物中,东洋界种类15种,古北界种类2种,广布种5种,分别占68.18%、9.09%和22.73%。秦岭是东洋界和古北界的分界线,对物种的分布具有显著的阻隔作用,因此保护区内古北界爬行类物种所占比例很少体现了该类群动物的地理分布格局特征和秦岭的阻隔作用。但相对于区内无古北界两栖动物分布的情况而言,还有黄纹石龙子(*Eumeces xanthi*)和山滑蜥(*Leiolopisma monticola*)2种古北界种类分布,说明爬行动物具有比两栖动物更强的陆生生活的适应性。

4.2 地理分布

化龙山自然保护区在中国自然景观区划中地处东部季风区北、中亚热带湿润区。植被类型以落叶阔叶林和常绿阔叶林为主。在中国动物地理区划中属于东洋界华中区西部山地高原亚区的秦岭—大巴山地区(张荣祖 1999)。该区位于陕西省东南隅,东与秦岭—武当山地为界,南与四川盆地和川鄂山地相邻,西望岷山山地,北临渭河谷地和陇东—六盘山地。特殊的自然地理条件使得区内爬行类动物的地理成分相对复杂(图4-1)。

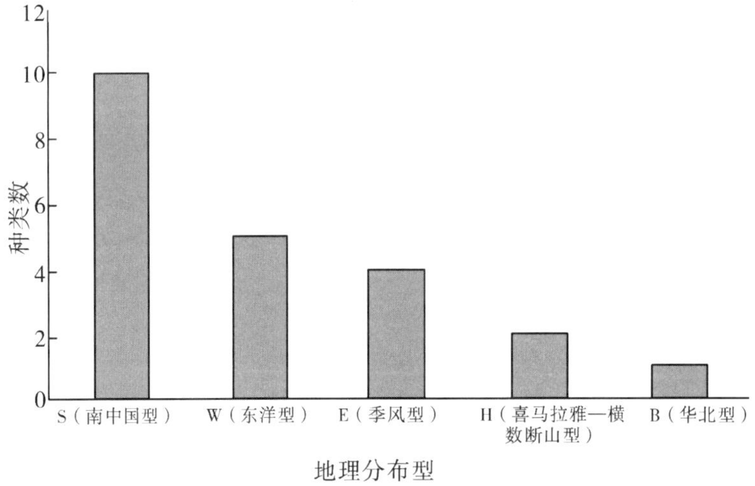

图4-1 化龙山自然保护区爬行动物的地理分布型

如图4-1所示,化龙山保护区爬行动物中南中国型(S)种类最为丰富,达10种之多,占45.45%,充分显示了本区位于秦岭以南的自然地理特征。其中热带—北亚热带型(Sd)5种,北亚热带型(Sj(n))2种,中亚热带型(Si)、热带—温带型(Sm)和热带—中温带型(Sv)各1种;其次东洋型(W)种类5种,也占总数的22.73%,其中典型的东洋型1种,热带—中亚热带型(Wc)1种,热带—温带型(We)3种;季风型(E)种类4种,占18.18%;喜马拉雅—横断山型(H)种类2种和华北型(B)种类1种,各占9.09%和4.50%。与本区两栖动物分布类似,以南中国型种类为主的分布格局充分体现了本区的北、中亚热带温湿气候特征；东洋型和季风型种类次之体现该区在中国动物地理区划中的位置所在；另有少量西南区高地成分(喜马拉雅—横断山型 II)和华北成分(华北型 B)渗入本区。

4.3 生态分布

与纬度对爬行纲动物的影响类似，随着海拔的升高，它们的分布也会发生较大的变化。化龙山保护区海拔范围 500 ~ 2 917 m，虽有重叠分布，不同海拔梯度上还是分布着不同的种类(表 4 - 1，图 4 - 2)。500 ~ 1 000 m 之间，气候为暖湿润低中山气候，植被类型为常绿阔叶林和落叶阔叶林，种类最为丰富，绝大多数种类在本区出现，有 17 种，占 77.27%；1 000 ~ 2 000 m 之间为暖温过湿润高中山气候，植被类型为针阔混交林向针叶林的过渡地带，与两栖纲动物不同，此垂直带中爬行动物种类稍有增加，达到了 20 种，占 90.90%；2 000 ~ 2 500 m 之间为凉温过湿润亚高山气候，植被在针阔混交林上线和针叶林带，爬行动物种类显著减少，只剩 6 种，占 27.27%；2 500 m 以上是针叶林向高山草甸的过渡地带，种类最少，仅有 2 种，占 9.09%，而且这些种类是相对耐寒、耐旱的种类，如菜花烙铁头(*Trimeresurus jerdonii*)和蝮蛇(*Agkistrodon halys*)。

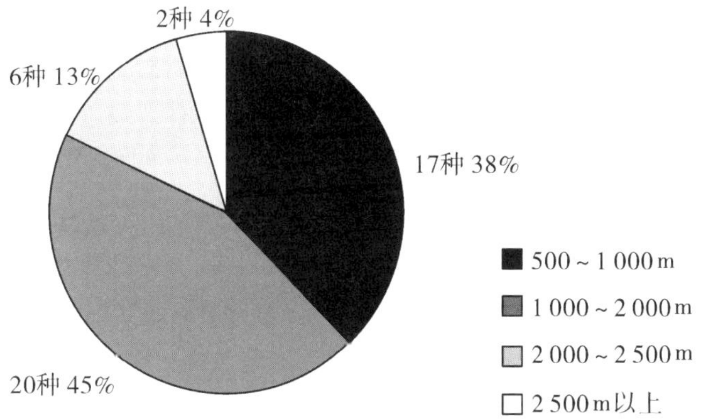

图 4 - 2　化龙山自然保护区爬行动物的垂直分布

4.4 珍稀及特有物种

化龙山自然保护区的 22 种爬行动物中仅有国家 II 级重点保护动物 1 种——山瑞鳖，其余均为国家三有保护物种。其中的潘氏闭壳龟是 20 世纪 80 年代在陕西平利发现的爬行动物新物种(宋鸣涛 1984)，为中国特有物种。此外米仓龙蜥、紫灰锦蛇和斜鳞蛇均为化龙山保护的新纪录物种。现将保护主要爬行纲种类的分类地位、形态特征和分布状况分述如下。

(1)潘氏闭壳龟

学　　名　*Cuora pani*

英 文 名　Pani's Box Turtle

分类地位　龟鳖目 Testudoformes 龟科 Emydidae

形态特征　体长约 120 mm。背甲隆起不高,具脊棱,侧棱不显。头背橄榄绿,头侧暗灰色,眼后有 3 条褐纹。背、腹甲以韧带相连,腹甲前后间亦具韧带。

生态分布　中国特有种。国内分布于云南、四川、河南。1981 年在陕西平利县首次发现并由宋鸣涛(2004)命名,此外安康的镇坪和旬阳也有发现。

生态习性　生活于丘陵区的山溪、岩石缝中,以昆虫、小鱼、小虾等动物为食。

数量状况　据调查访问,该物种在保护区内曾有发现,但极为罕见。

保护级别　列入中国国家林业局 2000 年 8 月 1 日发布的《国家保护的有益的或者有重要经济、科学研究价值的陆生野生动物名录》;INCU(2010)极危(CR);CITES 附录:附录Ⅱ。

(2)中华鳖

学　　名　*Trionyx sinensis*

英 文 名　Soft - shell Turtle

分类地位　龟鳖目 Testudoformes 鳖科 Trionychidae

形态特征　体躯扁平,呈椭圆形,背腹具甲。通体被柔软的革质皮肤,无角质盾片。体色基本一致,无鲜明的淡色斑点。头部粗大,前端略呈三角形。吻端延长呈管状,具长的肉质吻突,约与眼径相等。眼小,位于鼻孔的后方两侧。腹甲灰白色或黄白色,平坦光滑。尾部较短。四肢扁平,前后肢各有 5 趾,趾间有蹼。

生态分布　化龙山保护区新纪录。中华鳖在我国广泛分布,除新疆、西藏和青海外,其他各省均产,尤以湖南、湖北、江西、安徽、江苏等省产量较高。陕西全境从鄂尔多斯风沙区、黄土高原、关中平原、秦岭山地、汉江盆地到巴山山地均有分布。

生态习性　生活于江河、湖沼、池塘、水库等水流平缓、鱼虾繁生的淡水水域,也常出没于大山溪中。喜食鱼虾、昆虫等,也食水草、谷类等植物性饵料,并特别嗜食臭鱼、烂虾等腐败变质饵料,如食饵缺乏还会互相残食。

数量状况　由于环境的变化和捕猎,近年来数量大为减少,野外已经少见。

保护级别　列入中国国家林业局 2000 年 8 月 1 日发布的《国家保护的有益的或者有重要经济、科学研究价值的陆生野生动物名录》。

(3)山瑞鳖

学　　名　*Trionyx steindachneri*

英 文 名　Malayan Soft - shell Turtle

分类地位　龟鳖目 Testudoformes 鳖科 Trionychidae

形态特征　体较大,通体被以柔软皮肤,无角质盾片。背盘一般长 200 ~ 400 mm,盘面前缘有 1 列明显的大而钝的结节。头前部瘦削,吻端形成吻突,其长约与眶径相等,颈基两侧各有 1 团大瘰粒。四肢较扁。指、趾间满蹼,均具 3 爪。体背橄榄色或棕橄榄色,腹部肉色,有不规则的污斑。

生态分布　化龙山保护区新纪录。分布于云南、贵州、广东、海南、广西等地。陕西省仅在平利有分布(宋鸣涛 1987),1999 ~ 2000 年陕西省两爬专项调查曾在旬阳神河采到雌性标本(存于陕西师范大学生命科学学院标本室,标本号 STU96073)。

生态习性 生活于江河、山涧、溪流和池塘中,红河水系中较多,以水栖小动物为食、软体动物、甲壳动物和鱼虾等为食。

数量状况 据访问,当地居民曾有发现,但多年来已无记录,生存状况不详。

保护级别 国家Ⅱ级重点保护野生动物;INCU(2010)濒危(EN);CITES 附录:未列入。

(4)米仓龙蜥

学　　名 *Japalura micangshanensis*

英 文 名 Micang Japalure

分类地位 蜥蜴目 Lacertiformes 鬣蜥科 Agamidae

形态特征 头体长 32 ~ 70 mm,尾长 84 ~ 154 mm。吻端圆,吻棱明显,与眶上鳞相连,头背鳞片大小不一,均起棱。枕、颞、下颚后部均具对称的单枚锥状鳞,鼓膜后下方有 1 簇小的锥状鳞;喉部鳞片细小,无喉褶;肩部前上方具肩褶。由 8 枚侧扁的刺状鳞构成颈鬣,背鬣低矮不明显。体背有大小不一起棱的鳞片,体侧缀以后端隆起的大棱鳞;腹鳞大小几乎相等,均起棱。四肢被以大小不等的棱鳞,前臂、股、胫外侧杂以大棱鳞,后肢贴体前伸达颈部。尾圆柱形,鳞起棱。头背褐色,眼眶间有浅褐色横纹;上下眼睑缘细鳞乳白色,眼后有 1 条褐色纹到口角。吻鳞与上、下唇鳞乳白色。体背浅棕色,杂有 5 个不规则的棕色斑,中嵌灰色。体侧、四肢背面褐色,缀有浅灰色纹。尾背面棕灰色,有褐色环纹,腹面较浅。腹部鳞脊、鳞尖褐色。

生态分布 化龙山保护区爬行类新纪录。国内仅分布于陕西宁强县、南部秦岭和大巴山区。

生态习性 生活于海拔 650 ~ 1 300m 的山坡草丛中。

数量状况 较为常见。

保护级别 列入中国国家林业局 2000 年 8 月 1 日发布的《国家保护的有益的或者有重要经济、科学研究价值的陆生野生动物名录》。

(5)黄纹石龙子

学　　名 *Eumeces xanthi*

英 文 名 Yellow - lines Skink

分类地位 蜥蜴目 Lacertiformes 石龙子科 Scincidae

形态特征 吻端钝圆,吻鳞背视呈三角形。鼻孔位于两鼻鳞之间。额鳞的长大于从前端到吻端的距离,两侧与眶上鳞相接;第二列下颞麟扁形。体鳞光滑,圆形,覆瓦状排列;尾下正中鳞宽大。绕体中段鳞 22 ~ 24 枚,后鼻鳞、后颏鳞、颊鳞均 2 枚,上唇鳞 7 枚,下唇鳞 6 枚,颈鳞 2 对。体背棕褐色,背中央和两侧有 5 条浅色纵纹;尾背灰蓝色。

生态分布 中国特有种。分布于北京、河北、辽宁、湖北、四川、甘肃、宁夏等地。陕西省秦岭南北坡、汉江谷地和巴山山地。

生态习性 常栖息于多石块、植被茂密的林缘或林中空地等处。其生存的海拔范围为 200 ~ 1 900 m。以昆虫为食,喜食蝼蛄和蛾。

数量状况　常见蜥蜴科种类。

保护级别　列入中国国家林业局 2000 年 8 月 1 日发布的《国家保护的有益的或者有重要经济、科学研究价值的陆生野生动物名录》。

(6)紫灰锦蛇

学　　名　*Elaphe porphyracea*

英 文 名　Red Bamboo Snake

分类地位　蛇目 Serpentiformes 游蛇科 Colubridae

形态特征　全长可达 1 米左右。上唇鳞 8(3-2-3)枚或 7(2-2-3)枚,颊鳞 1 枚;眶前鳞 1 枚,眶后鳞 2 枚;颞鳞 1 枚+2(3,1)枚。背鳞 19-19-17 行,光滑无棱;腹鳞 177~215 枚,肛鳞 2 枚,尾下鳞 48~69 对。背面紫灰色或紫铜色,头背有 3 条黑色短纵纹,自颈至尾有边缘深色的大横斑块,体侧各有 1 条黑色纵线纹;腹面淡紫色或淡棕色或白玉色。幼体的大横斑块色深。

生态分布　化龙山保护区蛇类新纪录。分布于河南、四川、贵州、云南、西藏、甘肃、江苏、浙江、安徽、福建、台湾、江西、湖南、广东、海南、广西。陕西省分布于秦岭南坡、汉江谷地和巴山山地。

生态习性　生活于海拔 200~2 400 m 山区的林缘、路旁、耕地、溪边及居民点。食鼠类和小型哺乳动物,亦食蛙、蜥蜴和昆虫。

数量状况　不常见。

保护级别　列入中国国家林业局 2000 年 8 月 1 日发布的《国家保护的有益的或者有重要经济、科学研究价值的陆生野生动物名录》。

(7)斜鳞蛇

学　　名　*Pseudoxenodon macrops*

英 文 名　Oblique Scale Snake

分类地位　蛇目 Serpentiformes 游蛇科 Colubridae

形态特征　中小型蛇类,全长 555~1 282 mm。头长椭圆形,与颈区分明显,吻钝圆;眼大,瞳孔圆形,鼻孔亦大。上唇鳞 8(3-2-3)枚或 7(2-2-3)枚;颊鳞 1 枚;眶前鳞 1 枚;眶后鳞 3 枚;背鳞 19-19-15 或 17-17-15 行,腹鳞 135~173 枚;肛鳞 2 枚;尾下鳞 42~78 对。背面红棕色、黑棕色或黑灰色。头背有棕色斑纹或黑灰色斑纹,颈部箭状黑斑或棕色斑显著,唇及劲侧色淡或橘红色,腹面黄白色或灰白色,前部有棕黑色斑块,后部密布黑斑点。

生态分布　化龙山保护区新纪录。分布于福建、河南、湖北、湖南、广西、四川、贵州、云南、西藏、甘肃、台湾等地。陕西省见于秦岭南北坡、汉江谷地和巴山山地。

生态习性　生活与高山地区及丘陵地带,常见于常绿阔叶林、草灌丛、园田、玉米地、溪边、路旁、潮湿地岩石堆上。食蛙类。

数量状况　常见蛇类。

保护级别　列入中国国家林业局 2000 年 8 月 1 日发布的《国家保护的有益的或者有重要经济、科学研究价值的陆生野生动物名录》。

(8)颈槽蛇

学　　名　*Rhabdophis nuchalis*

英 文 名　Neck – troghed Snake

分类地位　蛇目 Serpentiformes 游蛇科 Colubridae

形态特征　全长 478 ~ 760 mm,头较大,与颈部区别明显;背部橄榄绿或橄榄棕色,枕部具有一对浅橘黄色斑,颈背具有一条极为显著的纵沟(颈槽);腹部黑褐色。

生态分布　国内见于甘肃、四川、贵州、湖北、广西等地。陕西省主要见于秦岭南北坡、汉江谷地和巴山山地。

生态习性　常分布于海拔 1 500 ~ 1 860 m 的山区,栖于路边、草丛、石堆、耕作地或水域附近,以蚯蚓、蛞蝓为食;卵生。

数量状况　比较常见。

保护级别　列入中国国家林业局 2000 年 8 月 1 日发布的《国家保护的有益的或者有重要经济、科学研究价值的陆生野生动物名录》。

第 5 章 鸟纲（Aves）

鸟类是体表被覆羽毛，前肢特化为翼，恒温和卵生的高等脊椎动物。鸟类适应飞翔生活的主要特点有：前肢特化为翼，后肢适于弹跳握枝，具发达的气囊系统，骨骼为愈合的气质骨。

化龙山保护区位于中国动物地理区划中的东洋界华中区西部山地高原亚区，生物资源较为丰富，尤其是鸟类。但由于地处大巴山深处，交通闭塞，路途艰险，20 世纪 40 年代前并无研究人员到本区进行考察。涉及本区鸟类的最早研究报道见于 1962 年，郑作新、钱燕文、关贯勋等 1957～1958 年在秦巴山区进行鸟类资源考察时，曾在本区和附近地区作过调查。1964～1965 年及 1975 年原秦岭考察队（现陕西省动物研究所）在化龙山区域内的平利县千家坪、八仙及镇坪县进行了鸟兽调查；1959 年 6～8 月、1977 年 9～10 月及 1980 年 5～7 月，王廷正等先后三次在大巴山区进行鸟兽区系调查也对化龙山有所涉及。1982 年保护区成立后，姚建初等 1988～1989 年考察化龙山及附近地区后对鸟类资源、种类、分布、数量和习性进行了报道。1988～1990 年期间，由陕西省林业厅组建的化龙山自然保护区科学考察组对本区的鸟类也进行了调查。王玛丽等（2004）结合以往文献资料，报道本区分布鸟类共 141 种。

根据本次调查结果，并参考以往的研究，对化龙山保护区的鸟类资源作以下报道。

5.1 区系组成

5.1.1 物种组成

综合本次调查和现有资料，本区分布鸟类共计 224 种，分属 16 目 50 科（表 5－1）。本区鸟类种类占陕西省鸟类种类总数 475 种（孙承骞，2007）的 47.16%，全国 1 371 种（郑光美，2011）的16.34%。在本区的 224 种鸟类中，国家 I 级重点保护物种仅 2 种，即金雕（*Aquila chrysaetos*）和白肩雕（*A. heliaca*）；国家 II 级重点保护物种 24 种，包括鸭科的鸳鸯（*Aix galericulata*）；鹰科的黑耳鸢（*Milvus lineatus*）、赤腹鹰（*Accipiter soloensis*）、雀鹰（*A. nisus*）、凤头蜂鹰（*Pernis ptilorhynchus*）、鹰雕（*Spizaetus nipalensis*）、普通鵟（*Buteo buteo*）、毛脚鵟（*B. lagopus*）；隼科的红隼（*Falco tinnunculus*）、阿穆尔隼（*Falco amurensis*）；雉科的白冠长尾雉（*Syrmaticus reevesii*）、红腹角雉（*Tragopan temminckii*）、勺鸡（*Phasianus colchicus*）、红腹锦鸡（*Chrysolophus pictus*）；鸠鸽科的红翅绿鸠（*Treron sieboldii*）以及鸱鸮科的斑头鸺鹠（*Glaucidium cuculoides*）、领角鸮（*Otus bakkamoena*）、红角鸮（*O. scops*）、雕鸮（*Bubo bubo*）、鹰鸮（*Ninex scutulata*）、毛脚鱼鸮（*Ketupa flavipes*）、纵纹腹小鸮（*Athene noctua*）、灰林鸮（*Strix aluco*）和长耳鸮（*Asio otus*）。

在种类组成方面，雀形目 32 科 156 种，为本区鸟类的主要组成成分，占 69.64%；非雀形目 18 科 68 种，仅占 30.36%。画眉科（Timaliidae）种类最多，达 21 种；莺科（Sylviidae）次之，达 20

种;鸫科(Turdidae)也达 19 种之多。种类达到或超过 8 种的科有鹟科(Muscicapidae)(11 种)、鹰科(Accipitridae)(9 种)、鸱鸮科(Strigidae)(9 种);䴙䴘科(Podicipedidae)、鸭科(Anatidae)、鹬科(Scolopacidae)、夜鹰科(Caprimulgidae)、佛法僧科(Coraciidae)、戴胜科(Upupidae)、黄鹂科(Oriolidae)、河乌科(Cinclidae)、鹪鹩科(Troglodytidae)、戴菊科(Regulidae)、王鹟科(Monarchinae)、啄花鸟科(Dicaeidae)、花蜜鸟科(Nectariniidae)、梅花雀科(Estrildidae)等 15 科仅含 1 种。

优势种有珠颈斑鸠(*Streptopelia chinensis*)、山斑鸠(*S. orientalis*)、烟腹毛脚燕(*Delichon dasypus*)、白鹡鸰(*Motacilla alba*)、灰鹡鸰(*M. cinerea*)、白头鹎(*Pycnonotus sinensis*)、黄臀鹎(*P. xanthorrhous*)、领雀嘴鹎(*Spizixos semitorques*)、红嘴蓝鹊(*Pyrrhocorax pyrrhocorax*)、棕头鸦雀(*Paradoxornis webbianus*)、冠纹柳莺(*Phylloscopus reguloides*)、大山雀(*Parus major*)、绿背山雀(*P. monticolus*)和黄腹山雀等(*P. venustulus*)。

表 5－1　化龙山自然保护区鸟类名录、区系和生态地理分布＊

目、科、种	区系成分			居留型	分布	海拔(m)	地理型	保护级别	备注
	O	P	G						
一、䴙䴘目 Podicipediformes									
(一)䴙䴘科 Podicipedidae									
1. 小䴙䴘 *Tachybaptus ruficollis*				W	城关、小河、三大峡	1 120	We	Sy	保护区新纪录
二、鹳形目 Ciconiiformes									
(二) 鹭科 Ardeidae									
2. 苍鹭 *Ardea cinerea*			+	R	参照王玛丽等(2004)	760～1 300	Uh	Sy	
3. 绿鹭 *Butorides striatus*			+	S	参照王玛丽等(2004)	760～1 300	O_2	Sy	
4. 池鹭 *Ardeola bacchus*	+			S	参照王玛丽等(2004)	760～1 300	We	Sy	
5. 牛背鹭 *Bubulcus ibis*	+			S	牛头店	587	Wd	Sy	
6. 白鹭 *Egretta garzetia*	+			S	参照王玛丽等(2004)	760～1 300	Wd	Sy	
7. 中白鹭 *E. intermedia*	+			S	参照王玛丽等(2004)	760～1 300	Wc	Sy	
三、雁形目 Anseriformes									
(三) 鸭科 Anatidae									
8. 鸳鸯 *Aix galericulata*				W	双河口、洪石河	596	Eh	II	保护区新纪录
四、隼形目 Falconiformes									
(四) 鹰科 Accipitridae									
9. 黑耳鸢 *Milvus lineatus*				P	参照王玛丽等(2004)	760～1 300	Ub	II	
10. 赤腹鹰 *Accipiter soloensis*	+			R	曾家坝	760～1 300	Wc	II	
11. 雀鹰 *A. nisus*		+		S	参照王玛丽等(2004)	760～1 300	Ue	II	
12. 金雕 *Aquila chrysaetos*		+		R	正河垭、八仙	760～2 288	Ce	I	
13. 白肩雕 *A. heliaca*				W	化龙山	2 700～2 900	O_3	I	保护区新纪录
14. 凤头蜂鹰 *Pernis ptilorhynchus*				P	八匹山、曾家坝、小河	1 200	We	II	保护区新纪录
15. 鹰雕 *Spizaetus nipalensis*				P	浪河	1 150	Wc	II	保护区新纪录
16. 普通鵟 *Buteo buteo*				W	正河垭、八仙	2 288	Ud	II	保护区新纪录

续表

17. 毛脚鵟 *B. lagopus*				W	化龙山、上竹、牛头店等	1 000～2 917	Ca	II	保护区新纪录
（五）隼科 Falconidae									
18. 红隼 *Falco tinnunculus*	+			R	县城	960	O_1	II	
19. 阿穆尔隼 *Falco amurensis*				V	曾家镇	1 200	Ud	II	保护区新纪录
五、鸡形目 Galliformes									
（六）雉科 Phasianidae									
20. 灰胸竹鸡 *Bambusicola thoracica*	+			R	浪河、正河垭、八匹山等	1 150～2 288	Sc	Sy	中国特有种
21. 雉鸡 *Phasianus colchicus*			+	R	广布	1 500	O_7	Sy	
22. 红腹锦鸡 *Chrysolophus pictus*			+	R	正河垭、八匹山、曾家坝等	1 200～2 142	Wf	II	中国特有种
23. 红腹角雉 *Tragopan temminckii*		+		R	千家坪、双河口、化龙山等	1 945～2 288	Hc	II	
24. 勺鸡 *Pucrasla macrolopha*		+		R	参照王玛丽等(2004)	760～2 200	Sc	II	
25. 白冠长尾雉 *Syrmaticus reevesii*	+			R	参照王玛丽等(2004)	1 300～2 200	Sm	II	中国特有种
26. 鹌鹑 *Coturnix coturnix*			+	R	化龙山、柏子沟	2 400	O_1	Sy	保护区新纪录
六、鹤形目 Gruiformes									
（七）秧鸡科 Rallidae									
27. 白胸苦恶鸟 *Amaurornis phoenicurus*	+			S	洪石乡	722	Wc	Sy	
28. 普通秧鸡 *Rallus aquaticus*	+			S	洪石乡	722	Uf	Sy	保护区新纪录
七、鸻形目 Charadriiformes									
（八）鸻科 Charadriidae									
29. 灰头麦鸡 *Vanellus cinereus*				P	牛头店	587	Mb	Sy	保护区新纪录
30. 剑鸻 *Charadrius hiaticula*				P	参照王玛丽等(2004)	760～1 300	Ca	Sy	
（九）鹬科 Scolopacidae									
31. 矶鹬 *Actitis hypoleucos*				P	牛头店、浪河	587	Cf	Sy	
八、鸽形目 Columbiformes									
（十）鸠鸽科 Columbidae									
32. 红翅绿鸠 *Treron sieboldii*	+			R	浪河	747	Wd	II	保护区新纪录
33. 珠颈斑鸠 *Streptopelia chinensis*	+			R	牛头店、上竹、曾家坝等	830～1 166	We	Sy	
34. 山斑鸠 *S. orientalis*			+	R	广布	1 166	E	Sy	
35. 灰斑鸠 *S. debaocta*			+	R	参照王玛丽等(2004)	1 300～2 200	We	Sy	
36. 火斑鸠 *Oenopopelia tranquebarica*	+			R	参照王玛丽等(2004)	760～1 300	We	Sy	
九、鹃形目 Cuculiformes									
（十一）杜鹃科 Cuculidae									
37. 红翅凤头鹃 *Clamator coromandus*	+			S	曾家坝	2 200～2 917	Wd	Sy	
38. 大杜鹃 *Cuculus canorus*			+	S	化龙山、正河垭、八匹山等	1 166	O_1	Sy	
39. 中杜鹃 *C. saturatus*			+	S	八匹山	2 142～2 420	M	Sy	保护区新纪录

续表

40. 四声杜鹃 *C. miecropterus*	+			S	参照王玛丽等(2004)	760 ~ 1 300	We	Sy	
41. 小杜鹃 *C. poliocephalus*			+	S	参照王玛丽等(2004)	760 ~ 2 200	We	Sy	
42. 噪鹃 *Eudynamys scolopaceus*	+			S	曾家坝	2 420	Wd	Sy	
43. 鹰鹃 *C. sparverioides*	+			S	化龙山、八匹山、浪河等	1 166	Wd	Sy	
十、鸮形目 Strigiformes									
(十二) 鸱鸮科 Strigidae									
44. 斑头鸺鹠 *Glaucidium cuculoides*	+			S	八仙	1 210 ~ 1 319	Wd	II	
45. 雕鸮 *Bubo bubo*		+		R	牛头店	750	Uh	II	保护区新纪录
46. 领角鸮 *Otus bakkamoena*	+			R	八匹山	1 490	We	II	保护区新纪录
47. 红角鸮 *O. scops*		+		R	参照王玛丽等(2004)	1 300 ~ 2 200	O_1	II	
48. 鹰鸮 *Ninex scutulata*	+			R	参照王玛丽等(2004)	760 ~ 2 200	We	II	
49. 毛脚鱼鸮 *Ketupa flavipes*	+			R	参照王玛丽等(2004)	760 ~ 1 300	Wd	II	
50. 纵纹腹小鸮 *Athene noctua*		+		R	参照王玛丽等(2004)	760 ~ 2 200	Uf	II	
51. 灰林鸮 *Strix aluco*		+		R	参照王玛丽等(2004)	760 ~ 1 300	O_1	II	
52. 长耳鸮 *Asio otus*			+	R	参照王玛丽等(2004)	1 300 ~ 2 200	Cc	II	
十一、夜鹰目 Caprimulgiformes									
(十三) 夜鹰科 Caprimulgidae									
53. 普通夜鹰 *Caprimulgus indicus*			+	S	参照王玛丽等(2004)	760 ~ 2 200	We	Sy	
十二、雨燕目 Apodiformes									
(十四) 雨燕科 Apodidae									
54. 普通楼燕 *Apus upus*	+			S	鸡心岭	1 500	O_1	Sy	
55. 白腰雨燕 *A. pacificus*	+			S	石砦河	2 200 ~ 2 917	M	Sy	
56. 短嘴金丝燕 *Collocalia brevirostris*	+			S	参照王玛丽等(2004)	1 300 ~ 2 200	Wd	Sy	
十三、佛法僧目 Coraciiformes									
(十五) 翠鸟科 Alcedinidae									
57. 蓝翡翠 *Halcyon pileata*	+			S	鸡心岭、牛头店	587 ~ 1 500	We	Sy	
58. 冠鱼狗 *Megaceryle lugubris*	+			R	牛头店	587	O_1	Sy	
59. 普通翠鸟 *Alcedo atthis*			+	R	广布	1 500	O_1	Sy	
(十六) 佛法僧科 Coraciidae									
60. 三宝鸟 *Eurystomus orientalis*	+			S	参照王玛丽等(2004)	760 ~ 1 300	We	Sy	
十四、戴胜目 Upuiformes									
(十七) 戴胜科 Upupidae									
61. 戴胜 *Upupa epops*			+	R	八仙、八匹山、上竹	760 ~ 1 300	O_1	Sy	
十五、䴕形目 Piciformes									
(十八) 啄木鸟科 Picidae									

续表

62. 蚁䴕 *Jynx torquilla*				P	化龙山	2 800	Ub	Sy	保护区新纪录
63. 斑姬啄木鸟 *Picumnus innominatus*	+			R	八仙	1 100	Wd	Sy	
64. 灰头绿啄木鸟 *Picus canus*		+		R	镇坪县城、千家坪、八仙	960 ~ 1 534	Uh	Sy	
65. 大斑啄木鸟 *Dendrocopos major*		+		R	八匹山、八仙	1 390	Uc	Sy	
66. 白背啄木鸟 *D. leucotos*		+		R	八匹山	1 400	Uc	Sy	保护区新纪录
67. 赤胸啄木鸟 *D. cathpharius*	+			R	曾家坝	760 ~ 1 300	Hm	Sy	
68. 星头啄木鸟 *D. canicapillus*	+			R	参照王玛丽等(2004)	760 ~ 2 200	We	Sy	
十六、雀形目 Passeriformes									
(十九) 百灵科 Alaudidae									
69. 凤头百灵 *Galerida cristata*		+		S	参照王玛丽等(2004)	2200 ~ 2917	O_1	Sy	
70. 小云雀 *Alauda gulgula*	+			S	参照王玛丽等(2004)	2200 ~ 2917	We	Sy	
(二十) 燕科 Hirundidae									
71. 家燕 *Hirundo rustica*		+		S	八仙	1 159	Ch	Sy	
72. 金腰燕 *H. daurica*		+		S	牛头店、八仙、曾家坝	618 ~ 1 534	O_1	Sy	
73. 烟腹毛脚燕 *Delichon dasypus*		+		S	广布	960	Uh	Sy	
74. 崖沙燕 *Riparia riparia*		+		S	参照王玛丽等(2004)	1 300 ~ 2 200	Cg	Sy	
(二十一) 鹡鸰科 Motacillidae									
75. 山鹡鸰 *Dendronanthus indicus*		+		S	广布	1 200	Mc	Sy	
76. 白鹡鸰 *Motacilla alba*			+	R	广布	960	O_1	Sy	
77. 灰鹡鸰 *M. cinerea*		+		S	广布	960	O_1	Sy	
78. 黄鹡鸰 *M. flava*				P	牛头店	678	Ub	Sy	
79. 黄头鹡鸰 *M. citreola*				P	参照王玛丽等(2004)	760 ~ 1 300	U	Sy	
80. 树鹨 *Anthus hodgsoni*				P	千家坪、正河垭、化龙山等	1 390 ~ 2 288	M	Sy	
81. 粉红胸鹨 *A. roseatus*			+	S	八匹山	1 390	Hm	Sy	
82. 水鹨 *A. spinoletta*				P	华坪	1 075	C	Sy	保护区新纪录
83. 红喉鹨 *A. cervinus*				P	八仙	998	Ua	Sy	保护区新纪录
(二十二) 山椒鸟科 Campephagidae									
84. 长尾山椒鸟 *Pericrocotus ethologus*	+			S	千家坪、化龙山、浪河	578 ~ 2 420	Hm	Sy	
85. 小灰山椒鸟 *P. cantonensis*	+			S	曾家坝、上竹、浪河	1 044	Mb	Sy	
86. 暗灰鹃鵙 *Coracina melasehistos*	+			S	参照王玛丽等(2004)	1 300 ~ 2 200	We	Sy	
(二十三) 鹎科 Pycnonotidae									
87. 黑[短脚]鹎 *Hypsipetes leucocephalus*	+			R	八匹山、化龙山、浪河	1 490	Wd	Sy	保护区新纪录
88. 白头鹎 *Pycnonotus sinensis*	+			R	正河垭、县城	2 288	Sd	Sy	
89. 领雀嘴鹎 *Spizixos semitorques*	+			R	广布	1 500	Sd	Sy	中国特有种
90. 黄臀鹎 *Pycnonotus xanthorrhous*	+			R	广布	1 500	Wd	Sy	

续表

91. 绿翅[短脚]鹎 *Hypsipetes mcclellandii*	+			R	曾家坝、正河垭、浪河	1 044 ~ 2 142	Wc	Sy	保护区新纪录
(二十四)太平鸟科 Bombycillidae									
92. 小太平鸟 *Bombycilla japonica*				P	县城	950	Mg	Sy	陕西省新纪录
(二十五)伯劳科 Laniidae									
93. 虎纹伯劳 *Lanius tigrinus*		+		S	曾家	866	X	Sy	保护区新纪录
94. 棕背伯劳 *L. schach*	+			S	八仙、曾家坝、浪河	1 166 ~ 1 534	Wd	Sy	
95. 灰背伯劳 *L. tephronotus*		+		S	双河口、正河垭、化龙山	1 819 ~ 2 288	Hm	Sy	保护区新纪录
96. 红尾伯劳 *L. cristatus*				P	浪河	760 ~ 1 300	X	Sy	
(二十六)黄鹂科 Oriolidae									
97. 黑枕黄鹂 *Oriolus chinensis*	+			S	曾家坝	760 ~ 1 300	We	Sy	
(二十七)卷尾科 Dicruridae									
98. 黑卷尾 *Dicrurus macrocercus*	+			S	鸡心岭	760 ~ 1 300	We	Sy	
99. 发冠卷尾 *D. hottentottus*	+			S	曾家坝	1 044	Wd	Sy	
100. 灰卷尾 *D. leucophaeus*	+			S	牛头店	618	We	Sy	
(二十八)椋鸟科 Sturnidae									
101. 灰椋鸟 *Sturnus cineraceus*				P	八匹山	1 490	X	Sy	保护区新纪录
102. 八哥 *Acridotheres cristatelles*	+			R	参照王玛丽等(2004)	760 ~ 1 300	Wd	Sy	
(二十九)鸦科 Corvidae									
103. 白颈鸦 *Corvus torquatus*	+			R	鸡心岭、曾家坝、钟宝	1 166 ~ 1 500	Sv	Sy	
104. 小嘴乌鸦 *C. corone*		+		R	广布	1 300 ~ 1 900	Cf	Sy	保护区新纪录
105. 大嘴乌鸦 *C. macrorhynchos*	+			R	广布	1 044	Eh	Sy	
106. 松鸦 *Garrulus glandarius*		+		R	曾家坝、浪河、八匹山	1 166 ~ 1 390	Uh	Sy	
107. 星鸦 *Nucifraga caryocatactes*		+		R	正河垭、化龙山、八仙	2 288	Ue	Sy	保护区新纪录
108. 红嘴蓝鹊 *Urocissa erythrorhyncha*	+			R	广布	2 288	We	Sy	
109. 喜鹊 *Pica pica*			+	R	牛头店、八仙	760 ~ 1 300	Ch	Sy	
(三十)河乌科 Cinclidae									
110. 褐河乌 *Cinclus pallasii*			+	R	广布	1 044	We	Sy	
(三十一)鹪鹩科 Troglodytidae									
111. 鹪鹩 *Troglodytes troglodytes*		+		R	八仙镇龙山村	1 410	Ch	Sy	保护区新纪录
(三十二)岩鹨科 Prunellidae									
112. 栗背岩鹨 *Prunella immaculata*				W	八仙	1 069	Hc	Sy	保护区新纪录
113. 棕胸岩鹨 *P. strophiata*		+		R	八仙	1 115	Hm	Sy	保护区新纪录
(三十三)鸫科 Turdidae									
114. 蓝短翅鸫 *Brachypteryx montana*	+			R	鸡心岭	1 500	Wd	Sy	保护区新纪录
115. 金色林鸲 *Tarsiger chrysaeus*		+		R	化龙山	2 917	Hm	Sy	

续表

116. 红胁蓝尾鸲 *T. cyanurus*		+		R	浪河、曾家坝、八仙	1 150	M	Sy	保护区新纪录
117. 红尾水鸲 *Rhyacornis fuliginosus*			+	R	广布	960	We	Sy	
118. 北红尾鸲 *Phoenicurus auroreus*			+	R	广布	960 ~ 1 044	M	Sy	
119. 黑喉红尾鸲 *P. hodgsoni*		+		R	八仙	1 115	Hm	Sy	保护区新纪录
120. 蓝额红尾鸲 *P. frontalis*		+		R	三大峡、八仙	1 120	Hm	Sy	保护区新纪录
121. 白顶溪鸲 *Chaimarrornis leucocephalus*		+		R	洪石乡、八仙	722	Hm	Sy	
122. 白冠燕尾 *Enicurus leschenaulti*	+			R	广布	618	Wd	Sy	
123. 小燕尾 *E. scouleri*	+			R	曾家坝、牛头店、浪河等	1 009 ~ 1 110	Sd	Sy	保护区新纪录
124. 灰林䳭 *Saxicola ferrea*	+			R	广布	1 166 ~ 1 390	Wd	Sy	保护区新纪录
125. 黑喉石䳭 *S. torquata*				P	八匹山	1 390	O_1	Sy	保护区新纪录
126. 灰头鸫 *Turdus rubrocanus*		+		R	正河垭	2 142	Hm	Sy	保护区新纪录
127. 斑鸫 *T. naumanni*				P	正河垭	2 130	M	Sy	保护区新纪录
128. 乌鸫 *T. merula*		+		R	参照王玛丽等(2004)	760 ~ 1 300	O_3	Sy	
129. 宝兴歌鸫 *T. mupinensis*		+		R	镇坪县城	940	Hc	Sy	保护区新纪录（特有）
130. 蓝矶鸫 *Monticola solitarius*		+		R	镇坪县城	960	O_3	Sy	
131. 栗腹矶鸫 *M. rufiventris*	+			S	正河垭、双河口、八匹山	1 819	Sd	Sy	保护区新纪录
132. 紫啸鸫 *Myophonus caeruleus*	+			S	曾家坝、浪河	1 044	We	Sy	
（三十四）鹟科 Muscicapidae									
133. 铜蓝鹟 *Eumyias thalassina*	+			S	曾家坝、双河口、正河垭等	1 166 ~ 2 142	Wd	Sy	保护区新纪录
134. 棕腹大仙鹟 *Niltava davidi*	+			S	浪河	1 150	Wa	Sy	保护区新纪录（特有）
135. 白腹蓝[姬]鹟 *Cyanoptila cyanomelana*				P	八匹山、猪槽沟	1 200 ~ 1 885	Kb	Sy	保护区新纪录
136. 红喉[姬]鹟 *Ficedula parva*				P	正河垭	2 142	Uc	Sy	保护区新纪录
137. 白眉[姬]鹟 *F. zanthopygia*				P	石砦河	939	Ma	Sy	保护区新纪录
138. 橙胸[姬]鹟 *F. strophiata*	+			S	参照王玛丽等(2004)	760 ~ 1 300	Wa	Sy	
139. 灰蓝[姬]鹟 *F. leucomelanura*				P	石砦河	940	Hm	Sy	保护区新纪录
140. 棕尾褐鹟 *Muscicapa ferruginea*		+		S	八匹山	1 200	Hc	Sy	保护区新纪录
141. 乌鹟 *M. sibirica*				P	浪河、八匹山	1 200	M	Sy	保护区新纪录
142. 褐胸鹟 *M. muttui*		+		S	牛头店	678	Hc	Sy	保护区新纪录
143. 方尾鹟 *Culicicapa ceylonensis*	+			S	广布	760 ~ 1 300	Wd	Sy	
（三十五）王鹟科 Monarchinae									
144. 寿带 *Terpsiphone atrocaudata*	+			S	鸡心岭、八仙	1 110 ~ 1 500	We	Sy	褐色型
（三十六）画眉科 Timaliidae									

续表

145. 黑领噪鹛 *Garrulax pectoralis*	+			R	曾家坝	1 044	Wd	Sy	保护区新纪录
146. 黑脸噪鹛 *G. perspicillus*	+			R	参照王玛丽等(2004)	760 ~ 1 300	Sd	Sy	
147. 白喉噪鹛 *G. albogularis*	+			R	广布	1 166	Hm	Sy	
148. 橙翅噪鹛 *G. elliotii*		+		R	广布	1 500	Hc	Sy	中国特有种
149. 白颊噪鹛 *G. sannio*	+			R	鸡心岭	1 500	Sd	Sy	
150. 灰翅噪鹛 *G. cineraceus*	+			R	铁匠沟(1 只)	1 041	Sv	Sy	保护区新纪录
151. 眼纹噪鹛 *G. ocellatus*		+		R	龙山村、大垭子、柏子沟	1 500 ~ 2 300	Hm	Sy	保护区新纪录
152. 画眉 *Garrulax canorus*	+			R	广布	1 166	Sd	Sy	中国特有种
153. 矛纹草鹛 *Babax lanceolatus*	+			R	上竹、正河垭、曾家坝等	1 500 ~ 2 288	Sd	Sy	
154. 红头穗鹛 *Stachyris ruficeps*	+			R	八匹山、曾家坝	1 200	Sd	Sy	
155. 斑胸钩嘴鹛 *Pomatorhinus erythrogenys*	+			R	八匹山	1 200	Sd	Sy	
156. 棕颈钩嘴鹛 *P. ruficollis*	+			R	八匹山、浪河、洪石	1 200	Wa	Sy	
157. 小鳞胸鹪鹛 *Pnoepyga pusilla*	+			R	参照王玛丽等(2004)	760 ~ 1 300	Wd	Sy	
158. 白领凤鹛 *Yuhina diademata*	+			R	广布	960	Hc	Sy	中国特有种
159. 栗耳凤鹛 *Y. castaniceps*	+			R	上竹庄稼沟	1 065	Wc	Sy	保护区新纪录
160. 褐顶雀鹛 *Alcippe brunnea*	+			R	洪石乡	722	Wd	Sy	保护区新纪录
161. 灰眶雀鹛 *A. morrisonia*	+			R	牛头店、浪河、八匹山等	618 ~ 1 150	Wd	Sy	保护区新纪录
162. 白眶雀鹛 *A. merrisonia*	+			R	参照王玛丽等(2004)	760 ~ 1 300	He	Sy	
163 . 褐头雀鹛 *A. cinereiceps*	+			R	正河垭	2 176	Sd	Sy	保护区新纪录
164. 黑头奇鹛 *Heterophasia melanoleuca*	+			R	八仙	1 100	Ha	Sy	陕西省新纪录
165. 红嘴相思鸟 *Leiothrix lutea*	+			R	广布	1 044 ~ 1 500	Wd	Sy	
(三十七)鸦雀科 Paradoxrnithidae									
166. 红嘴鸦雀 *Conostoma oemodium*		+		R	化龙山	2 917	Hm	Sy	
167. 棕头鸦雀 *Paradoxornis webbianus*			+	R	曾家坝、浪河	1 166	Sv	Sy	
168. 灰头鸦雀 *P. gularis*	+			R	竹溪河	1 041	Wc	Sy	陕西省新纪录
169. 白眶鸦雀 *P. conspicillatus*		+		R	参照王玛丽等(2004)	760 ~ 1 300	Sn	Sy	中国特有种
170. 三趾鸦雀 *P. paradoxus*		+		R	参照王玛丽等(2004)	2 200 ~ 2 917	Hc	Sy	中国特有种
(三十八)莺科 Sylviidae									
171. 强脚树莺 *Cettia fortipes*	+			R	广布	960	Wd	Sy	
172. 日本树莺 *C. diphone*		+		S	参照王玛丽等(2004)	760 ~ 1 300	Mb	Sy	
173. 黄腹树莺 *C. acanthizoides*	+			R	正河垭、化龙山	2 420	Sd	Sy	保护区新纪录
174. 中华短翅莺 *Bradypterus tacsanowskius*		+		R	正河垭	2 288	O	Sy	保护区新纪录
175. 斑胸短翅莺 *B. thoracicus*		+		R	正河垭	2 288	O	Sy	

续表

176. 极北柳莺 *Phylloscopus borealis*				P	八匹山、正河垭、化龙山等	1 200 ~ 2 288	Uc	Sy	保护区新纪录
177. 冠纹柳莺 *P. reguloides*	+			R	广布	1 044 ~ 1 500	Wa	Sy	
178. 棕眉柳莺 *P. armandii*		+		R	正河垭、鸡心岭	1 500 ~ 2 288	Hc	Sy	保护区新纪录
179. 褐柳莺 *P. fuscatus*	+			R	牛头店、浪河	678 ~ 1 150	Mg	Sy	
180. 冕柳莺 *P. coronatus*		+		S	正河垭	2 288	M	Sy	
181. 黄眉柳莺 *P. inornatus*				P	浪河、鸡心岭	1 150	U	Sy	
182. 暗绿柳莺 *P. trochiloides*		+		S	参照王玛丽等(2004)	760 ~ 1 300	U	Sy	
183. 黑眉柳莺 *P. ricketti*	+			S	正河垭	2 288	Sd	Sy	保护区新纪录
184. 甘肃黄腰柳莺 *P. kansuensis*		+		S	正河垭	2 288	U	Sy	保护区新纪录
185. 黄腰柳莺 *P. proregulus*		+		S	八匹山	1 200	U	Sy	
186. 黄腹柳莺 *P. affinis*		+		R	参照王玛丽等(2004)	760 ~ 2 200	Hm	Sy	
187. 棕腹柳莺 *P. subaffinis*	+			R	参照王玛丽等(2004)	760 ~ 2 200	Sv	Sy	
188. 金眶鹟莺 *Seicercus burkii*	+			S	浪河、正河垭、冯家梁	1 500 ~ 2 288	Sd	Sy	保护区新纪录
189. 棕脸鹟莺 *Abroscopus albogularis*	+			S	牛头店、浪河、上竹	678 ~ 1 150	Sd	Sy	保护区新纪录
190. 栗头鹟莺 *Seicercus castaniceps*	+			S	曾家坝、牛头店、流溪沟	678 ~ 1 166	Wd	Sy	保护区新纪录
(三十九)戴菊科 Regulidae									
191. 戴菊 *Regulus regulus*		+		R	化龙山	2 144	Cf	Sy	保护区新纪录
(四十)绣眼鸟科 Zosteropidae									
192. 暗绿绣眼鸟 *Zosterops japonicus*	+			S	参照王玛丽等(2004)	760 ~ 2 200	S	Sy	
193. 红胁绣眼鸟 *Z. erythropleurus*	+			S	八匹山	1 390	Mb	Sy	保护区新纪录
(四十一)长尾山雀科 Aegithalidae									
194. 红头长尾山雀 *Aegithalos concinnus*	+			R	广布	960	Wd	Sy	
195. 银脸长尾山雀 *A. fuliginosus*	+			R	双河口、正河垭、化龙山	1 819 ~ 2 288	Hc	Sy	中国特有种
(四十二)山雀科 Paridae									
196. 绿背山雀 *Parus monticolus*	+			R	广布	960	Wd	Sy	
197. 大山雀 *P. major*			+	R	广布	960	Uh	Sy	
198. 煤山雀 *P. ater*		+		R	八匹山、牛头店	1 200	Uf	Sy	保护区新纪录
199. 黑冠山雀 *P. rubidiventris*		+		R	化龙山	2 144	Hm	Sy	
200. 黄腹山雀 *P. venustulus*	+			R	广布	960 ~ 1 200	Sh	Sy	中国特有种
201. 褐头山雀 *P. songarus*		+		R	双河口、八匹山	1 210 ~ 1 819	Cb	Sy	保护区新纪录
202. 沼泽山雀 *P. palustris*		+		R	四岔河、八匹山	1 570	U	Sy	
(四十三)䴓科 Sittidae									
203. 普通䴓 *Sitta europaea*		+		R	八匹山、曾家坝	1 200	Ub	Sy	
(四十四)旋壁雀科 Tichidromidae									
204. 红翅旋壁雀 *Tichodroma muraria*				W	三大峡、竹节溪	1 120	O_3	Sy	保护区新纪录

续表

(四十五)啄花鸟科 Dicaeidae									
205. 红胸啄花鸟 *Dicaeum ignipectus*	+			S	参照王玛丽等(2004)	760 ~ 1 300	Wd	Sy	
(四十六)花蜜鸟科 Nectariniidae									
206. 蓝喉太阳鸟 *Aethopyga gouldiae*	+			S	牛头店、四岔河、八匹山	960 ~ 1 570	Sd	Sy	
(四十七)雀科 Passeridae									
207. [树]麻雀 Passer montanus			+	R	洪石乡、双河口	596	Uh	Sy	
208. 山麻雀 *Passer rutilans*	+			R	广布	760 ~ 1 600	Sv	Sy	
(四十八)梅花雀科 Estrildidae									
209. 白腰文鸟 *Lonchura striata*	+			R	牛头店、浪河、上竹等	576 ~ 1 150	Wd	Sy	保护区新纪录
(四十九)燕雀科 Fringillidae									
210. 金翅[雀] *Carduelis sinica*			+	R	广布	960 ~ 1 166	Me	Sy	
211. 酒红朱雀 *Carpodacus vinaceus*		+		S	鸡心岭、化龙山、正河垭	1 500 ~ 2 288	Hc	Sy	中国特有种
212. 普通朱雀 *C. erythrinus*		+		S	参照王玛丽等(2004)	2 200 ~ 2 917	U	Sy	
213. 褐灰雀 *Pyrrhula nipalensis*		+		S	八匹山、鸡心岭、浪河等	1 200 ~ 1 500	Wb	Sy	陕西省新纪录
214. 灰头灰雀 *P. erythaca*		+		R	化龙山、木寨子	2 288	Hm	Sy	保护区新纪录
215. 红交嘴雀 *Loxia curvirostra*				P	八匹山	1 390	Ch	Sy	保护区新纪录
216. 燕雀 *Fringilla montifringilla*		+		W	正河垭	1 500 ~ 2 000	Uc	Sy	保护区新纪录
(五十)鹀科 Emberizidae									
217. 小鹀 *Emberiza pusilla*			+	R	广布	1 500	Ua	Sy	
218. 黄喉鹀 *E. elegans*		+		R	广布	1 500	M	Sy	保护区新纪录
219. 黄胸鹀 *E. auriola*	+			R		760 ~ 2 200	Ub	Sy	
220. 灰头鹀 *E. spodocephala*		+		S	县城、牛头店	960 ~ 1 009	M	Sy	保护区新纪录
221. 戈氏岩鹀 *E. godlewskii*		+		R	县城、鸡心岭	960	O_3	Sy	保护区新纪录
222. 灰眉岩鹀 *E. cia*		+		R	鸡心岭	760 ~ 1 300	O_3	Sy	
223. 三道眉草鹀 *E. cioides*		+		R	牛头店	678	Mg	Sy	
224. 蓝鹀 *Latoucheornis siemsseni*		+		R	八匹山、化龙山	1 390 ~ 2 288	Hc	Sy	保护区新纪录(特有)

* 注区系成分:O 东洋种,P 古北种,G 广布种;居留型:R 留鸟,S 夏候鸟,P 旅鸟,W 冬候鸟,V 迷鸟;保护级别:I 国家一级重点保护,II 国家二级重点保护,Sy 三有物种;地理型:C 全北型,Ca 全北型(寒带—寒温带),Cb 全北型(寒温带—中温带),Cc 全北型(寒温带),Ce 全北型(湿润—半湿润带),Cf(中温带),Cg(欧亚温带—热带),Ch(欧亚温带—亚热带);U 古北型,Ua(寒带—寒温带),Ub(寒温带—中温带),Uc(寒温带为主),Ud(温带),Ue(湿润—半湿润),Uf(中温带为主);M 东北型,Ma 东北型(贝加尔),Mb 东北型(乌苏里),Me 东北型(朝鲜半岛),Mg 东北型(东西伯利亚);X 东北—华北型;E 季风型,Eh 季风型(远东地区);H 喜马拉雅—横断山型,Ha 喜马拉雅—横断山型(喜马拉雅南坡),Hc 喜马拉雅—横断山型(横断山),He 喜马拉雅—横断山型(东南部),Hm 喜马拉雅—横断山型(南翼);S 南中国型,Sc 南中国型(热带—中亚热带),Sd(热带—北亚热带),Sh 南中国型(中亚热带—北亚热带),Sm 南中国型(热带—暖温带),Sn 南中国型(北亚热带),Sv 南中国型(热带—中温带);W 东洋型,Wa 东洋型(热带),Wb 东洋型(热带—南亚热带),Wc 东洋型(热带—中亚热带),Wd 东洋型(热带—北亚热带),We 东洋型(热带—温带),Wf 东洋型(中亚热带—北亚热带);O_1 旧大陆温带—热带,O_2 环球温带—热带,O_3 地中海—中、东亚,O_7 亚洲中部。

5.1.2 区系分析

以本次调查为主,并参考相关文献,本区鸟类的居留状况如下(表5-1):

留鸟123种,占54.91%。其中雀形目种类90种,非雀形目种类33种。夏候鸟67种,占29.91%。其中雀形目种类45种,非雀形目种类22种。旅鸟25种,占11.16%,其中雀形目种类18种,非雀形目种类7种。冬候鸟仅8种,占3.57%。迷鸟1种,即阿穆尔隼(*Falco amurensis*),占0.45%。

根据鸟类区系划分原则,终年居留本区和在本区繁殖的190种鸟(即留鸟和夏候鸟)其区系成分如下(表5-1):

(1)东洋种100种,占52.63%;其中,非雀形目31种,雀形目69种。

(2)古北种67种,占35.26%;其中,非雀形目仅11种,雀形目56种。

(3)广布种23种,占12.11%;其中,非雀形目12种,雀形目11种。

综上可以看出,本区以山地森林为主要景观,缺乏平原、湖泊、池沼和宽阔江河,以林栖型为主的雀形目鸟类取得显著优势,雁形目、鹳形目、鹤形目和鸻形目等非雀形目鸟类分布受限,尤其表现为冬候鸟的种类贫乏,仅存的非雀形目种类也大都是适应森林生境的鹃形目、鸽形目、隼形目和鸮形目等类群。由于本区位于东洋界华中区西部山地高原亚区,并且属亚热带暖温过湿山地气候,四季分明,气候温和,故鸟类区系具有明显的东洋界特色;同时,本区与古北界相距不远,高海拔处属凉温过湿亚高山气候,因而有一定数量的古北界成分向南渗透到本区;又因为本区地势起伏,垂直高差大,不同海拔的适宜生境容纳了部分适应性较强的广布种(表5-1)。

5.1.3 新纪录物种

在本次科学考察中,发现了2个新纪录目、7个新纪录科和83个新纪录种,其中4种为陕西省新纪录种。

新纪录目为:䴙䴘目(Podicipediformes)和雁形目(Anseriformes)。

新纪录科为:䴙䴘科(Podicipedidae)、鸭科(Anatidae)、太平鸟科(Bombycillidae)、鹪鹩科(Troglodytidae)、岩鹨科(Prunellidae)、戴菊科(Regulidae)和梅花雀科(Estrildidae)。

新纪录种包括:小䴙䴘(*Tachybaptus ruficollis*)、鸳鸯(*Aix galericulata*)、白肩雕(*Aquila heliaca*)、凤头蜂鹰(*Pernis ptilorhynchus*)、鹰雕(*Spizaetus nipalensis*)、普通𫛭(*Buteo buteo*)、普通秧鸡(*Rallus aquaticus*)、灰头麦鸡(*Vanellus cinereus*)、红翅绿鸠(*Treron sieboldii*)、中杜鹃(*Cuculus saturatus*)、领角鸮(*Otus bakkamoena*)、白背啄木鸟(*Dendrocopos leucotos*)、黑[短脚]鹎(*Hypsipetes leucocephalus*)、绿翅[短脚]鹎(*H. mcclellandii*)、小太平鸟(*Bombycilla japonica*)、虎纹伯劳(*Lanius tigrinus*)、灰背伯劳(*L. tephronotus*)、灰椋鸟(*Sturnus cineraceus*)、小嘴乌鸦(*Corvus corone*)、星鸦(*Nucifraga caryocatactes*)、鹪鹩(*Troglodytes troglodytes*)、栗背岩鹨(*Prunella immaculata*)、棕胸岩鹨(*P. strophiata*)、蓝短翅鸫(*Brachypteryx montana*)、黑喉红尾鸲(*Phoenicurus hodgsoni*)、蓝额红尾鸲(*P. frontalis*)、小燕尾(*Enicurus scouleri*)、灰头鸫(*Turdus rubrocanus*)、栗腹矶鸫(*Monticola rufiventris*)、黑领噪鹛(*Garrulax pectoralis*)、栗耳凤鹛(*Yuhina castaniceps*)、褐顶雀鹛(*Alcippe brunnea*)、灰眶雀鹛(*A. morrisonia*)、黑头奇鹛(*Rufous Sibia*)、灰头鸦雀(*Paradoxonis gularis*)、棕

脸鹟莺(*Abroscopus albogularis*)、栗头鹟莺(*Seicercus castaniceps*)、极北柳莺(*Phylloscopus borealis*)、棕眉柳莺(*P. armandii*)、黑眉柳莺(*P. ricketti*)、甘肃黄腰柳莺(*P. kansuensis*)、黄腹树莺(*Cettia acanthizoides*)、中华短翅莺(*Bradypterus tacsanowskius*)、戴菊(*Regulus regulus*)、铜蓝鹟(*Eumyias thalassina*)、棕腹大仙鹟(*Niltava davidi*)、白腹[姬]鹟(*Cyanoptila cyanomelana*)、红喉[姬]鹟(*Ficedula parva*)、棕尾褐鹟(*Muscicapa ferruginea*)、乌鹟(*M. sibirica*)、褐胸鹟(*M. muttui*)、煤山雀(*Parus ater*)、褐头山雀(*P. songarus*)、红翅旋壁雀(*Tichodroma muraria*)、红胁绣眼鸟(*Zosterops erythropleurus*)、白腰文鸟(*Lonchura striata*)、酒红朱雀(*Carpodacus vinaceus*)、褐灰雀(*Pyrrhula nipalensis*)、灰头灰雀(*P. erythaca*)、红交嘴雀(*Loxia curvirostra*)、黄喉鹀(*Emberiza elegans*)、灰头鹀(*Emberiza spodocephala*)、蓝鹀(*Latoucheornis siemsseni*)等。

现将陕西省新纪录种包括褐灰雀、灰头鸦雀、黑头奇鹛和小太平鸟的发现过程、分布以及相关情况分述如下:

(1)褐灰雀 *Pyrrhula nipalensis*

发现时间:2010 年 5 月 1 日上午 11:00

发现地点:陕西省化龙山国家级自然保护区八匹山保护点(31°57′61″N,109°30′23″E,海拔 1 390 m)

发现过程:作者在八匹山保护点进行鸟类调查时观察到 7 只褐灰雀在次生落叶阔叶林中下层活动,并拍摄了照片。同年 8 月 5 至 11 日分别在镇坪县牛头店镇红星村、上竹乡瞎马洞、八匹山和曾家镇红星村先后发现了数量 4 ~ 13 只不等的小群体,且以家族群觅食活动于海拔 1 300 ~ 2 500 m间的落叶阔叶林带,可见该种在陕西省巴山地区为繁殖鸟且分布较为广泛。经过仔细查阅《中国鸟类分布名录》《中国鸟类分类与分布名录》《中国鸟类野外手册》《中国陕西鸟类图志》《秦岭鸟类志》等鸟类学文献和中国知网等网络数据库,并未见褐灰雀在陕西省分布的记录,确定该种为陕西省鸟类新纪录。

形态特征:褐灰雀相比同域分布的近缘种灰头灰雀(*Pyrrhula erythaca*),体型较小而修长,体羽灰褐色;喙浅灰绿色,尖端黑色;喙基羽毛褐色,雄鸟额部至头顶有黑色鳞状斑纹,雌雄眼后下方均有白色小斑块;翼斑白色,飞羽黑色并有绿紫色金属光泽,三级飞羽有紫红色金属光泽;白色的腰部在飞行时显著;尾羽黑色略有金属光泽,尾端略凹,尾下腹羽白色。

分布:褐灰雀曾在 1980 年被记录于与化龙山保护区相邻的重庆巫溪,还分布于西藏、云南、广东、福建、台湾、浙江、江西等地,国外见于巴基斯坦、尼泊尔、南亚、东南亚等地区。

讨论:褐灰雀包括 3 个亚种:指名亚种(*P. n. nipalensis*)、华南亚种(*P. n. ricketti*)和台湾亚种(*P. n. uchidai*)。历史分布上指名亚种留鸟于西藏东南部、云南西北部;华南亚种从西藏东南部经云南西北至华南至东南;台湾亚种留鸟于台湾。从羽色及分布区邻近程度看,陕西省分布的应为华南亚种(龙大学等 2011)。

(2)灰头鸦雀 *Paradoxornis gularis*

发现时间:2011 年 3 月 29 日

发现地点:镇坪县竹溪河铁匠沟(31°53′16″N,109°30′14″E,海拔 1 041 m)

发现过程:荣海、王卫东等在镇坪县竹溪河铁匠沟观鸟时,在沟边阔叶树上发现 2 只灰头鸦雀在树冠层活动。经查阅《中国鸟类分类与分布名录》(郑光美,2005)、《中国鸟类野外手册》(马敬能等,2000)等资料,该物种在陕西省尚未有分布的文献记录,确认其为陕西省鸟类新纪录。

形态特征:体型较小,体长 18 cm 左右,喙短而粗厚,橘黄色;头灰色,眼上有显著的黑色长条纹,喉部中心黑色;两翅和尾表面棕褐色,下体余部白色;在杂木林的树冠层取食,喜跳动,鸣声不断,停留约 3 分钟后飞走。

分布:该种在湖北省、重庆市有分布记录,本区与湖北省、重庆市邻近,故笔者认为化龙山保护区及其周边地区仍然是灰头鸦雀的重要分布区域。此次发现将灰头鸦雀的分布范围向北扩展至陕西南部(荣海等 2011)。

(3)黑头奇鹛 *Heterophasia melanoleuca*

发现时间:2011 年 12 月 3 – 17 日

发现地点:八仙保护站附近(32°05′28″N,东经 109°15′32″E,海拔高度 1 127 m)

发现过程:王卫东、刘平等在八仙保护站附近观察到 1 只黑头奇鹛。其生境为大巴山南麓的落叶阔叶林、农田和沟谷灌丛,位于公路两侧,人为活动较为频繁。每天的活动范围不大(≤500 m),喜在树冠层活动,常停歇于乔木或灌木的顶端。观察到其取食山茱萸(*Cornus officinalis*)和毛叶山桐子(*Idesia polycarpa*)的浆果。

形态特征:中等体型的鹛类。头、翅和尾黑色,略有金属光泽。上背沾褐,两胁烟灰色,喉及下体中央白色。除中央尾羽末端灰色外,其余尾羽末端白色。

习性:黑头奇鹛主要栖息于海拔 1 200 ~ 2 500 m 的山地阔叶林和针阔叶混交林中,冬季可见于海拔 1 000 m 以下的沟谷林、次生林、竹林和林缘疏林灌丛地带,在各地均为留鸟。

分布:该种目前可确定的有 4 个亚种,其中 *H. m. melanoleuca* 见于缅甸南部和泰国东部;*H. m. castanoptera* 见于缅甸东南部;*H. m. radcliffei* 见于泰国和老挝的西北部(Clements 2007)。国内仅有的西南亚种(*H. m. desgodinsi*)分布于云南、贵州、四川(西南部)、西藏(东南部)、湖南和广西(西部)(郑作新 1987;郑光美 2011;中国科学院青藏高原科学考察队 1983;李桂垣 1985;马敬能等 2000)。

讨论:奇鹛属(*melanoleuca*)的其他种类均分布于我国大陆极西南部至东南亚地区或中国台湾,唯有黑头奇鹛向北延伸至四川西南部。笔者认为奇鹛属的黑头奇鹛在大巴山地区的出现是川西种群向北扩散的结果。还有,近年来山西省阳泉市也报道曾发现小群活动的黑头奇鹛(http://news.sina.com.cn),如果能够证实,说明该物种已经翻越秦岭,跨越黄河,有继续向北扩散的趋势,引起该种分布区发生变化的原因有待进一步研究(王卫东等 2011)。

(4)小太平鸟 *Bombycilla japonica*

发现时间:2013 年 3 月 5 日

发现地点:陕西省镇坪县城关镇附近阔叶林(地理位置 31°53′N, 109°31′15″E,海拔高度 950 m)。

发现过程:2013 年 3 月 5 日中午,化龙山保护区管理局的吕建荣在镇坪县城附近的阔叶林中发现了呈小群活动的小太平鸟,停歇树种为泡桐(*Paulownia sp*),适值花期。停留时间大约 40 分钟。

形态特征:体长约 16 cm。尾端绯红色显著,与太平鸟的区别在于黑色的过眼纹绕过冠羽延伸至头后,臀绯红。次级飞羽端部无蜡样附着,但羽尖绯红。缺少黄色翼带。

习性:一般生活习性与太平鸟相似,以植物果实及种子为主食,秋、冬季所见的食物有卫矛、鼠李,兼食少量昆虫。分布于西伯利亚东部及中国东北部,越冬至日本及琉球群岛。不定期繁殖鸟见于黑龙江的小兴安岭。越冬鸟群有时至中国湖北及山东。极少数在福建、台湾及华中有记录。

讨论:发现地点的东南部为湖北神农架地区,推测该小太平鸟的小群体为在湖北或者重庆越冬个体向北迁回繁殖地时途经化龙山自然保护区(吕建荣等,2013)。

5.2 群落结构和多样性组成

5.2.1 群落结构

化龙山保护区鸟类栖息的生境类型可以大体分为以下 5 类:河谷农田、落叶阔叶林、针阔混交林、针叶林和高寒草甸。表 5 - 2 显示了不同生境的鸟类种数及相应比例。

河谷农田(海拔 700 ~ 1 000 m):该生境位于低山河谷,为主要的农耕地带,受人为影响较大,原始植被破坏无遗,坡地周围主要是次生灌木,草丛以及灌乔木混杂林。栽培树种有芭蕉、棕榈、杜仲、毛竹、柑橘和茶叶等经济植物。共有 93 种鸟类分布在该生境,占化龙山鸟类种类总数的 45.59% 。其中,小鸊鷉(*Tachybaptus ruficollis*)、普通翠鸟(*Alcedo atthis*)、池鹭(*Ardeola bacchus*)、牛背鹭(*Buubulcus ibis*)、红尾水鸲(*Rhyacornis fuliginosus*)、鸳鸯(*Aix galericulata*)、戴胜(*Upupa epops*)、冠鱼狗(*Megaceryle lugubris*)、蓝翡翠(*Halcyon pileata*)、普通秧鸡(*Rallus aquaticus*)、棕背伯劳、黑卷尾(*Dicrurus macrocercus*)等为该群落代表物种,只见于该生境中。

落叶阔叶林(海拔 1 000 ~ 1 300 m):因受人为影响较小,植被郁闭度较高,食物充足,隐蔽条件良好,鸟类种类较多,发现 126 种,占化龙山保护区鸟类的 61.76%,其中有多种鸟类为混交林和阔叶林的共有种。主要种类有凤头蜂鹰(*Pernis ptilorhynchus*)、红腹锦鸡(*Chrysolophus pictus*)、白冠长尾雉(*Syrmaticus reevesii*)、黄脚渔鸮、大斑啄木鸟(*Dendrocopos major*)、领雀嘴鹎(*Spizixos semitorques*)、红嘴相思鸟(*Leiothrix lutea*)等。

针阔混交林(海拔 1 300 ~ 2 200 m):该生境为落叶阔叶林和针叶林的过渡区,人为干扰小,食物丰富。在调查中共记录到鸟类 83 种,占化龙山保护区鸟类总种数的 40.69% 。鸟类群落呈现由低山种类逐渐向高山种类过渡的特点,因此,该带除具有低山阔叶林带的多种鸟类外,还有红腹角雉(*Tragopan temminckii*)、星头啄木鸟(*Dendrocopos canicapillus*)、烟腹毛脚燕(*Delichon dasypus*)、长尾山椒鸟(*Pericrocotus ethologus*)、绿翅[短脚]鹎(*Hypsipetes mcclellandii*)、灰头鸫(*Turdus rubrocanus*)等,该生境与落叶落叶林带共有鸟类 52 种,所以该带在鸟类分布上也呈现出交替混杂的过渡状况。

针叶林和高寒草甸(2 200 ~ 2 917 m):该生境山势较高,雨量较多,气候温润,林下植被发达,鸟类的种类和数量较前两带为少。在调查中共记录到鸟类 48 种,占化龙山鸟类总种数的 23.53%,其中主要有金雕(*Aquila chrysaetos*)、普通鵟(*Buteo buteo*)、星鸦(*Nucifraga caryocatactes*)、金色林鸲(*Tarsiger chrysaeus*)、橙翅噪鹛(*Garrulax elliotii*)、白领凤鹛(*Yuhina diademata*)、红嘴鸦雀(*Conostoma oemodium*)等。

从表 5 - 2 可以看出,落叶阔叶林生境中的鸟类的种数最为丰富,其次为河谷农田和针阔混交林,针叶林和高寒草甸种类最少。

表 5－2　化龙山保护区鸟类的栖息生境及种类数

栖息生境	河谷农田	落叶阔叶林	针阔混交林	针叶林和高寒草甸
鸟类种数	93	126	83	48
占总种数比例（%）	45.59	61.76	40.69	23.53

5.2.2 鸟类多样性分析

运用 Shannon－Weiner 指数 H'、Pielou 均匀性指数 J' 和 Simpson 优势度指数 C 分析了化龙山自然保护区不同生境的鸟类多样性(表 5－3)。

表 5－3　不同生境的鸟类多样性指数＊

	河谷农田	落叶阔叶林	针阔混交林	针叶林和高寒草甸	总和
鸟类种数	72	91	64	38	151
H'	3.15	3.49	3.26	2.52	3.87
$Hmax$	4.28	4.51	4.16	3.64	5.02
J'	0.74	0.77	0.78	0.69	0.77
C	0.093	0.049	0.059	0.139	0.041

＊仅对考察中实际见到的鸟类进行了多样性分析

从表 5－3 可以看出,在实际考察中所统计的 151 种鸟类中,H' 达到了 3.87。4 种生境下的鸟类多样性指数 H' 由高到低的排序依次为:落叶阔叶林 ＞ 针阔混交林 ＞ 河谷农田 ＞ 针叶林和高寒草甸。从均匀度指数 J' 上看,落叶阔叶林和针阔混交林分别为 0.77 和 0.78,说明这两种生境中鸟类分布相对均匀,而针叶林和高寒草甸生境中鸟类分布均匀性略差一些,从 Simpson 指数 C 中也可得出这一点。

5.2.3 鸟类群落的相似性

4 个群落的相似性系数见表 5－4。可见河谷农田生境的鸟类结构与其他群落的鸟类结构有明显的差异,而针阔混交林生境的鸟类群落与针叶林和高寒草甸的鸟类群落相似程度最高,为 0.580,处于第二位的是落叶阔叶林生境的鸟类群落与针阔混交林生境的鸟类群落,其相似性系数为 0.498。

表 5－4　不同生境类型间的相似性系数

生境类型	落叶阔叶林	针阔混交林	针叶林和高寒草甸
河谷农田	0.479	0.126	0.101
落叶阔叶林		0.498	0.253
针阔混交林			0.580

5.3 地理分布

动物分布的地理位置、范围及其大小反映了物种对现代自然条件的适应,也是历史分布变迁至现阶段的结果。化龙山自然保护区在中国自然景观区划中地处东部季风区北、中亚热带湿润区。植被类型以落叶阔叶林和常绿阔叶林为主。在中国动物地理区划中属于东洋界华中区西部山地高原亚区的秦岭—大巴山地省(张荣祖 1999)。该区位于陕西省东南隅,东与秦岭—武当山地为界,南与四川盆地和川鄂山地相邻,西望岷山山地,北临渭河谷地和陇东—六盘山地。特殊的自然地理条件以及鸟类分布的特殊性使得区内鸟类的地理成分相对复杂。

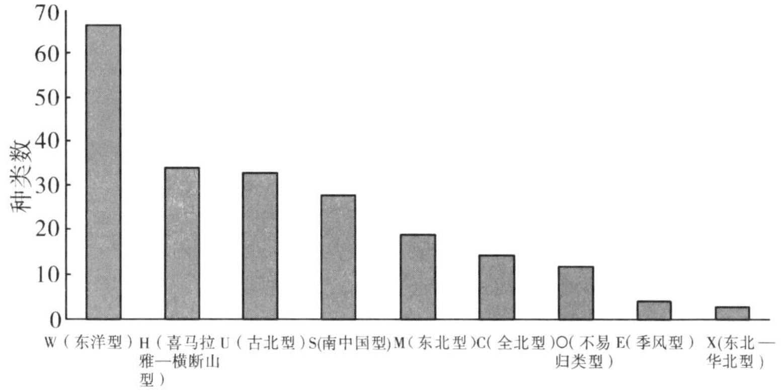

图 5 - 1　化龙山自然保护区鸟类分布地理型

图 5 - 1 表明,化龙山保护区鸟类分布的地理型组成中,东洋型种类 66 种,占总数的 29.46%。其中广义东洋型(W)1 种,Wa(热带型)4 种,Wb(热带—南亚热带型)1 种,Wc(热带—中亚热带型)7 种,Wd(热带—北亚热带型)29 种,We(热带—温带型)24 种,Wf(中亚热带—北亚热带型)1 种。Wd 和 We 型种类占绝对优势与本区所处地理位置的气候特征相符合。也与本区鸟类区系组成中东洋界种类占优势的格局相一致,因为东洋种几乎全由东洋型和南中国型的种类所组成;喜马拉雅—横断山型种类 34 种,占总数的 15.18%。其中广义的喜马拉雅—横断山型(H)1 种,Ha(喜马拉雅南坡型)1 种,Hc(横断山型)13 种,He(喜马拉雅东南部)1 种,Hm(横断山—喜马拉雅)18 种。高地成分如此高的比例说明这一类型的种类通过西部的岷山山地渗透分布至此,也与化龙山较高的海拔(最高峰 2 917 m)山地气候有关;古北型种类 33 种,占总数的 14.73%。其中广义的古北型(U)7 种,Ua(寒带—寒温带)2 种,Ub(寒温带—中温带)5 种,Uc(寒温带为主)5 种,Ud(温带)2 种,Ue(湿润—半湿润)2 种,Uf(中温带为主)3 种。古北型种类的比例基本与区系组成格局(古北界种类占 1/3 强)吻合,因为本区古北界种类几乎全由古北型和全北型的种类组成。化龙山保护区具北部东洋界与古北界的分界线距离不大,加之较高海拔的山地气候使得一定比例的古北型种类分布至此;南中国型种类 28 种,占总数的 12.5%。其中广义的南中国型(S)2 种,Sc(热带—中亚热带)2 种,Sd(热带—北亚热带)14 种,Sh(中亚热带—北亚热带)1 种,Sm(热带—暖温带)1 种,Sn(北亚热带)2 种,Sv(热带—中温带)6 种。南中国型种类全部为东洋界物种,因为本区的过渡性质致使东洋界物种组成中的南中国型种类所占比例较东洋型种类为少;东北型种类 19 种,占总数的 8.48%。其中广义的东北型(M)10 种,Ma 东北型(贝加尔)1 种,Mb 东北型(乌苏里)4 种,Me 东北型(朝鲜半岛)1 种,Mg 东北型(东西伯利亚)3 种。东北型种类占一定比例,说明这一类型可能是通过华北平原、黄淮平原再向西经伏牛—大别山、秦岭—武当山地分布至此。或者可能通过华北平原、黄淮平原向西经晋南地区、渭河地区然后跨越秦岭分布至本区;全北型种类 14 种,占总数的 6.25%,与古北型种类的分布格局类似;不易归类型(O)12 种,占总数的 5.36%。其中大部分属于广泛分布的种类(张荣祖 1999);此外还有少量的季风型(E)和东北—华北型(X)的种类见于本区(图 5 - 1)。

5.4 珍稀及特有物种

化龙山保护区分布的224种鸟类中,国家Ⅰ级重点保护鸟类2种,国家Ⅱ级重点保护鸟类24种,中国特有鸟类15种。本次调查还发现了2个新纪录目、7个新纪录科和83个新纪录种,其中4种为陕西省新纪录种。现将其形态特征、生态分布、习性及数量及保护现状简述如下。

(1)小鸊鷉

学　　名　*Tachybaptus ruficollis*

英 文 名　Little Grebe

分类地位　鸊鷉目 Podicipediforme 鸊鷉科 Podicipedidae

形态特征　小型(27 cm)深色鸊鷉。繁殖期喉及前颈偏红,头顶深褐色,上体褐色,下体灰色,具明显黄色嘴斑;非繁殖期羽色变淡,上体灰褐,下体近白色;虹膜黄,嘴黑,脚蓝灰,趾尖浅色。

生态分布　化龙山保护区新纪录。留鸟于中国大部分地区,秦岭南北坡均可见到,在化龙山三大峡、小河村、城关镇曾有记录。

生态习性　喜清澈及富有水生生物的河流、水库、湖泊等水域,善潜水,常单独或呈分散小群活动于水面。繁殖期在水上相互追逐并发出叫声。

数量状况　区内数量很少,偶见于较为开阔的水库、河流。

保护级别　2009年鸟类红色名录—近危(NT)。列入中国国家林业局2000年8月1日发布的《国家保护的有益的或者有重要经济、科学研究价值的陆生野生动物名录》。

(2)鸳鸯

学　　名　*Aix galericulata*

英 文 名　Mandarin Duck

分类地位　雁形目 Anseriformes 鸭科 Anatidae

形态特征　小型(40 cm)而色彩艳丽的鸭类。雄性羽色艳丽,并带有金属光泽,额和头顶中央羽色翠绿,具醒目的白色眉纹、金色项和直立独特的棕黄色帆状饰羽,尾羽暗褐,上胸和胸侧紫褐色,下胸两侧绒黑,镶以两条纯白色横带;雌性体羽亮灰,具优雅的白色眼圈和眼后线。雄鸟的非婚羽似雌鸟,但嘴为红色。虹膜褐色;嘴雄鸟红色,雌鸟灰色;脚黄色。

生态分布　化龙山新纪录。小型游禽,繁殖于中国东北,冬季迁往中国南方,迁徙途经我省黄河中游湿地的鱼塘、渭河流域(包括秦岭北坡支流)、汉江流域(包括秦岭南坡支流和巴山北坡的支流)。在化龙山洪石乡双河口曾有记录。

生态习性　冬季呈小群活动于鱼塘、水库和林间溪流。

数量状况　在化龙山保护区越冬的数量最大8只,一般可见4~6只。

保护级别　国家Ⅱ级重点保护鸟类;IUCN(2010)易危(VU);CITES附录:未列入。

(3)黑耳鸢

学　　名　*Milvus lineatus*

英 文 名　Black－eared Kite

分类地位　隼形目 Falconiformes 鹰科 Accipitridae

形态特征　体型略大(65 cm)的深褐色猛禽。尾略显分叉，飞行时初级飞羽基部具显著的浅色次端斑块。似黑鸢但耳羽黑色，体型稍大，翼上斑块较白。虹膜褐色；嘴灰色，蜡膜蓝灰色；脚灰色。

生态分布　留鸟于中国各地，包括海南、台湾和青藏高原。秦岭南北坡及巴山山地均有分布。

生态习性　喜开阔的乡村、城镇，振翅缓慢，飞行姿态优雅，停歇于电杆、建筑物顶，有时在旅游区的垃圾堆放处寻找食物。

数量状况　保护区内稀少。

保护级别　国家Ⅱ级重点保护鸟类。列入《中国鸟类红色名录》(2009)。

(4)赤腹鹰

学　　名　*Accipiter soloensis*

英 文 名　Chinese Sparrow Hawk

分类地位　隼形目 Falconiformes 鹰科 Accipitridae

形态特征　中等体型(33 cm)。上体浅灰，背部羽尖略具白色，外侧尾羽具不明显黑色横斑，下体白，胸及两胁染橙色，两胁具浅灰色横纹，腿上也略具横纹；飞行时，翼狭长而端甚尖，翼下全白而仅初级飞羽羽端黑色；虹膜红或褐色；嘴灰而端黑；蜡膜和脚橘黄。

生态分布　繁殖于中国南半部大部分地区。陕西见于秦岭南坡各地林区。在化龙山曾家坝曾有记录。

生态习性　常单独活动于开阔林区，喜停歇于电杆、树冠横枝。从栖处捕食，快速追逐小鸟，偶捕青蛙，有时在空中盘旋。

数量状况　常见但单独活动。

保护级别　国家Ⅱ级重点保护鸟类；INCU(2010)无危(LC)；CITES 附录：未列入。

(5)雀鹰

学　　名　*Accipiter nisus*

英 文 名　Eurasian Sparrow Hawk

分类地位　隼形目 Falconiformes 鹰科 Accipitridae

形态特征　中等体型(雄鸟 32 cm，雌鸟 38 cm)而翼短的鹰。雄鸟上体灰色，下体白而有棕色横斑，尾具横带，脸颊棕色；雌鸟体型较大，上体褐，下体白，胸、腹部及腿上有灰褐色横斑，无喉中线，脸颊棕色较少；飞行时，翼略狭长而后缘稍圆凸，翼指 6 枚，尾收拢时较其他猛禽显长而尾端平；虹膜黄色；喙呈角质色而端黑；脚黄色。

生态分布　繁殖于中国东北及新疆北部，迁徙时可见于陕西各类生境。

生态习性　常活动于开阔林区和林缘，捕食鸟类和小型兽类。

数量状况　少见。

保护级别　国家Ⅱ级重点保护鸟类；INCU(2010)无危(LC)；CITES 附录：未列入。

(6)金雕

学　　名　*Aquila chrysaetos*

英 文 名　Golden Eagle

分类地位　隼形目 Falconiformes 鹰科 Accipitridae

形态特征　体型大(85 cm)。通体栗褐色;头颈羽毛尖锐,呈柳叶状,金色;嘴巨大;飞行时,翼极长,翼指显著,腰部白斑明显可见,尾长而圆;下体颏、喉和前颈黑褐色,羽基白色;胸、腹亦为黑褐色,羽轴纹较淡,覆腿羽、尾下覆羽和翅下覆羽及腋羽均为暗褐色,覆腿羽具赤色纵纹;幼鸟白色翼斑和尾基部白色更显著。虹膜褐色;嘴巨大,灰色;脚黄色。

生态分布　留鸟,广泛分布于秦岭南北坡高山林区。在化龙山保护区正河垭、八仙曾有记录。

生态习性　栖于草原、森林、山崖。飞行高度极高,喜盘旋,常停栖于悬崖峭壁上。性凶猛,捕食大型鸟类、中小型哺乳类。

数量状况　很少见。

保护级别　国家Ⅰ级重点保护鸟类;INCU(2010)无危(LC);CITES 附录:附录Ⅱ。

(7)白肩雕

学　　名　*Aquila heliaca*

英 文 名　Imperial Eagle

分类地位　隼形目 Falconiformes 鹰科 Accipitridae

形态特征　体型大(75 cm)。成鸟通体暗褐色;头顶、颈背皮黄色,肩羽有白斑;尾基部具黑、灰色横斑;幼鸟皮黄色,体羽及覆羽具深色纵纹,下背及腰具大片乳白色斑;飞行时,身体及翼下黑色,翼甚宽长,7 枚翼指显著,幼鸟翼上有狭窄的白色后缘,尾、飞羽均色深,仅初级飞羽最内 3 枚形成浅色翼窗;虹膜浅褐;喙灰色,蜡膜黄色;脚黄色。

生态分布　化龙山保护区新纪录。冬候鸟,曾记录于西安、太白。在化龙山保护区化龙山曾有记录。

生态习性　单独活动,喜沼泽、森林草原、荒地。飞行缓慢,常在空中鼓翼滑翔。捕食中小型兽类和鸟类。

数量状况　极为少见。

保护级别　国家Ⅰ级重点保护鸟类;INCU(2010)易危(VU);CITES 附录:附录Ⅰ。

(8)凤头蜂鹰

学　　名　*Pernis ptilorhynchus*

英 文 名　Oriental Honey - buzzard

分类地位　隼形目 Falconiformes 鹰科 Accipitridae

形态特征　中等体型(58 cm)的深色猛禽。具不显著的羽冠;上体由白至赤褐色,下体满布斑点和横纹,尾具不规则横纹;浅色喉斑缘黑色纵纹;虹膜橘黄;嘴灰色;脚黄色。

生态分布　化龙山保护区新纪录。秦岭南坡至巴山山脉的林区。在化龙山保护区八匹山、曾家坝、小河村曾有记录。

生态习性　具振翅滑翔的特征性飞行姿态,滑翔时两翼平伸;具偷袭蜂巢的习性。

数量状况　不常见。

保护级别　国家Ⅱ级重点保护鸟类;INCU(2010)无危(LC);CITES 附录:附录Ⅱ。

(9)鹰雕

学　　名　*Spizaetus nipalensis*

英 文 名　Hodgson's Hawk Eagle

分类地位　隼形目 Falconiformes 鹰科 Accipitridae

形态特征　体型大(74 cm)。细长,腿被羽;枕部具短冠羽,颏、喉及胸白色,具黑色的喉中线及纵纹;上体灰褐或褐色,具黑白纵纹及、杂斑;头侧和颈侧有黑色和皮黄色的条纹,喉部和胸部为白色,喉部还有显著的黑色中央纵纹,胸部有黑褐色的纵纹;下腹部、大腿具白色横斑;飞行时,翼甚宽短,翼下有黑色和白色窄条带,翼指不明显,尾长而圆;虹膜黄至褐色;嘴偏黑,蜡膜绿黄;腿被羽,脚黄色。

生态分布　化龙山保护区新纪录。留鸟,记录于西安、佛坪、宁陕等地。在化龙山保护区浪河曾有记录。

生态习性　典型的森林鹰类,尤喜原始林,从不在有人为干扰的地方筑巢。捕食雉类、野鸭、野兔,偶尔捕食鱼类。

数量状况　不常见。

保护级别　国家Ⅱ级重点保护鸟类;INCU(2010)无危(LC);CITES 附录:未列入。

(10)普通鵟

学　　名　*Buteo buteo*

英 文 名　Common Buzzard

分类地位　隼形目 Falconiformes 鹰科 Accipitridae

形态特征　体型中等偏大(55 cm)。体色变异大:浅色型的上体褐色,脸、颈侧、喉皮黄具红褐色细纹,眼后线褐色,髭纹栗色,下体偏白具棕色纵纹,两胁及大腿沾棕色,飞行时两翼宽而圆,翼角有深色斑,初级飞羽基部背面有白色块斑,胸腹面呈"白—褐—白"的三条色带;深色型:几乎通体红褐色,头褐色,髭纹黑色;尾近端处常具黑色横纹;虹膜黄色至褐色;喙灰色,端黑,蜡膜黄色;跗蹠无被羽,脚黄色。

生态分布　化龙山保护区新纪录。冬候鸟,迁徙时可见于省内各地各种生境,尤其常见于林地。在化龙山保护区正河垭、八仙曾有记录。

生态习性　森林型猛禽,飞行灵活,常在高空翱翔,发现猎物时俯冲猛扑,捕食鸟类、小型哺乳类。一般单独活动,迁徙时可成大群。

数量状况　冬季可见但遇见率较低。

保护级别　国家Ⅱ级重点保护鸟类;INCU(2010)无危(LC);CITES 附录:未列入。

(11)毛脚鵟

学　　名　*Buteo lagapus*

英 文 名　Rough - legged Buzzard

分类地位　隼形目 Falconiformes 鹰科 Accipitridae

形态特征　中等体型的褐色鵟。体长 50 ~ 59 cm,似普通鵟但尾内侧羽白色,翼角具黑斑,头色浅。深色两翼与浅色尾成较鲜明对比。初级飞羽基部较普通鵟为白,与黑色翼角斑成对比。雌鸟及幼鸟的浅色头部与深色的胸部成对比。幼鸟飞行时翼下黑色后缘较少。成年雄鸟头部色深,胸色浅,跗骨被羽。虹膜黄褐色,嘴深灰,脚黄色。

生态分布　化龙山鸟类新纪录。罕见的冬候鸟或旅鸟。指名亚种(*Buteo lagapus lagapus*)越冬于中国新疆喀什及天山地区;亚种(*Buteo lagapus kamtschakensis*)迁徙时(或越冬)经过新疆西部、东北各省、山东、陕西及江苏。在云南、福建、广东及台湾越冬。化龙山地区偶见于化龙山、牛头店、上竹等地。

生态习性　比普通鵟更常徘徊飞行,飞行时似大型鹞类。毛脚鵟栖息于稀疏的针、阔混交林和原野、耕地等开阔地带,并常和普通鵟一起活动。毛脚鵟在繁殖期主要栖息于靠近北极地区,是较为耐寒的苔原针叶林鸟类,因此具有丰厚的羽毛覆盖脚趾。主要以田鼠等小型啮齿类动物和小型鸟类为食,也捕食野兔、雉鸡、石鸡等较大的动物,捕食方式除在开阔地低空飞翔盘旋觅找和捕猎食物外,有时也埋伏在地上或站在电线杆和树上等待,当猎物到来时突然出击。

数量状况　较为罕见的冬候鸟。

保护级别　国家 II 级重点保护动物。INCU(2010)无危(LC);CITES 附录:未列入。

(12)红隼

学　　名　*Falco tinnunculus*

英 文 名　Common Kestrel

分类地位　隼形目 Falconiformes 隼科 Falconidae

形态特征　中等偏小体型(33 cm)。雄鸟头、颈灰色,上体赤褐略具黑色横斑,下体皮黄而有黑色纵纹,尾蓝灰无横斑,有一条黑色次端横斑;雌鸟体型略大,上体褐色,散布黑色斑点,亚成鸟,似雌鸟但纵纹较重;虹膜褐色;喙灰黑色,蜡膜黄色;脚黄色。

生态分布　留鸟,广布全省各地。在化龙山保护区镇坪县城曾有记录。

生态习性　适应性强,可栖息于山区林地、开阔草地、农耕地,甚至城镇的居民区,常在高层建筑上营巢。以昆虫、两栖类、爬行类、鸟类、鼠类为食。

数量状况　较常见。

保护级别　国家Ⅱ级重点保护鸟类;INCU(2010)无危(LC);CITES 附录:未列入。

(13)灰胸竹鸡

学　　名　*Bambusicola thoracica*

英 文 名　Chinese Bamboo Partridge

分类地位　鸡形目 Galliformes 雉科 Phasianidae

形态特征　小型雉类(33 cm);额、眉纹及颈环蓝灰色,脸、喉及上胸的红棕色;上背、胸侧及两胁有椭圆形的大块褐斑;下体浅棕黄色;外侧尾羽栗色;飞行翼下有两块白斑;雄雌同色;虹膜红褐;喙褐色;脚灰绿色。

生态分布　中国鸟类特有种。指名亚种(*B. t. thoracica*)留鸟于中国中部和南部。陕西省以秦岭为分界线,是秦巴山区的常见留鸟。在化龙山保护区浪河、正河垭、八匹山曾有记录。

生态习性　常成群于山坡树林、竹林中,取食植物种子。叫声听似"地主婆"。

数量状况　较常见。

保护级别　列入中国国家林业局 2000 年 8 月 1 日发布的《国家保护的有益的或者有重要经济、科学研究价值的陆生野生动物名录》。INCU(2010)无危(LC)。

(14)红腹锦鸡

学　　名　*Chrysolophus pictus*

英 文 名　Golden Pheasant

分类地位　鸡形目 Galliformes 雉科 Phasianidae

形态特征　中等偏小雉类(98 cm)。雄鸟头顶及背有炫亮的金色丝状羽;颈部翎羽金色并具黑色羽缘;上背金属蓝绿色,下体绯红,翼为金属蓝色,尾长而弯曲,中央尾羽近黑而具皮黄色点斑,其余部位黄褐色;雌鸟体型较小,黄褐色,上体密布黑色带斑,下体淡皮黄色;虹膜黄色;喙绿黄;脚角质黄色。

生态分布　中国中部鸟类特有种。国内见于青海东南部、甘肃南部、四川、湖北西部、贵州、广西北部及湖南西部。陕西省内广布秦巴山区和关山山地。在化龙山保护区正河垭、鸡心岭、上竹、八匹山、曾家坝曾有记录。

生态习性　栖于中低山(800～1 600 m)斜坡的密林或灌丛中,平常单独或成对活动,秋季呈家族群,冬季形成大群。食物以蕨类植物、麦叶、胡颓子、草籽、大豆、药枣、野蒜、玉米等。

数量状况　常见,冬季低海拔地区呈 5～10 只的小群活动。

保护级别　国家Ⅱ级重点保护鸟类;INCU(2010)无危(LC);CITES 附录:未列入。

(15)红腹角雉

学　　名　*Tragopan temminckii*

英 文 名　Temminck's Tragopan

分类地位　鸡形目 Galliformes 雉科 Phasianidae

形态特征　体型大(68 cm)。雄鸟几乎通体绯红或暗朱红色,上体多有带黑色外缘的白色小圆斑,下体带灰白色椭圆形点斑,头黑,眼后有一金黄色条纹,脸部裸皮蓝色,具可膨胀的围裙状肉垂及肉质角;雌鸟较小,通体褐色并有黑白杂斑,下体有大块白色点斑;虹膜褐色;喙黑色,嘴尖粉红;脚粉色至红色。

生态分布　广泛分布的常见留鸟。见于西藏东南部、云南西北部、四川、甘肃南部、贵州、湖北、湖南、广西北部。省内广布于秦岭、巴山的中高山区(2 000～2 800 m)。在化龙山保护区千家坪、双河口、化龙山曾有记录。

生态习性　栖于人迹罕至的红桦林、针阔混交林,常单独活动,主要以植物种子、果实、嫩叶、芽等为食。夜栖枝头。雄鸟在护巢时,常发出类似婴儿啼哭的"哇哇"声,又称娃娃鸡。雄鸟炫耀时膨胀喉垂并竖起蓝色肉质角,喉垂完全膨起时有蓝红色图案。

数量状况　化龙山较稀少,仅在 1 800～2 500 m 之间的针阔混交林活动。

保护级别　国家Ⅱ级重点保护鸟类;INCU(2010)无危(LC);CITES 附录:未列入。

(16)勺鸡

学　　名　*Pucrasia macrolopha*

英 文 名　Koklass Pheasant

分类地位　鸡形目 Galliformes 雉科 Phasianidae

形态特征　体型大(61 cm)。具有明显的飘逸型耳羽束。雄鸟头顶及冠羽近灰,有明显的长耳羽束,过眼纹、枕及耳羽束、喉有绿色金属光泽,过眼纹下有一白色横斑,上背皮黄色，胸红褐色，其他部位的体羽白色并具黑色矛状纹；雌鸟体型较小，具冠羽但无长的耳羽束，体羽与雄鸟相似；虹膜褐色；喙褐色；脚紫灰。

生态分布　国内留鸟于西藏、云南、北抵辽宁、东至浙江、福建、广东等地。省内广布秦巴山区中高海拔地带。化龙山见于海拔 1 600 m 以上的针阔叶混交林带。

生态习性　栖于高山针阔混交林，也活动于山脚的灌丛。食物以草籽、植物果实、担子菌类等为主。

数量状况　稀少，活动于中高海拔(1 600 ~ 2 400 m)的针阔混交林内。

保护级别　国家Ⅱ级重点保护鸟类；INCU(2010)无危(LC)；CITES 附录：未列入。

(17)白冠长尾雉

学　　名　*Syrmaticus reevesii*

英 文 名　Reeves's Pheasant

分类地位　鸡形目 Galliformes 雉科 Phasianidae

形态特征　体型大(180 cm)。雄鸟头部白色并有黑色过眼纹，上体金黄而具黑色羽缘，呈鳞状，腹中部及股黑色，并具长可至 1.5m 的带横斑尾羽；雌鸟褐色，头顶及枕部黑褐色，面颊和颈部为淡淡的褐色，眼后具大块的黑色斑块，胸部具红棕色鳞状纹，翅褐色隐约可见数条浅色翅斑，尾羽具淡淡窄窄的浅色白斑，尾较雄鸟甚短；虹膜褐色；喙角质色；脚灰色。

生态分布　中国中部及东部特有种。留鸟于四川东部、甘肃东南部、湖北西部及云南东北部；山东南部、湖北东部、安徽西部有零星分布。陕西省分布于秦岭南坡以南的秦巴山地。化龙山见于 800 ~ 1 500 m 的落叶阔叶林。

生态习性　栖于海拔 1 000 m 左右的山坡密林，也可见于林缘农耕地，单独或成小群活动。主要取食鳞翅目等昆虫、植物种子等。

数量状况　近年来数量呈下降趋势，保护区内少见。

保护级别　国家Ⅱ级重点保护鸟类；INCU(2010)近危(VU)；CITES 附录：附录Ⅰ。

(18)普通秧鸡

学　　名　*Rallus aquaticus*

英 文 名　Water Rail

分类地位　鹤形目 Gruiformes 秧鸡科 Rallidae

形态特征　中等偏小(29 cm)。红而染黑色的喙略细长，上体多纵纹，头顶褐色，脸至胸烟灰色，眉纹浅灰而眼线深灰，背部黄褐色而有黑色粗条纹，腹部至尾下布满黑白相间横纹，尾常上翘，肉红色的脚较长。虹膜红色，喙红色至黑色，脚红色。

生态分布　化龙山保护区新纪录。曾记录于周至、洋县、佛坪等地。在化龙山保护区洪石乡曾有记录。

生态习性　栖息于稻田、多芦苇的浅水湿地。常单独或成小群于夜间或晨昏活动，白天多匿藏在茂密的草丛或灌丛下，仅在晨昏和夜间觅食时才到开阔、空旷的地方来。取食水生植物、无脊椎动物。

数量状况　不常见。

保护级别　2009 年鸟类红色名录—近危(NT)。列入中国国家林业局 2000 年 8 月 1 日发布的《国家保护的有益的或者有重要经济、科学研究价值的陆生野生动物名录》。

(19)灰头麦鸡

学　　名　*Vanellus cinereus*

英 文 名　Grey - headed Lapwing

分类地位　鸻形目 Charadriiformes 鸻科 Charadriidae

形态特征　大型(35 cm)。喙黄色,喙尖黑色,上嘴基部有不甚明显的圆形黄色肉瘤,头至胸部灰色,有黑色胸带,背部灰褐,翼尖、胸带及尾部横斑黑色,翼后余部、腰、尾及腹部白色,初级飞羽和尾黑色,脚黄色,虹膜褐色。

生态分布　化龙山保护区新纪录。主要繁殖于我国东北,近年在武汉、陕西发现少量繁殖种群,迁徙时中国中部及东部可见,越冬区主要在西江及其以南地区,省内见于西安、周至、洋县、渭南等地,旅鸟或夏候鸟。在化龙山保护区牛头店双河口5月份曾有记录,居留特征不详。

生态习性　常结十只左右的小群栖于河滩和近水的开阔地、农田、草地,取食昆虫、嫩芽、草籽,常边飞边发出洪亮的叫声。

数量状况　保护区内偶见8~10只的群体。

保护级别　2009年鸟类红色名录—近危(NT)。列入中国国家林业局2000年8月1日发布的《国家保护的有益的或者有重要经济、科学研究价值的陆生野生动物名录》。

(20)红翅绿鸠

学　　名　*Treron sieboldii*

英 文 名　White - bellied Green Pigeon

分类地位　鸽形目 Columbiformes 鸠鸽科 Columbidae

形态特征　中等体型(25 cm)。头顶前部橙棕色,头、颈、胸黄绿色,背部暗黄绿色,上背略沾灰色;腹部黄白色;腹部两侧及尾下覆羽具暗灰绿色斑;雄鸟翼上的小、中覆羽暗紫红色,上背偏灰,头顶橘黄;雌鸟几乎通体绿色;眼周裸皮淡蓝;虹膜红色;喙偏蓝,端部较暗;脚红色。

生态分布　化龙山保护区新纪录。留鸟,曾记录于眉县、周至、佛坪、太白、汉台、安康、洋县、西乡等地。在化龙山保护区浪河曾有记录。

生态习性　常栖于海拔1 200~1 800 m的山沟近水处的阔叶林、针阔混交林,有时也见于林缘耕地。常成小群或单独活动,主要取食植物种子。

数量状况　罕见。2010年7月曾于巴山地区的镇坪县牛头店发现8~10只的群体。

保护级别　国家Ⅱ级重点保护鸟类;INCU(2010)无危(LC);CITES附录:未列入。

(21)中杜鹃

学　　名　*Cuculus saturatus*

英 文 名　Oriental Cuckoo

分类地位　鹃形目 Cuculiformes 杜鹃科 Cuculidae

形态特征　体型略小(26 cm)。腹部及两胁多具宽的横斑。雄鸟及灰色雌鸟胸及上体灰色,尾纯黑灰色而无斑,下体皮黄色具黑色横斑。与大杜鹃及四声杜鹃区别在于胸部横斑较粗较宽,鸣声也有异。棕红色型雌鸟与大杜鹃雌鸟区别在腰部具横斑。虹膜红褐色;眼圈黄色;喙角质色;脚橘黄色。

生态分布　化龙山保护区新纪录。分布于中国新疆、东北、内蒙古、河北、山西、陕西、山东、湖北、长江下游至福建、广西、海南等地。在化龙山保护区化龙山、正河垭、八匹山、鸡心岭曾有记录。

生态习性　夏季繁殖于海拔 1 300 ~ 2 700 m 的丘陵山地。隐于林冠的鸟种。除春季繁殖期叫声非常频繁外很难见到。

数量状况　不常见。

保护级别　2009 年鸟类红色名录—近危(NT)。列入中国国家林业局 2000 年 8 月 1 日发布的《国家保护的有益的或者有重要经济、科学研究价值的陆生野生动物名录》。

(22)斑头鸺鹠

学　　名　*Glaucidium cuculoides*

英 文 名　Asian Barred Owlet

分类地位　鸮形目 Strigiformes 鸱鸮科 Strigidae

形态特征　体型较小(24 cm)。无耳羽簇；额至头顶多褐色和黑色横斑，颏纹白色；上体棕色或褐色沾灰而具赭色横斑，沿肩部有一道白色线条；下体两侧几全褐，具赭色横斑；臀白色，两胁栗色；尾较短，黑褐色，有白色细横纹。虹膜黄褐；喙偏绿而端黄；脚绿黄色趾黄绿色，具刚毛状羽，爪近黑色。

生态分布　不同亚种分别留鸟于西藏东南部(*G. c. austerum*)；云南西部(*G. c. rufescens*)；云南南部(*G. c. brugeli*)；海南(*G. c. persimilie*)；华中、华南(*G. c. whitelyi*)。陕西省广布于秦岭中低山区，在化龙山保护区八仙曾有记录。

生态习性　主要为夜行性，有时也在白天活动，常在清晨、黄昏鸣叫。常栖于山地林区及林缘、近山的农耕地。主要捕食昆虫、鼠类。

数量状况　较为常见。

保护级别　国家Ⅱ级重点保护鸟类；INCU(2010)无危(LC)；CITES 附录：未列入。

(23)领角鸮

学　　名　*Otus bakkamoena*

英 文 名　Collared Scops Owl

分类地位　鸮形目 Strigiformes 鸱鸮科 Strigidae

形态特征　体型中等(24 cm)。眼大而亮，额、面盘灰白，有灰褐色细斑；具明显耳羽簇及特征性的浅沙色领环；上体偏灰或沙褐，体羽具黑褐色羽干纹，羽面有黑褐色杂斑；肩羽、翅上外侧覆羽的端部具有棕色或白色的大形点斑；飞羽、尾羽黑褐色，具淡棕色横斑；下体皮黄色，有黑色条纹；尾较短，黑褐色；虹膜深褐；喙角质黄色；脚污黄。

生态分布　化龙山保护区新纪录。不同亚种分别留鸟于中国东北至陕西南部(*O. b. ussuriensis*)；华北、华中至华南(*O. b. erythrocampe*)；西藏东南部(*O. b. letti*)；海南(*O. b. umbratilis*)和台湾(*O. b. glabripes*)。陕西省见于洋县、佛坪、安康、周至、太白。在化龙山保护区八匹山曾有记录。

生态习性　多栖于山地林缘，昼伏夜出，从停栖处飞至地面捕食鼠类等。

数量状况　不常见。

保护级别　国家Ⅱ级重点保护鸟类;INCU(2010)无危(LC);CITES 附录:未列入。

(24)红角鸮(东方角鸮)

学　　名　*Otus sunia*

英 文 名　Oriental Scops Owl

分类地位　鸮形目 Strigiformes 鸱鸮科 Strigidae

形态特征　体型小(20 cm)。分灰色型和棕色型;眼黄色,耳羽簇短但显著,并与眶上羽连为一体;通体灰褐色或红棕色,并满布深色斑纹;胸满布黑色纵纹;虹膜橙黄色;喙角质灰色;脚偏灰。

生态分布　常见留鸟于中国东北及长江以南(*O. s. stictonotus*);西藏东南部(*O. s. sunia*);华南、西南和东南包括海南和台湾(*O. s. malayanus*);台湾(*O. s. japonensis*)。陕西华阴、佛坪、宁强、南郑、安康、周至、洋县、镇坪等地有记录。

生态习性　常栖于栎树等乔木林间、林缘、矮树丛,昼伏夜出,繁殖期彻夜鸣叫。主要捕食鼠类。

数量状况　不常见。

保护级别　国家Ⅱ级重点保护鸟类;INCU(2010)无危(LC);CITES 附录:未列入。

注:本种曾作为红角鸮 *O. scops* 的亚种(郑作新,1987),现提升为种,又称东方角鸮,而将 *O. scops* 称西红脚鸮(郑光美,2002)。

(25)鹰鸮

学　　名　*Ninox scutulata*

英 文 名　Brown Hawk Owl

分类地位　鸮形目 Strigiformes 鸱鸮科 Strigidae

形态特征　中等体型(30 cm)。头相对其他鸮类较小,面盘甚不明显,似鹰类;头及上体深褐色;下体皮黄,具宽阔的红褐色纵纹;颏及嘴基部、臀有白色斑点;虹膜亮黄;喙蓝灰,蜡膜绿色;脚黄色。

生态分布　不同亚种留鸟夏候鸟于东北、华中和华东(*N. s. ussuriensis*);中国南部(*N. s. burmanica*);台湾(*N. s. lotogo*);西藏东南部(*N. s. lugubris*)。陕西曾记录于佛坪、安康、洋县、宁陕、镇坪等地。

生态习性　昼行性,常栖于海拔 800 m 左右的山地林缘,从栖处飞起捕食飞行的昆虫。

数量状况　罕见。

保护级别　国家Ⅱ级重点保护鸟类;INCU(2010)无危(LC);CITES 附录:未列入。

(26)毛脚鱼鸮

学　　名　*Ketupa flavipes*

英 文 名　Tawny Fish Owl

分类地位　鸮形目 Strigiformes 鸱鸮科 Strigidae

形态特征　体型硕大(61 cm)的棕色渔鸮。具耳羽簇,眼黄,具蓬松的白色喉斑。上体棕黄色,具醒目的深褐色纵纹但纹上无斑,飞羽和大覆羽具棕白色末端,尾羽黑褐;下体至尾下覆羽橙棕色,除下腹和尾下覆羽外,各羽均具宽形黑褐色轴纹,但喉部羽基白色,形成一大形白斑;虹膜黄色;喙角质黑色;蜡膜绿色;脚偏灰。

生态分布　留鸟,分布于中国中部及南部大部地区从甘肃西南部、陕西南部、四川、贵州、安徽、江苏、浙江、台湾至广东，分布至海拔 1 500 m。可能也出现在西藏东南部。周至曾有记录。

生态习性　栖于山区茂密森林的溪流畔。

数量状况　罕见。

保护级别　国家Ⅱ级重点保护鸟类；INCU(2010)无危(LC)；CITES 附录：未列入。

(27)纵纹腹小鸮

学　　名　*Athene noctua*

英 文 名　Little Owl

分类地位　鸮形目 Strigiformes 鸱鸮科 Strigidae

形态特征　体型小(23 cm)。面盘和领翎不明显，也没有耳簇羽。头顶平，有褐色纹，眉纹平，偏白，髭纹宽，白色；上体褐色，具白色纵纹和点斑，肩上有两道白色或皮黄色的横斑；下体白色，有褐色杂斑和纵纹；虹膜亮黄色；喙角质黄色；脚被白色羽毛。

生态分布　常见留鸟于新疆西部(*A. n. orientalis*)；西藏西部、南部及东部(*A. n. ludlowi*)；青海、甘肃和四川(*A. n. impasta*)；山东至东北(*A. n. plumipes*)。陕西周至、宁强、南郑、安康、洋县、佛坪、太白、镇坪等地有记录。

生态习性　在部分地区为昼行性，常停栖于丘陵荒坡、村边农耕地的大乔木上。主要捕食鼠类。

数量状况　较常见。

保护级别　国家Ⅱ 级重点保护鸟类；INCU(2010)无危(LC)；CITES 附录：未列入。

(28)灰林鸮

学　　名　*Strix aluco*

英 文 名　Tawny Owl

分类地位　鸮形目 Strigiformes 鸱鸮科 Strigidae

形态特征　中等体型(43 cm)。无耳羽簇，面盘显著，眼区内侧灰白；通体具浓红褐色的杂斑及棕纹，或通体灰色而具灰褐色杂斑；胸、腹部羽毛具复杂的纵纹及横斑；上体有些许白斑，面庞之上有一偏白的"V"形；虹膜深褐；喙黄色；脚黄色。

生态分布　不同亚种留鸟于西藏东南部、华南、华东(*S. a. nivicola*)；台湾(*S. a. yamadae*)；河北及山东(*S. a. ma*)。陕西佛坪、南郑、安康、洋县、太白、西乡等地有记录。

生态习性　夜行性，白天潜伏于林间，居民区可见其活动。捕食鼠类。

数量状况　罕见。

保护级别　国家Ⅱ 级重点保护鸟类；INCU(2010)无危(LC)；CITES 附录：未列入。

(29)长耳鸮

学　　名　*Asio otus*

英 文 名　Long - eared Owl

分类地位　鸮形目 Strigiformes 鸱鸮科 Strigidae

形态特征　中等体型(36 cm)。圆盘显著而甚圆，边缘镶以黑色和白色边，眼区内侧白色，耳羽簇粗而显著，但有时不可见；眼红黄色，显呆滞；嘴以上的面庞中央部位具明显白色“X”图形；上体褐色，具深色块斑及皮黄色和白色的点斑；下体皮黄色，具棕色杂纹及褐色纵纹或斑块；虹膜橙黄；喙角质灰色；脚近肉色。

生态分布　繁殖于新疆西部和北部天山、内蒙古东部及东北，迁徙经过中国大部地区。陕西旅鸟见于西安、太白、华阴、洋县、安康、镇坪等。

生态习性　喜栖于多柏树的高大乔木林中，夜行性。主要捕食鼠类、小鸟。

数量状况　较少见。

保护级别　国家Ⅱ 级重点保护鸟类；INCU(2010)无危(LC)；CITES 附录：未列入。

(30)白背啄木鸟

学　　名　*Dendrocopos leucotos*

英 文 名　White - backed Woodpecker

分类地位　䴕形目 Piciformes 啄木鸟科 Picidae

形态特征　中等体型(25 cm)。下背白色。雄鸟顶冠全绯红(雌鸟顶冠黑)，额白；下体白而具黑色纵纹，臀部浅绯红；两翼及外侧尾羽白点成斑；虹膜褐色；喙黑色；脚灰色。

生态分布　化龙山保护区新纪录。分布于中国东北、新疆、内蒙古、河北、福建、江西、四川、台湾及陕西秦岭。在化龙山保护区八匹山有记录。

生态习性　栖于海拔 1 200 ~ 2 000 m 落叶林及混交林山地。喜栖于老朽树木。不怯生。

数量状况　较为常见。

保护级别　列入中国国家林业局 2000 年 8 月 1 日发布的《国家保护的有益的或者有重要经济、科学研究价值的陆生野生动物名录》。

(31)斑姬啄木鸟

学　　名　*Picumnus innominatus*

英 文 名　Speckled Piculet

分类地位　䴕形目 Piciformes 啄木鸟科 Picidae

形态特征　纤小(10 cm)。橄榄色背的似山雀型啄木鸟；下体多具黑点，脸及尾部具黑白色纹；雄鸟前额橘黄色；虹膜红色；喙近黑；脚灰色。

生态分布　分布于中国华南、西至四川、云南、北至河南、陕西、甘肃等地。

生态习性　生活于常绿阔叶林，热带低山混合林的枯树或树枝上，尤喜竹林，可至海拔 1200 m。觅食时持续发出轻微的叩击声。

数量状况　不常见。

保护级别　列入中国国家林业局 2000 年 8 月 1 日发布的《国家保护的有益的或者有重要经济、科学研究价值的陆生野生动物名录》。

(32)黑[短脚]鹎

学　　名　*Hypsipetes adagascariensis*

英 文 名　Madagascar Bulbul

分类地位　雀形目 Passeriformes 鹎科 Pycnonotidae

形态特征　中等体型(20 cm)。尾略分叉，嘴、脚及眼亮红色。部分亚种头部白色，西部亚种的前半部分偏灰。亚成鸟偏灰，略具平羽冠。虹膜褐色；嘴红色；脚红色。

生态分布　化龙山保护区新纪录。广泛分布于中国南方的地区。在化龙山保护区八匹山、鸡心岭、化龙山有记录。

生态习性　栖息于高山乔木林里，活跃在树冠上。杂食性，主要以果实（如无花果等）和昆虫等为食。有季节性迁移。

数量状况　保护区内偶见。

保护级别　列入中国国家林业局2000年8月1日发布的《国家保护的有益的或者有重要经济、科学研究价值的陆生野生动物名录》。

（33）白头鹎

学　　名　*Pycnonotus sinensis*

英 文 名　Light – vented Bulbul

分类地位　雀形目 Passeriformes 鹎科 Pycnonotidae

形态特征　中等体型（19 cm）。头黑色，有短羽冠，眼后有一白色宽纹向后延至枕部，上体橄榄色，飞羽羽缘黄绿色，喉白色，胸部至腹部有浅褐色转为白色，有时沾黄绿色，臀羽白色或极淡的黄色；虹膜褐色；喙近黑；脚黑色。

生态分布　中国鸟类特有种。留鸟，原分布于中国中部和东南部，现扩散至东北，省内几乎遍布各地。在化龙山保护区正河垭、镇坪县城有记录。

生态习性　结群于果树上活动。有时从栖处飞行捕食。

数量状况　优势种。

保护级别　列入中国国家林业局2000年8月1日发布的《国家保护的有益的或者有重要经济、科学研究价值的陆生野生动物名录》。

（34）领雀嘴鹎

学　　名　*Spizixos semitorques*

英 文 名　Collared Finchbill

分类地位　雀形目 Passeriformes 鹎科 Pycnonotidae

形态特征　中等偏大（23 cm）。具短羽冠；头及喉偏黑，颈背灰色；头部近黑色而羽尖灰色，有白色领环，余部羽毛黄绿色，浅黄色的喙粗短似雀类的喙。虹膜褐色，嘴浅黄，脚偏粉。

生态分布　中国鸟类特有种。留鸟，分布于中国中部和东南部，陕西省内见于秦巴山区，关中平原近年来也有少量个体出现。在化龙山保护区广布。

生态习性　成群活动于阔叶林中上部，主要取食野果，也吃昆虫。

数量状况　极为常见的优势种。

保护级别　列入中国国家林业局2000年8月1日发布的《国家保护的有益的或者有重要经济、科学研究价值的陆生野生动物名录》。

（35）绿翅[短]脚鹎

学　　名　*Hypsipetes mcclellandii*

英 文 名　Mountain Bulbul

分类地位　雀形目 Passeriformes 鹎科 Pycnonotidae

形态特征　中等偏大（24 cm）的而有蓬松短羽冠的鹎。喙较长，羽冠短而尖，头颈、胸部、腹部浅棕色，喉部有白色纵纹，背部灰褐，飞羽和尾部黄绿色。虹膜褐色，嘴黑，脚偏粉。

生态分布　化龙山保护区鸟类新纪录。留鸟，分布于黄河以南，陕西省内见于秦巴山区，近年来的新纪录。在化龙山保护区鸡心岭、曾家坝、正河垭、县城、浪河有记录。

生态习性　单独或结小群活动于阔叶林中下层，常发出较尖厉的叫声，主要取食野果，也吃昆虫。

数量状况　不常见。

保护级别　列入中国国家林业局 2000 年 8 月 1 日发布的《国家保护的有益的或者有重要经济、科学研究价值的陆生野生动物名录》。

(36)小太平鸟

学　　名　*Bombycilla japonica*

英 文 名　Japanese Waxwing

分类地位　雀形目 Passeriformes 太平鸟科 Bombycillidae

形态特征　体长约 16 cm。尾端绯红色显著，与太平鸟的区别在黑色的过眼纹绕过冠羽延伸至头后，臀绯红。次级飞羽端部无蜡样附着，但羽尖绯红。缺少黄色翼带。

生态分布　陕西省鸟类新纪录。分布于西伯利亚东部及中国东北部，越冬至日本及琉球群岛。不定期繁殖鸟见于黑龙江的小兴安岭。越冬鸟群有时至中国湖北及山东。极少数在福建、台湾及华中有记录。2013 年 3 月初在陕西镇坪县城关发现迁徙途经的小群体，活动于泡桐树上，数量 5 只。

生活习性　一般生活习性与太平鸟相似，以植物果实及种子为主食，秋、冬季所见的食物有卫矛、鼠李，兼食少量昆虫。

数量状况　较为罕见。

保护级别　列入《世界自然保护联盟》(IUCN) VER 3. 1;2009 年鸟类红色名录——近危(NT)。列入中国国家林业局 2000 年 8 月 1 日发布的《国家保护的有益的或者有重要经济、科学研究价值的陆生野生动物名录》。

(37)虎纹伯劳

学　　名　*Lanius tigrinus*

英 文 名　Tiger Shrike

分类地位　雀形目 Passeriformes 伯劳科 Laniidae

形态特征　中等体型(19 cm)背部棕色的伯劳。雄鸟顶冠及颈背灰色；背、两翼及尾浓栗色而多具黑色横斑；过眼纹宽且黑；下体白，两胁具褐色横斑。雌鸟似雄鸟但眼先及眉纹色浅，胁部缀以黑褐色鳞状横斑。亚成鸟为较暗的褐色，眼纹黑色具模糊的横斑；眉纹色浅；下体皮黄，腹部及两胁的横斑较红尾伯劳为粗。虹膜褐色，嘴蓝而端黑，脚灰色。

生态分布　化龙山保护区鸟类新纪录。夏候鸟，繁殖于我国东北、华北、华中地区。在化龙山保护区牛头店有记录。

生态习性　喜多林地带，食物以昆虫为主，偶尔捕食小型鸟类和鼠类。

数量状况　少见。

保护级别　列入中国国家林业局 2000 年 8 月 1 日发布的《国家保护的有益的或者有重要经济、科学研究价值的陆生野生动物名录》。

(38)灰背伯劳

学　　名　*Lanius tephronotus*

英 文 名　Grey - backed Shrike

分类地位　雀形目 Passeriformes 伯劳科 Laniidae

形态特征　体型略大(25 cm)而尾长的伯劳。前额、眼先、过眼纹至耳羽黑色;头顶至下背暗灰;翅、尾黑褐;下体近白,胸染锈棕。初级飞羽的白色斑块小或无。虹膜褐色,嘴及脚绿色。

生态分布　化龙山保护区鸟类新纪录。国内分布于甘肃,宁夏,青海,陕西,四川,贵州,西藏(夏候鸟、旅鸟);云南(留鸟)。在化龙山保护区双河口、正河垭、化龙山有记录。

生态习性　秦岭地区见于低山丘陵至海拔较高(1 500 ~ 2 500 m)的疏林地带。以昆虫为食,也食鼠类、小鱼等。

数量状况　常见。

保护级别　列入中国国家林业局 2000 年 8 月 1 日发布的《国家保护的有益的或者有重要经济、科学研究价值的陆生野生动物名录》。

(39)灰椋鸟

学　　名　*Sturnus cineraceus*

英 文 名　White - cheeked Starling

分类地位　雀形目 Passeriformes 椋鸟科 Sturnidae

形态特征　中等体型(24 cm)的棕灰色椋鸟。头黑而侧面具白色纵纹;背、肩、腰和翅上覆羽灰褐色,飞羽黑褐色;臀、外侧尾羽羽端及次级飞羽狭窄横纹白色;颏白色,喉、前颈和上胸灰黑色具不甚明显的灰白色矛状条纹。雌性羽色稍暗。虹膜偏红,喙黄而端黑,脚暗橘黄。

生态分布　化龙山保护区鸟类新纪录。繁殖于中国东北和北部,冬季南迁。为秦岭地区极常见的冬候鸟。在化龙山保护区八匹山有记录。

生态习性　常活动于开阔的田野及农田,地面觅食,夜间成群栖于树冠部,可形成数千至上万只的大群。

数量状况　保护区内少见。

保护级别　列入中国国家林业局 2000 年 8 月 1 日发布的《国家保护的有益的或者有重要经济、科学研究价值的陆生野生动物名录》。

(40)小嘴乌鸦

学　　名　*Corvus corone*

英 文 名　Carrion Crow

分类地位　雀形目 Passeriformes 鸦科 Corvidae

形态特征　体大(50 cm)的黑色鸦。小嘴乌鸦雄雌同形同色,通体漆黑,喙、虹膜及双足黑色;除头顶、后颈和颈侧之外的其他部分羽毛,带有一些蓝色、紫色和绿色的金属光泽;飞羽和尾羽的光泽略呈蓝绿色,其他部分的光泽呈蓝偏紫色,下体的光泽较黯淡。与秃鼻乌鸦的区别在嘴基部被黑色羽,与大嘴乌鸦的区别在额弓较低,嘴虽强劲但形显细小。虹膜褐色,喙及脚黑色。

生态分布　化龙山保护区鸟类新纪录。在中国见于北部地区、四川、福建、广东、南至海南南部和云南南部。秦岭地区见于平原丘陵至中低山区。在化龙山保护区广布。
生态习性　喜群居于林区的垃圾集结处,以昆虫等无脊椎动物为主要食物,也食动物尸体。
数量状况　数量较多,大群可达 100 ~ 150 只。
保护级别　列入中国国家林业局 2000 年 8 月 1 日发布的《国家保护的有益的或者有重要经济、科学研究价值的陆生野生动物名录》。

(41)星鸦

学　　名　*Nucifraga caryocatactes*
英 文 名　Spotted Nutcracker
分类地位　雀形目 Passeriformes 鸦科 Corvidae
形态特征　体型较小(33 cm)的深褐色而密布白色斑点的鸦类。颊部、喉和颈部羽毛具纵长白色尖端;臀及尾角白色;尾羽亮黑,中央尾羽狭窄,最外侧尾羽具宽的白色端斑飞翔时黑翅,白色的尾下覆羽和尾羽白端很醒目;翅下覆羽淡黑、尖端白;虹膜深褐色;喙及脚黑色。
生态分布　化龙山保护区鸟类新纪录。留鸟,在中国分布于东北、河北、山东、河南、山西、陕西、甘肃、湖北、四川、云南、新疆、西藏和台湾。在化龙山保护区正河垭、化龙山、八仙有记录。
生态习性　是一种典型的针叶林鸦类,秦岭地区见于海拔 1 600 ~ 3 300 m 的混交林至针叶林区。多单独或成对活动,栖于松林,以松子为食,也埋藏其他坚果以备冬季食用,飞行起伏而有节律。见人后略显吵闹。
数量状况　常见。
保护级别　列入中国国家林业局 2000 年 8 月 1 日发布的《国家保护的有益的或者有重要经济、科学研究价值的陆生野生动物名录》。

(42)鹪鹩

学　　名　*Troglodytes troglodytes*
英 文 名　Winter Wren
分类地位　雀形目 Passeriformes 鹪鹩科 Troglodytidae
形态特征　体型纤小(10 cm)。全身褐色而具横纹及点斑;尾短而上翘;深黄褐的体羽具狭窄黑色横斑及模糊的皮黄色眉纹。虹膜、喙及脚均为褐色。
生态分布　化龙山保护区鸟类新纪录。繁殖于中国东北、西北、华北、华中、西南、台湾以及青藏高原东麓的针叶林及泥沼地。在化龙山保护区平利、八仙、化龙山有记录。
生态习性　秦岭地区偶见于海拔较高的针叶林带。尾频繁上翘,喜短距离振翅低飞。
数量状况　少见。
保护级别　列入中国国家林业局 2000 年 8 月 1 日发布的《国家保护的有益的或者有重要经济、科学研究价值的陆生野生动物名录》。

(43)栗背岩鹨

学　　名　*Prunella immaculata*
英 文 名　Maroon – backed Accentor
分类地位　雀形目 Passeriformes 岩鹨科 Prunellidae
形态特征　体小(14 cm)的灰色无纵纹的岩鹨。臀栗褐,下背及次级飞羽绛紫色。额苍白,由近白色的羽缘形成扇贝状羽纹。虹膜白色,嘴角质色,脚暗橘黄。

生态分布 化龙山保护区鸟类新纪录。繁殖于西藏东南部、青海南部、甘肃南部、山西南部、四川北部及西部,越冬在云南北部及西部。分布于化龙山保护区竹节溪。

生态习性 栖于海拔 2 000 ~ 4 000 m 的针叶林的潮湿林下植被。冬季栖于较开阔的灌丛。秦岭地区罕见于高海拔的针叶林林下,冬季活动于开阔灌丛。

数量状况 不常见。

保护级别 列入中国国家林业局 2000 年 8 月 1 日发布的《国家保护的有益的或者有重要经济、科学研究价值的陆生野生动物名录》。

(44)棕胸岩鹨

学　　名 *Prunella strophiata*

英 文 名 Rufous - breastedAccentor

分类地位 雀形目 Passeriformes 岩鹨科 Prunellidae

形态特征 中等体型(16 cm)的褐色具纵纹的岩鹨。眼先上具狭窄白线至眼后转为特征性的黄褐色眉纹,下体白色而带黑色纵纹,仅胸带黄褐。虹膜浅褐色,嘴黑色,脚暗橘黄。

生态分布 化龙山保护区鸟类新纪录。留鸟,分布于海拔 2 400 ~ 4 300 m 的西藏南部及东南部、青海、甘肃、陕西秦岭、四川西部、云南西北部。

生态习性 生活与海拔 2 400 ~ 4 300 m 西藏南部及东南部,秦岭地区夏季见于海拔 2 000 ~ 3 500 m的中高山区,冬季海拔 1 000 m 的低山区可见到。喜较高处的森林及林线以上的灌丛。

数量状况 常见。

保护级别 列入中国国家林业局 2000 年 8 月 1 日发布的《国家保护的有益的或者有重要经济、科学研究价值的陆生野生动物名录》。

(45)蓝短翅鸫

学　　名 *Brachypteryx montana*

英 文 名 White - browed Shortwing

分类地位 雀形目 Passeriformes 鸫科 Turdidae

形态特征 中等体型(15 cm)的深蓝色(雄鸟)或褐色(雌鸟)短翅鸫。诸亚种有异。亚种 *sinensis* 的雄鸟上体深青石蓝色,白色的眉纹明显,下体浅灰,尾及翼黑色,肩具白色块斑。亚种 *cruralis* 的雄鸟眼先及前额带黑色,无白色肩块,下体深蓝。亚种 *goodfellowi* 的雄鸟褐色似雌鸟。亚种 *sinensis* 及 *goodfellowi* 的雌鸟暗褐,胸浅褐,腹中心近白,两翼及尾棕色;雌鸟眉纹白,被掩盖部分较小;亚成鸟具褐色杂斑。虹膜褐色;喙黑色;脚肉色略沾灰。

生态分布 化龙山保护区鸟类新纪录。在中国分布于东南部、陕西秦岭、广东北部、香港、台湾、四川及云南南部。分布于化龙山保护区鸡心岭。

生态习性 栖于植被覆盖茂密的地面,常近溪流。有时见于开阔林间空地,甚至于山顶多岩的裸露斜坡。栖居习性根据是否有合适食物而变。

数量状况 罕见。

保护级别 列入中国国家林业局 2000 年 8 月 1 日发布的《国家保护的有益的或者有重要

经济、科学研究价值的陆生野生动物名录》。

(46)黑喉红尾鸲

学　　名　*Phoenicurus hodgsoni*

英 文 名　Hodgson's Redstart

分类地位　雀形目 Passeriformes 鸫科 Turdidae

形态特征　中等体型(15 cm)而色彩艳丽的红尾鸲。雄鸟似北红尾鸲,但眉白;颈背灰色延至上背,白色翼斑较窄。雌鸟似雌北红尾鸲但眼圈偏白而非皮黄,胸部灰色较重且无白色翼斑。较雌赭红尾鸲的上体色深。虹膜褐色,嘴及脚黑色。

生态分布　化龙山保护区鸟类新纪录。繁殖于西藏东南部、青海东部、甘肃、四川西部、云南西北部;越冬至湖北、湖南、四川东部及云南东部。秦岭地区为常见留鸟。在化龙山保护区八仙有记录。

生态习性　喜近水而开阔的林间草地及灌丛,常近溪流,习性似红尾水鸲。在树间取食。

数量状况　少见。

保护级别　列入中国国家林业局 2000 年 8 月 1 日发布的《国家保护的有益的或者有重要经济、科学研究价值的陆生野生动物名录》。

(47)蓝额红尾鸲

学　　名　*Phoenicurus frontalis*

英 文 名　Blue - fronted Redstart

分类地位　雀形目 Passeriformes 鸫科 Turdidae

形态特征　中等体型(16 cm)而艳丽的红尾鸲。雌雄异色,雄鸟头顶至上背、喉及上胸蓝黑色;翼暗褐,中央尾羽黑色,其余尾羽栗棕色;腰、尾上覆羽及下体余部栗棕。雌鸟上体棕褐色,翼、腰、尾羽似雄鸟而色淡,下体浅棕褐色。虹膜褐色,嘴及脚黑色。

生态分布　化龙山保护区鸟类新纪录。中国中部至西南地区偶见留鸟;繁殖于西藏南部、青海东部及南部、甘肃南部、宁夏、陕西南部秦岭、四川、贵州和云南的高海拔山区。冬季移至繁殖地域内的较低海拔处,部分鸟往南迁移。在化龙山保护区三大山有记录。

生态习性　一般多单独活动,秦岭地区少见于平原的草坡灌丛或村庄附近的树丛中,取食昆虫和野果;喜停歇于孤立灌丛或树枝顶端。

数量状况　常见。

保护级别　列入中国国家林业局 2000 年 8 月 1 日发布的《国家保护的有益的或者有重要经济、科学研究价值的陆生野生动物名录》。

(48)小燕尾

学　　名　*Enicurus scouleri*

英 文 名　Little Forktail

分类地位　雀形目 Passeriformes 鸫科 Turdidae

形态特征　小型(13 cm)黑白色燕尾。雌雄同色,尾短,与白冠燕尾色彩相似但尾短而叉浅。头顶白色、翼上白色条带延至下部且尾分叉。额部、头顶前部、腰和尾上覆羽为白色,腰部白色间横贯一道黑斑;上体余部黑色;两翅黑褐色,大覆羽先端及次级飞羽基部白色，形成一道明显的白色翼斑，内侧飞羽外翈具窄的白缘；中央尾羽先端黑褐色，基部白色，外侧尾羽的黑褐色逐渐缩小，而白色却逐渐扩大，至最外侧一对尾羽几乎全为白色；颏、喉和上胸黑色，下体余部白色，两胁略沾黑褐色。虹膜黑褐色；嘴黑色；跗蹠、趾及爪等均肉白色。

生态分布　化龙山保护区鸟类新纪录。甚常见于西藏南部、云南、四川、甘肃南部、陕西南部及长江以南海拔 1 200 ~ 3 400 m 的山间溪流。常见于化龙山保护区曾家坝、牛头店、浪河、八仙、小河村。

生态习性　秦岭地区栖于中等海拔多岩的湍急溪流，尤其是瀑布落水潭周围，尾常有节律地上下摇摆或扇状展开。

数量状况　常见。

保护级别　列入中国国家林业局 2000 年 8 月 1 日发布的《国家保护的有益的或者有重要经济、科学研究价值的陆生野生动物名录》。

(49) 灰头鸫

学　　名　*Turdus rubrocanus*

英 文 名　Chestnut Thrush

分类地位　雀形目 Passeriformes 鸫科 Turdidae

形态特征　体型略小(25 cm)的栗色及灰色鸫。体羽色彩图纹特别，头及颈灰色，两翼及尾黑色，身体多栗色。头灰而非黑色，栗色的身体与深色的头胸部之间无偏白色边界，尾下覆羽黑色且羽端白，而非黑色且羽端棕色，眼圈黄色。虹膜褐色；嘴黄色；脚黄色。

生态分布　化龙山保护区鸟类新纪录。常见留鸟于西藏东南部及东部、青海南部、四川、云南西北部、甘肃南部、宁夏南部、湖北西部和陕西南部的秦岭地区。常见于化龙山保护区正河垭。

生态习性　栖于海拔 2 100 ~ 3 200 m 的亚高山落叶及针叶林；冬季迁往较低海拔处越冬。

数量状况　常见。

保护级别　列入中国国家林业局 2000 年 8 月 1 日发布的《国家保护的有益的或者有重要经济、科学研究价值的陆生野生动物名录》。

(50) 栗腹矶鸫

学　　名　*Monticola rufiventris*

英 文 名　Chestnut - bellied Rock Thrush

分类地位　雀形目 Passeriformes 鸫科 Turdidae

形态特征　较大型(24 cm)矶鸫。雌雄异色；雄性繁殖期具黑色脸斑；上体辉蓝，尾、喉及下体亮栗色；雌鸟褐色，上体具近黑的扇贝状斑纹；下体密布深褐色及皮黄色斑纹。深色耳羽后具偏白的皮黄色月牙形斑，皮黄色的眼圈较宽。幼鸟具赭黄色点斑及褐色的扇贝形斑纹。虹膜深褐；嘴黑色；脚黑褐。

生态分布　化龙山保护区鸟类新纪录。甚常见于西藏南部及东南部、四川、湖北西部、福建、云南、贵州、广西和广东等地的中海拔地带。常见于化龙山保护区正河垭、双河口、八匹山。

生态习性　秦岭地区偶见于海拔 1 000 ~ 2 500 m 的山地森林，越冬于低海拔开阔而多岩的山坡林地。

数量状况　不常见。

保护级别　列入中国国家林业局 2000 年 8 月 1 日发布的《国家保护的有益的或者有重要经济、科学研究价值的陆生野生动物名录》。

(51)黑领噪鹛

学　　名　*Garrulax pectoralis*

英 文 名　Greater Necklaced Laughingthrush

分类地位　雀形目 Passeriformes 画眉科 Timaliidae

形态特征　中等体型(30 cm)的噪鹛。颏、喉白色沾棕,颧纹黑色,向后延伸与黑色胸带相连;眼先白色沾棕,白色眉纹显著延长至颈侧;耳羽黑色而杂有白纹,后颈栗棕色,呈半环状;上体棕色,下体几全白。虹膜栗色,嘴上黑而下灰,脚蓝灰。

生态分布　化龙山保护区鸟类新纪录。为国内华中及长江以南的常见鸟。常见于化龙山保护区曾家坝。

生态习性　秦岭地区主要见于南坡中等海拔的林下茂密灌丛或竹丛,喜集群活动。

数量状况　不常见。

保护级别　列入中国国家林业局 2000 年 8 月 1 日发布的《国家保护的有益的或者有重要经济、科学研究价值的陆生野生动物名录》。

(52)橙翅噪鹛

学　　名　*Garrulax elliotii*

英 文 名　Elliot's Laughingthrush

分类地位　雀形目 Passeriformes 画眉科 Timaliidae

形态特征　中等体型(26 cm)。几乎通体灰褐色,脸部颜色略深,下腹部及尾下覆羽黄褐色或棕红色;初级飞羽基部的羽缘黄色,羽端蓝灰;尾羽黄色而末端白色;虹膜乳白色;喙褐色;脚褐色。

生态分布　中国鸟类特有种。秦巴山区至四川西部西藏东南部及云南西北部(*G. e. elliotii*);甘肃北部祁连山至青海东部(*G. e. preswalski*)。陕西秦岭地区留鸟,几乎遍及全省山区,广布于化龙山保护区。

生态习性　单独或成对活动于 1 250 ~ 2 000 m 的山坡竹林、乔木林、灌丛,取食植物种子和昆虫。

数量状况　较常见。

保护级别　INCU(2010)无危(LC)。列入中国国家林业局 2000 年 8 月 1 日发布的《国家保护的有益的或者有重要经济、科学研究价值的陆生野生动物名录》。

(53)灰翅噪鹛

学　　名　*Garrulax cineraceus*

英 文 名　Ashy Laughingthrush

分类地位　雀形目 Passeriformes 画眉科 Timaliidae

形态特征　中等偏小体型(22 cm)的噪鹛。额黑色,头顶黑或灰色;眼先、脸部白;上体橄榄褐至棕褐色;尾和内侧飞羽具窄的白色端斑和宽阔的黑色次端斑;外侧初级飞羽外翈蓝灰色或灰色,颧纹黑色;下体多为浅棕色;嘴、脚黄色。虹膜乳白,嘴角质色,脚暗黄。

生态分布　化龙山保护区鸟类新纪录。国内分布极为广泛,见于甘肃西南部、陕西南部、山西文水以南、长江以南各省,东至江苏、浙江、福建,南到广东、香港、广西,西至云南西部、四川、贵州和西藏东部。见于化龙山保护区铁匠沟。

生态习性　秦岭地区主要栖息于海拔 1 000 ~ 2 200 m 之间的常绿阔叶林、落叶阔叶林、针阔叶混交林以及灌木林和竹林中。

数量状况　不常见。

保护级别　列入中国国家林业局 2000 年 8 月 1 日发布的《国家保护的有益的或者有重要经济、科学研究价值的陆生野生动物名录》。

(54)画　眉

学　　名　*Garrulax canorus*

英 文 名　Hwamei

分类地位　雀形目 Passeriformes 画眉科 Timaliidae

形态特征　中等偏小体型(22 cm)。通体羽毛棕褐色,头顶、颈背有偏黑色纵纹;眼圈白色且向眼后延长为狭窄的眉纹。虹膜黄色;喙浅黄;脚偏黄。

生态分布　中国鸟类特有种。常见留鸟于华中、华南及东南。陕西全省所有林山区常见留鸟,尤其秦巴山区极为常见,广布于化龙山保护区。

生态习性　高可至海拔 1 500 m,常单独或结小群于灌丛活动,擅鸣叫。杂食性,以昆虫为主,也吃草籽、野果。

数量状况　常见。

保护级别　INCU(2010)无危(LC)。列入中国国家林业局 2000 年 8 月 1 日发布的《国家保护的有益的或者有重要经济、科学研究价值的陆生野生动物名录》。

(55)白领凤鹛

学　　名　*Yuhina diademata*

英 文 名　White - collared Yuhina

分类地位　雀形目 Passeriformes 画眉科 Timaliidae

形态特征　中等略偏大体型(17 cm)。头部具蓬松的羽冠,眼先黑色,白色宽眼圈在眼后的白纹向后延伸至后颈,几乎通体土褐色,飞羽黑而羽缘近白,下腹部和尾下腹羽偏白,尾羽深褐色;虹膜偏红;喙近黑;脚粉红。

生态分布　中国鸟类特有种。留鸟于甘肃南部、四川、湖北西部、云南及贵州。陕西秦岭地区留鸟,几乎遍布全省山区,广布于化龙山保护区。

生态习性　结群于海拔 1 100 ~ 3 600 m 的林冠或灌丛,取食昆虫及种子、果实、花、花蕊等。

数量状况　常见。

保护级别　INCU(2010)无危(LC)。列入中国国家林业局 2000 年 8 月 1 日发布的《国家保护的有益的或者有重要经济、科学研究价值的陆生野生动物名录》。

(56)栗耳凤鹛

学　　名　*Yuhina castaniceps*

英 文 名　Striated Yuhina

分类地位　雀形目 Passeriformes 画眉科 Timaliidae

形态特征 中等体型(13 cm)的凤鹛。上体偏灰,下体近白;栗色脸颊延伸成后颈圈;具短羽冠;上体白色羽轴形成细小纵纹;尾深褐灰;羽缘白色。虹膜褐色,嘴红褐而端部色深,脚粉红。

生态分布 化龙山保护区鸟类新纪录。华中、华南及东南(*Y. c. torqueola*);云南西北部和西藏东南部(*Y. c. plumeiceps*)。陕西留鸟于秦岭以南的大部分地区;陕西以前仅记录于西南部的青木川自然保护区和西安地区。化龙山仅记录于上竹镇庄稼沟。

生态习性 性活泼,成群而喧闹,频繁转移觅食地点,常于林冠的较低层、树干、竹林或果树上啄食昆虫、花瓣等。

数量状况 偶见。

保护级别 列入中国国家林业局2000年8月1日发布的《国家保护的有益的或者有重要经济、科学研究价值的陆生野生动物名录》。

(57)褐顶雀鹛

学　　名 *Alcippe brunnea*

英 文 名 Dusky Fulvetta

分类地位 雀形目 Passeriformes 画眉科 Timaliidae

形态特征 体型略大(13 cm)的褐色雀鹛。顶冠棕褐;似棕喉雀鹛但无棕色项纹且前额黄褐色;下体皮黄,与栗头雀鹛的区别在两翼纯褐色。虹膜浅褐至黄红,嘴深褐,脚粉红。

生态分布 化龙山保护区鸟类新纪录。常见留鸟,不同亚种分别见于四川(*A. b. weigoldi*);陕西南部(秦岭)、湖北西部、四川东部(乌江)、贵州北部及云南东北部(*A. b. olivacea*);华南及东南(*A. b. superciliaris*);海南岛(*A. b. arguta*);台湾(*A. b. brunnea*)。常见于化龙山保护区洪石乡。

生态习性 常见于秦岭南坡中低海拔的落叶林下的灌木丛中。

数量状况 保护区内不常见。

保护级别 列入中国国家林业局2000年8月1日发布的《国家保护的有益的或者有重要经济、科学研究价值的陆生野生动物名录》。

(58)灰眶雀鹛

学　　名 *Alcippe morrisonia*

英 文 名 Grey - cheeked Fulvetta

分类地位 雀形目 Passeriformes 画眉科 Timaliidae

形态特征 体型略大(14 cm)的群栖型雀鹛。上体褐色;头灰;下体灰皮黄色;具明显的白色眼圈;深色侧冠纹从显著至几乎缺乏。虹膜红色,嘴灰色,脚粉色。

生态分布 化龙山保护区鸟类新纪录。主要留鸟于中国西南部。常见于化龙山保护区牛头店、浪河、八匹山。

生态习性 在秦岭地区为旅鸟,喜群居、好奇而喧闹,不常见。

数量状况 少见。

保护级别 列入中国国家林业局2000年8月1日发布的《国家保护的有益的或者有重要经济、科学研究价值的陆生野生动物名录》。

(59)黑头奇鹛

学　　名　*Heterophasia melanoleuca*

英 文 名　Black - headed Sibia

分类地位　雀形目 Passeriformes 画眉科 Timaliidae

形态特征　具长尾(24 cm)的灰色奇鹛。头、尾及两翼黑色,上背沾褐,顶冠有光泽。中央尾羽端灰而外侧尾羽端白。喉及下体中央部位白,两胁烟灰。虹膜褐色;嘴黑色;脚灰色。

生态分布　陕西省鸟类新纪录。分布于中国西部及中部。陕西省仅记录于平利县八仙镇。

生态习性　似松鼠,在苔藓和真菌覆盖的树枝上悄然移动,性甚隐密且动作笨拙。

数量状况　偶见。仅在保护区发现2次,而且数量也仅为2只(王卫东等2011)。

保护级别　列入中国国家林业局2000年8月1日发布的《国家保护的有益的或者有重要经济、科学研究价值的陆生野生动物名录》。

(60)灰头鸦雀

学　　名　*Paradoxornis gularis*

英 文 名　Grey - headed Parrotbill

分类地位　雀形目 Passeriformes 鸦雀科 Paradoxrnithidae

形态特征　体大(18 cm)的褐色鸦雀。特征为头灰色,嘴橘黄。头侧有黑色长条纹,喉中心黑色。下体余部白色。虹膜红褐;嘴橘黄;脚灰色。

生态分布　陕西省鸟类新纪录。分布于中国南方。华南亚种(*P. g.* fokiensis),在中国大陆,分布于中国南部各省、北抵四川、湖南、湖南、浙江等地。该物种的模式产地在福建挂墩。海南亚种(*P. g.* hainanus),是中国的特有物种,分布于海南等地。该物种的模式产地在海南岛五指山。陕西仅记录于镇坪县上竹乡竹溪河。

生态习性　见于海拔450~1 850 m,栖于低地森林的树冠层、林下植被、竹林及灌丛。吵嚷成群。

数量状况　偶见。

保护级别　已被列入国家林业局2000年8月1日发布的《国家保护的有益的或者有重要经济、科学研究价值的陆生野生动物名录》。

(61)白眶鸦雀

学　　名　*Paradoxornis conspicillatus*

英 文 名　Spectacled Parrotbill

分类地位　雀形目 Passeriformes 鸦雀科 Paradoxrnithidae

形态特征　中等偏小体型(14 cm)。头顶至颈后为红褐色,眼圈白色,喉具黑褐色的短粗纵纹;上体橄榄褐色,颏至上腹部粉褐色,其下转为棕灰色;翼与尾暗褐色;虹膜褐色;喙黄色;脚暗黄褐色。

生态分布　中国鸟类特有种。秦岭地区留鸟,周至、洋县、佛坪、太白、西乡等地有记录。

生态习性　栖于海拔1 900 m左右的山地竹林、灌丛,取食种子、昆虫。

数量状况　罕见。

保护级别　INCU(2010)无危(LC)。列入中国国家林业局2000年8月1日发布的《国家保护的有益的或者有重要经济、科学研究价值的陆生野生动物名录》。

(62)三趾鸦雀

学　　名　*Paradoxornis paradoxus*

英 文 名　Three - toed Parrotbill

分类地位　雀形目 Passeriformes 鸦雀科 Paradoxrnithidae

形态特征　中等偏大体型(23 cm)。头部有短而蓬松的冠羽,眼圈白色,颊、眼区及宽眉纹近黑;几乎通体褐色沾灰色,腹部颜色略浅;飞羽和尾羽灰色,初级飞羽羽缘近白;虹膜近白;喙橙黄;脚褐色,近具 3 趾。

生态分布　中国鸟类特有种。仅分布于四川、甘肃和陕西秦岭以南地区。秦巴山区留鸟,周至、太白、佛坪、汉阴、安康等地曾有记录。

生态习性　成对或结小群于海拔 1 500 ~ 2 000 m 的山地灌丛活动,喜鸣叫。取食果实和昆虫。

数量状况　极罕见。

保护级别　INCU(2010)无危(LC)。列入中国国家林业局 2000 年 8 月 1 日发布的《国家保护的有益的或者有重要经济、科学研究价值的陆生野生动物名录》。

(63)棕脸鹟莺

学　　名　*Abroscopus albogularis*

英 文 名　Rufous - faced Warbler

分类地位　雀形目 Passeriformes 莺科 Sylviidae

形态特征　体型略小(10 cm)、色彩亮丽而有特色的莺。头栗色,具黑色侧冠纹。上体绿,腰黄色。下体白,颏及喉杂黑色点斑,上胸沾黄。与栗头鹟莺的区别在头侧栗色,白色眼圈不显著且无翼斑。亚种 *flavifacies* 的脸部棕红色较重,上体色较深。虹膜褐色;嘴上嘴色暗,下嘴色浅;脚粉褐。

生态分布　化龙山保护区鸟类新纪录。甚常见留鸟。指名亚种见于西双版纳,可能也见于云南南部金屏地区;亚种 *A. a. fulvifacies* 广布于华中、华南及东南,包括海南岛及台湾。常见于化龙山保护区牛头店、浪河。

生态习性　栖于常绿林及竹林密丛。

数量状况　偶见。

保护级别　列入中国国家林业局 2000 年 8 月 1 日发布的《国家保护的有益的或者有重要经济、科学研究价值的陆生野生动物名录》。

(64)栗头鹟莺

学　　名　*Seicercus castaniceps*

英 文 名　Chestnut - crowned Warbler

分类地位　雀形目 Passeriformes 莺科 Sylviidae

形态特征　体型甚小(9 cm)的橄榄色莺。顶冠红褐,侧顶纹及过眼纹黑色,眼圈白,脸颊灰,翼斑黄色,腰及两胁黄;胸灰,腹部黄灰。亚种 *S. c. sinensis* 的背部绿色较重,下体比指名亚种黄色为多;*S. c. laurentei* 相似,但下体黄色较少,腹中心白色。虹膜褐色;嘴上嘴黑,下嘴浅;脚角质灰色。

生态分布　化龙山保护区鸟类新纪录。不常见留鸟于高可至海拔 2 500 m 的山区。指名亚种见于西藏南部、东南部及云南西部；*S. c. laurentei* 于云南东南部及广西西南部（瑶山）；*S. c. sinensis* 于华中及华南。可能实际上比记录所显示的要更为常见。常见于化龙山保护区曾家坝、牛头店。

生态习性　活跃于山区森林，在小树的树冠层积极觅食。常与其他种类混群。

数量状况　少见。

保护级别　列入中国国家林业局2000年8月1日发布的《国家保护的有益的或者有重要经济、科学研究价值的陆生野生动物名录》。

(65)极北柳莺

学　　名　*Phylloscopus borealis*

英 文 名　Arctic Warbler

分类地位　雀形目 Passeriformes 莺科 Sylviidae

形态特征　小型(12 cm)偏灰橄榄色柳莺。具显著的黄白色长眉纹；眼先及过眼纹近黑；上体深橄榄色，具甚浅的白色翼斑，中覆羽羽尖形成第二道模糊的翼斑；下体略白，两胁褐橄榄色。虹膜深褐，嘴上褐而下黄，脚褐色。

生态分布　化龙山保护区鸟类新纪录。繁殖于中国东北北部，迁徙季节常见于华中、华东和华南各省份。常见于化龙山保护区八匹山、正河垭、化龙山、冯家梁。

生态习性　秦岭地区常见于海拔2 000～2 800 m的针阔叶混交林和针叶林带。喜与其他柳莺混群在枝叶间觅食。

数量状况　常见。

保护级别　列入中国国家林业局2000年8月1日发布的《国家保护的有益的或者有重要经济、科学研究价值的陆生野生动物名录》。

(66)棕眉柳莺

学　　名　*Phylloscopus armandii*

英 文 名　Yellow－streaked Warbler

分类地位　雀形目 Passeriformes 莺科 Sylviidae

形态特征　中等体型(12 cm)而敦实的单褐色柳莺。尾略分叉，嘴短而尖。上体橄榄褐，飞羽、覆羽及尾缘橄榄色。具白色的长眉纹和皮黄色眼先。脸侧具深色杂斑，暗色的眼先及贯眼纹与米黄色的眼圈成对比。下体污黄白，胸侧及两胁沾橄榄色。特征为喉部的黄色纵纹常隐约贯胸而及至腹部，尾下覆羽黄褐。与巨嘴柳莺的区别在无胸带，嘴尖，下体偏白，且行为有所不同。与烟柳莺的区别在体羽较浅而鲜丽。与棕腹柳莺的区别在体型较大，嘴及腿色淡。与灰柳莺的区别在眉纹前端皮黄而非橘黄。与黄腹柳莺的区别在上体无绿色调。虹膜褐色；嘴上嘴褐色，下嘴较淡；脚黄褐。

生态分布　繁殖于中国北部及中部、缅甸北部；越冬在中国南方。偶见于香港。一般为不常见的候鸟。指名亚种(*P. a. armandii*)繁殖于中国辽宁经北部及中部至四川北部、青海东部、西藏东部；迷鸟至山东。亚种 *P. a. perplexus* 的分布较往南，于西藏东南部、云南西北部及北部、四川东南部、宁夏、湖北；越冬至云南南部及西部和贵州。指名亚种见于化龙山保护区正河垭、鸡心岭等地。

生态习性　常光顾坡面的亚高山云杉林中的柳树及杨树群落。于低灌丛下的地面取食。

数量状况　偶见。

保护级别　列入中国国家林业局 2000 年 8 月 1 日发布的《国家保护的有益的或者有重要经济、科学研究价值的陆生野生动物名录》。

(67)黑眉柳莺

学　　名　*Phylloscopus ricketti*

英 文 名　Black – browed Willow Warbler

分类地位　雀形目 Passeriformes 莺科 Sylviidae

形态特征　雌雄羽色相似。上体绿色,头顶中央有一条宽阔的淡绿黄色中央冠纹,从额基一直到后颈极为显著,中央冠纹两侧为黑色 或灰黑色,形成两条甚为宽阔的黑色侧冠纹,从额基沿中央冠纹两侧到后颈。紧邻侧冠纹有一条黄色眉纹,贯眼纹淡黑色,从眼先经眼到眼后,颊和耳覆羽淡黄色沾绿。背、肩、腰和尾上覆羽橄榄绿色或亮绿色,两翅和尾暗褐色,外缘黄绿色,翅中覆羽和大覆羽尖端淡黄色或淡黄绿色,形成两道黄色翅斑。最外侧一对尾羽内翈羽缘黄白色。下体鲜黄色,两胁沾绿,腋羽和翅下覆羽白色沾黄。虹膜暗褐色,上嘴褐色或黑褐色,下嘴黄色或橙黄色,脚淡绿褐色或紫绿色。

生态分布　化龙山保护区鸟类新纪录。不常见的季候鸟及留鸟,繁殖于中国华中、华南及华东,指名亚种(*P. r. ricketti*)繁殖于甘肃南部、四川、贵州、湖北、湖南、广西、广东、福建及香港,化龙山保护区见于正河垭。

生态习性　栖于丘陵混合林,高可至海拔 1 500 m。

数量状况　不常见。

保护级别　列入中国国家林业局 2000 年 8 月 1 日发布的《国家保护的有益的或者有重要经济、科学研究价值的陆生野生动物名录》。

(68)甘肃黄腰柳莺

学　　名　*Phylloscopus kansuensis*

英 文 名　Gansu Leaf Warbler

分类地位　雀形目 Passeriformes 莺科 Sylviidae

形态特征　中等体型(10 cm)的偏绿色柳莺。腰色浅,隐约可见第二道翼斑,眉纹粗而白,顶纹色浅,三级飞羽羽缘略白。野外与淡黄腰柳莺难辨,但声音有别。虹膜深褐;嘴上嘴色深,下嘴色浅;脚粉褐。

生态分布　化龙山保护区鸟类新纪录。繁殖于中国西北,越冬于中国西南。常见于化龙山保护区正河垭。

生态习性　繁殖于有云杉及桧树的落叶林。

数量状况　偶见。

保护级别　列入中国国家林业局 2000 年 8 月 1 日发布的《国家保护的有益的或者有重要经济、科学研究价值的陆生野生动物名录》。

(69)黄腹树莺

学　　名　*Cettia acanthizoides*

英 文 名　Yellowish – bellied Bush Warbler

分类地位　雀形目 Passeriformes 莺科 Sylviidae

形态特征 体小(11 cm)单褐色树莺。上体全褐,但顶冠有时略沾棕色,腰有时多呈橄榄色。飞羽的棕色羽缘形成对比性的翼上纹理。眉纹白或皮黄色,甚长于眼后。下体:喉及上胸灰色,两侧略染黄色;两胁、尾下覆羽及腹中心皮黄白色。似体型较大的强脚树莺但色彩较淡,腹部多黄色,喉及上胸灰色较重,下腹部较白。比异色树莺体小,上体褐色较重,喉更灰。虹膜褐色;嘴上嘴色深,下嘴粉红;脚粉褐。

生态分布 化龙山保护区鸟类新纪录。常见留鸟于喜马拉雅山脉至中国东南部,亚种(*C. a. concolor*)于华中、西南及华东和台湾;亚种 *C. a. brunnescens* 于西藏南部及东南部。迷鸟至香港。分布于化龙山保护区正河垭、化龙山。

生态习性 藏于浓密灌丛和林下覆盖区及浓密竹林,夏季于海拔 1 500 ~ 4 000 m 的山地,冬季下至海拔 1 000 m。

数量状况 不常见。

保护级别 列入中国国家林业局2000年8月1日发布的《国家保护的有益的或者有重要经济、科学研究价值的陆生野生动物名录》。

(70)中华短翅莺

学　　名 *Bradypterus tacsanowskius*

英 文 名 Chinese Bush Warbler

分类地位 雀形目 Passeriformes 莺科 Sylviidae

形态特征 中等体型(14 cm)的褐色莺。具浅色的下体和眉纹,眼先白,尾略长而凸。上体全褐;下体从白色至黄色有变化,胸侧及两胁皮黄褐,喉及上胸或有或无褐色点斑。尾下覆羽淡褐,浅色的宽羽端成宽锯齿形纹理。与夏季斑胸短翅莺的区别在上体橄榄褐色较浅,胸无灰色,喉部点斑较少且点斑褐色而非黑色,下嘴色较淡。与冬季斑胸短翅莺的区别在尾下锯齿形纹理反差不甚强且下体有时沾黄。与高山短翅莺的区别在上体色淡,颈侧及胸部的褐色较重且嘴细而色淡。与棕褐短翅莺的区别在尾下覆羽色淡,下体略沾黄,胸侧较少褐色。虹膜褐色;嘴浅色;脚带粉色。

生态分布 化龙山保护区鸟类新纪录。地方性常见。繁殖于中国东北,南至广西、云南、四川、青海东部及甘肃西南部,多见于海拔 2 800 ~ 3 600 m。越冬于云南南部、亦可能于西藏东南部。常见于化龙山保护区正河垭。

生态习性 性隐秘。夏季栖于落叶松林隙间的稠密灌丛,冬季栖于草地及芦苇地。

数量状况 偶见。

保护级别 列入中国国家林业局2000年8月1日发布的《国家保护的有益的或者有重要经济、科学研究价值的陆生野生动物名录》。

(71)戴　菊

学　　名 *Regulus regulus*

英 文 名 Goldcrest

分类地位 雀形目 Passeriformes 戴菊科 Regulidae

形态特征 娇小玲珑(9 cm)而色彩明快的偏绿色似柳莺鸣禽。雄性具金黄或橙红色顶冠纹并缘以黑色侧冠纹;上体橄榄绿至黄绿色,翼上具黑白图纹;下体偏灰或淡黄白;两胁黄绿。虹膜深褐,嘴黑,脚褐。

生态分布　化龙山保护区鸟类新纪录。留鸟于新疆北部、喜马拉雅山脉至西南、西北;中国东北至华北、华东、台湾。常见于化龙山保护区化龙山。

生态习性　秦岭地区偶见于较高海拔的针叶林(松林为主)中;冬季可迁至低海拔的平原地区,西安浐灞生态区人工松林中曾发现的越冬小群是少见的记录。活泼好动,在松枝间频繁跳跃、移动捕食昆虫及虫卵,鸣声似"吱吱"鼠叫。

数量状况　偶见。

保护级别　列入中国国家林业局 2000 年 8 月 1 日发布的《国家保护的有益的或者有重要经济、科学研究价值的陆生野生动物名录》。

(72)铜蓝鹟

学　　名　*Eumyias thalassinus*

英 文 名　Verditer Flycatcher

分类地位　雀形目 Passeriformes 鹟科 Muscicapidae

形态特征　体型略大(17 cm)、全身绿蓝色的鹟。雄鸟眼先黑色;雌鸟色暗,眼先暗黑。雄雌两性尾下覆羽均具偏白色鳞状斑纹。亚成鸟灰褐沾绿,具皮黄及近黑色的鳞状纹及点斑。与雄性纯蓝仙鹟的区别在嘴较短,绿色较浓,蓝灰色的臀具偏白色的鳞状斑纹。虹膜褐色;嘴黑色;脚近黑。

生态分布　化龙山保护区鸟类新纪录。繁殖于西藏南部、华中、华南及西南。部分鸟在中国东南部越冬。分布于化龙山保护区曾家坝、双河口、正河垭、上竹。

生态习性　不常见于高至海拔 3 000 m 的松林及开阔森林。在较低处越冬。喜开阔森林或林缘空地,由裸露栖处捕食过往昆虫。

数量状况　常见。

保护级别　列入中国国家林业局 2000 年 8 月 1 日发布的《国家保护的有益的或者有重要经济、科学研究价值的陆生野生动物名录》。

(73)棕腹大仙鹟

学　　名　*Niltava sundara*

英 文 名　Fujian Niltava

分类地位　雀形目 Passeriformes 鹟科 Muscicapidae

形态特征　中等体型(18 cm)、色彩亮丽的鹟。雄鸟上体深蓝,下体棕色,脸黑,额、颈侧小块斑、翼角及腰部亮丽闪辉蓝色。与棕腹仙鹟易混淆,区别在色彩较暗。雌鸟灰褐,尾及两翼棕褐,喉上具白色项纹,颈侧具辉蓝色小块斑。与棕腹仙鹟的区别在腹部较白。虹膜褐色;嘴黑色;脚黑色。

生态分布　中国鸟类特有种。化龙山保护区新纪录。分布于中国南方,为四川、贵州、云南、福建、海南岛及广西等地山区密林及林下灌丛中甚常见的鹟,化龙山保护区浪河有记录。

生态习性　森林型鹟的典型特性。

数量状况　偶见。

保护级别　已被列入国家林业局 2000 年 8 月 1 日发布的《国家保护的有益的或者有重要经济、科学研究价值的陆生野生动物名录》。

(74)白腹[姬]鹟

学　　名　*Cyanoptila cyanomelana*

英 文 名　Blue - and - white Flycatcher

分类地位　雀形目 Passeriformes 鹟科 Muscicapidae

形态特征　雄鸟体大(17 cm)的蓝、黑及白色鹟。特征为脸、喉及上胸近黑,上体闪光钴蓝色,下胸、腹及尾下的覆羽白色。外侧尾羽基部白色,深色的胸与白色腹部截然分开。亚种 *cumatilis* 青绿色、深绿蓝色取代黑色。雌鸟上体灰褐,两翼及尾褐,喉中心及腹部白。与北灰鹟的区别在体型较大且无浅色眼先。雄性幼鸟的头、颈背及胸近烟褐色,但两翼、尾及尾上覆羽蓝色。虹膜褐色;嘴及脚黑色。

生态分布　化龙山保护区鸟类新记录。迁徙经中国东半部;部分鸟在台湾及海南岛越冬。亚种 *C. c. cumatilis* 繁殖于中国东北,迁徙经中国南方及西南地区至东南亚越冬。偶见于化龙山保护区八匹山。

生态习性　不常见于高至海拔 1 200 m 的热带山麓森林。喜有原始林及次生林的多林地带,在高林层取食。

数量状况　偶见。

保护级别　列入中国国家林业局 2000 年 8 月 1 日发布的《国家保护的有益的或者有重要经济、科学研究价值的陆生野生动物名录》。

(75)红喉[姬]鹟

学　　名　*Ficedula albicilla*

英 文 名　Taiga Flycatcher

分类地位　雀形目 Passeriformes 鹟科 Muscicapidae

形态特征　体型小(13 cm)的褐色鹟。尾色暗,基部外侧明显白色。繁殖期雄鸟胸红沾灰,但冬季难见。雌鸟及非繁殖期雄鸟暗灰褐,喉近白,眼圈狭窄白色。尾及尾上覆羽黑色区别于北灰鹟。虹膜深褐;嘴黑色;脚黑色。

生态分布　化龙山保护区鸟类新纪录。迁徙经中国东半部。常见越冬于广西、广东及海南岛。常见于化龙山保护区正河垭。

生态习性　栖于林缘及河流两岸的较小树上。有险情时冲至隐蔽处。尾展开显露基部的白色并发出粗哑的咯咯声。

数量状况　偶见。

保护级别　列入中国国家林业局 2000 年 8 月 1 日发布的《国家保护的有益的或者有重要经济、科学研究价值的陆生野生动物名录》。

(76)棕尾褐鹟

学　　名　*Muscicapa ferruginea*

英 文 名　Ferruginous Flycatcher

分类地位　雀形目 Passeriformes 鹟科 Muscicapidae

形态特征　体型略小(13 cm)的红褐色鹟。眼圈皮黄,喉块白,头石板灰色,背褐,腰棕色,下体白,胸具褐色横斑,两胁及尾下覆羽棕色。通常具白色的半颈环。三级飞羽及大覆羽羽缘棕色。虹膜褐色;嘴黑色;脚灰色。

生态分布　化龙山保护区鸟类新纪录。繁殖于喜马拉雅山脉、中国南方及北部湾西北部、台湾、甘肃南部、陕西南部、四川、云南西部及西藏东南部。冬季南迁,部分鸟留在台湾及海南岛越冬。于内陆稀少但在台湾甚常见。分布于化龙山保护区八匹山。

生态习性　性惧生,喜林间空地及溪流两侧。

数量状况　偶见。

保护级别　列入中国国家林业局 2000 年 8 月 1 日发布的《国家保护的有益的或者有重要经济、科学研究价值的陆生野生动物名录》。

(77)乌　鹟

学　　名　*Muscicapa sibirica*

英 文 名　Dark - sided Flycatcher

分类地位　雀形目 Passeriformes 鹟科 Muscicapidae

形态特征　体型略小(13 cm)的烟灰色鹟。上体深灰,翼上具不明显皮黄色斑纹,下体白的,两胁深色具烟灰色杂斑,上胸具灰褐色模糊带斑;白色眼圈明显,喉白,通常具白色的半颈环;下脸颊具黑色细纹、翼长至尾的 2/3. 诸亚种的下体灰色程度不同。亚种鸟脸及背部具白色点斑。虹膜深褐;嘴黑色;脚黑色。

生态分布　化龙山保护区鸟类新纪录。繁殖于喜马拉雅山脉;冬季迁徙至中国南方。指名亚种(*Muscicapa s. sibirica*)繁殖于中国东北,越冬于华南、华东、海南岛及台湾;亚种 *M. s. rothschildi* 繁殖于陕西南部的秦岭、甘肃东南部、青海东南部、西藏东部及四川,越冬于南方;亚种 *M. s. cacabata* 繁殖于西藏南部。偶见于化龙山保护区浪河、八匹山。

生态习性　甚常见于常绿林及林地,高可至海拔 4 000m,在低地越冬。栖于山区或山麓森林的林下植被层及林间。紧立于裸露低枝,冲出捕捉过往昆虫。

数量状况　偶见。

保护级别　列入中国国家林业局 2000 年 8 月 1 日发布的《国家保护的有益的或者有重要经济、科学研究价值的陆生野生动物名录》。

(78)褐胸鹟

学　　名　*Muscicapa muttui*

英 文 名　Brown - breasted Flycatcher

分类地位　雀形目 Passeriformes 鹟科 Muscicapidae

形态特征　体型略小(14 cm)的偏褐色鹟。具黄褐色胸斑。与色彩相似的其他鹟类的区别在眼先及眼圈白色,深色的条纹将白色的颊纹与白色颏及喉隔开,无翼斑,腿色淡,下颚黄色,腰偏红,臀皮黄,翼羽羽缘棕色。虹膜深褐;嘴上嘴色深,下嘴黄色;脚暗黄。

生态分布　化龙山保护区鸟类新纪录。甚罕见留鸟,见于甘肃东南部、四川、贵州、广西及云南的亚热带森林。常见于化龙山保护区牛头店。

生态习性　夏季在丘陵,冬季在低地。安静孤僻,部分地黄昏性活动,白天躲藏在茂密树丛及竹林中。

数量状况　罕见。

保护级别　已被列入国家林业局 2000 年 8 月 1 日发布的《国家保护的有益的或者有重要

经济、科学研究价值的陆生野生动物名录》。

(79)煤山雀

学　　名　*Parus ater*

英 文 名　Coal Tit

分类地位　雀形目 Passeriformes 山雀科 Paridae

形态特征　小型(11 cm)山雀。头顶、颈侧、喉及上胸黑色;翼上具两道白色翼斑以及颈背部的大块白斑使之有别于褐头山雀及沼泽山雀。背灰色或橄榄灰色,白色的腹部或有或无皮黄色。多数亚种具尖状的黑色冠羽。与大山雀及绿背山雀的区别在胸中部无黑色纵纹。虹膜褐色,嘴黑而边缘灰色,脚青灰色。

生态分布　化龙山保护区鸟类新纪录。常见留鸟于中国东北、华北、华中、西北、西南等地。分布于化龙山保护区八匹山、牛头店。

生态习性　秦岭地区为常见留鸟,喜高海拔的针叶林耐寒山雀,有储藏食物越冬的习性。

数量状况　常见。

保护级别　列入中国国家林业局2000年8月1日发布的《国家保护的有益的或者有重要经济、科学研究价值的陆生野生动物名录》。

(80)黄腹山雀

学　　名　*Parus venustulus*

英 文 名　Yellow - bellied Tit

分类地位　雀形目 Passeriformes 山雀科 Paridae

形态特征　体型小(10 cm)。雄鸟头、喉部黑色,颊斑及颈后点斑白色,背灰蓝而有黑色点斗,下体黄色,腰银白,两道翼斑白色;雌鸟头部灰色,喉白,背灰色,余部与雄鸟相似;虹膜褐色;喙黑色;脚蓝色。

生态分布　中国鸟类特有种。常见于华南、华中、东南以及华北平原。秦岭地区留鸟,遍布省内有林地区。广布于化龙山保护区。

生态习性　常结小群于海拔500~1 800 m的山地活动,取食昆虫和野果。

数量状况　常见。

保护级别　列入中国国家林业局2000年8月1日发布的《国家保护的有益的或者有重要经济、科学研究价值的陆生野生动物名录》。

(81)褐头山雀

学　　名　*Parus songarus*

英 文 名　Songar Tit

分类地位　雀形目 Passeriformes 山雀科 Paridae

形态特征　体型略小(11.5 cm)的山雀。头顶及颏部褐黑;上体褐灰。下体近白,两胁皮黄;无翼斑或顶纹。与沼泽山雀易混淆,但具浅色翼纹,黑色顶冠大而少光泽,头显比例较大。虹膜褐色,嘴略黑,脚深蓝灰。

生态分布　化龙山保护区鸟类新纪录。甚常见于中国东北、西北、中南及西南地区的中等海拔的针叶林中。常见于化龙山保护区双河口、八匹山。

生态习性　秦岭地区习见于海拔1500~2 000 m针阔混交林,冬季可成小群下迁至西安郊区平原。性活跃、吵闹。

数量状况 常见。

保护级别 列入中国国家林业局 2000 年 8 月 1 日发布的《国家保护的有益的或者有重要经济、科学研究价值的陆生野生动物名录》。

(82)银脸[长尾]山雀

学　　名 *Aegithalos fuliginosus*

英 文 名 Sooty Tit

分类地位 雀形目 Passeriformes 长尾山雀科 Aegithalidae

形态特征 体小(12 cm)的山雀。灰色的喉与白色上胸对比而成项纹;顶冠两侧及脸银灰,颈背皮黄褐色,头顶及上体褐色;尾褐色而侧缘白色,具灰褐色领环,两胁棕色;下体余部白色。幼鸟色浅,额及顶冠纹白色。虹膜黄色;嘴黑色;脚偏粉色至近黑。

生态分布 中国鸟类特有种。留鸟于湖北西南部(神农架)、陕西南部(秦岭)、甘肃南部(白水江)并南至四川岷山、雅砻江中游及马边(县)大风顶。常见于化龙山保护区双河口、正河垭、化龙山。

生态习性 海拔 1 000 ~2 600 m 的罕见鸟。群栖于落叶阔叶林及多荆棘的栎树林。

数量状况 少见。

保护级别 列入中国国家林业局 2000 年 8 月 1 日发布的《国家保护的有益的或者有重要经济、科学研究价值的陆生野生动物名录》。

(83)红翅旋壁雀

学　　名 *Tichodroma muraria*

英 文 名 Wallceeper

分类地位 雀形目 Passeriformes 旋壁雀科 Tichidromidae

形态特征 体型略小(16 cm)的灰色优雅雀鸟。嘴长而尾短;翼具醒目绯红色斑纹;繁殖期雄鸟脸、喉部黑色,非繁殖期喉部偏白;飞羽黑色;外侧尾羽端部白色显著;飞行时飞羽白色点斑呈带状。虹膜深褐,嘴及脚黑色。

生态分布 化龙山保护区鸟类新纪录。罕见于中国极西部、中部和北部。常见于化龙山保护区三大峡、竹节溪。

生态习性 秦岭地区偶见于中等海拔的裸岩峭壁地带;冬季迁移至低海拔的地区甚至人口稠密的城镇活动,常单独活动。

数量状况 偶见。

保护级别 IUCN 无危(LC)。列入中国国家林业局 2000 年 8 月 1 日发布的《国家保护的有益的或者有重要经济、科学研究价值的陆生野生动物名录》。

(84)红胁绣眼鸟

学　　名 *Zosterops erythropleurus*

英 文 名 Chestnut - flanked White - eye

分类地位 雀形目 Passeriformes 绣眼鸟科 Zosteropidae

形态特征 中等体型(12 cm)。上体灰色较多;两胁具隐约栗色;下颚色淡;黄色喉斑小;头顶无黄色。虹膜红褐,嘴橄榄色,脚灰色。

生态分布 化龙山保护区鸟类新纪录。繁殖于中国东北,冬季见于华中、华东和华南。常见于化龙山保护区八匹山。

生态习性　秦岭地区主要见于海拔 1 200 m 以上的次生林中，偶与暗绿绣眼鸟混群。

数量状况　常见。

保护级别　列入中国国家林业局 2000 年 8 月 1 日发布的《国家保护的有益的或者有重要经济、科学研究价值的陆生野生动物名录》。

(85) 白腰文鸟

学　　名　*Lonchura striata*

英 文 名　White - rumped Munia

分类地位　雀形目 Passeriformes 梅花雀科 Estrildidae

形态特征　中等体型（11 cm）的文鸟。上体深褐色；腰白；腹部皮黄近白；背部具白色纵纹；下体具细小皮黄色鳞状斑及细纹；具尖形黑色尾。虹膜褐色，嘴及脚灰色。

生态分布　化龙山保护区鸟类新纪录。留鸟于秦岭以南的大部分地区，地方性常见。常见于化龙山保护区牛头店、浪河、上竹。

生态习性　喜低海拔的林地、灌丛和农田；冬季集小群，性喧闹吵杂。

数量状况　常见。

保护级别　列入中国国家林业局 2000 年 8 月 1 日发布的《国家保护的有益的或者有重要经济、科学研究价值的陆生野生动物名录》。

(86) 酒红朱雀

学　　名　*Carpodacus vinaceus*

英 文 名　Vinaceous Rosefinch

分类地位　雀形目 Passeriformes 燕雀科 Fringillidae

形态特征　中等偏小体型（15 cm）。雄鸟通体葡萄酒红色，眉纹及三级飞羽羽端浅粉色；雌鸟橄榄褐色而具深色纵纹，眉纹和三级飞羽羽端浅皮黄色；虹膜褐色；喙角质色；脚褐色。

生态分布　中国鸟类特有种。化龙山保护区新纪录。分布于中国中部（*C. v. vinaceus*）和台湾（*C. v. formosana*）。秦岭地区留鸟，周至、华阴、太白、洋县、佛坪等地有记录。常见于化龙山保护区鸡心岭、化龙山。

生态习性　常成对活动于海拔 1 000 m 以上的林地，取食种子等。

数量状况　罕见。

保护级别　IUCN（2010）无危（LC）。列入中国国家林业局 2000 年 8 月 1 日发布的《国家保护的有益的或者有重要经济、科学研究价值的陆生野生动物名录》。

(87) 褐灰雀

学　　名　*Pyrrhula nipalensis*

英 文 名　Brown Bullfinch

分类地位　雀形目 Passeriformes 燕雀科 Fringillidae

形态特征　雄鸟眼先和嘴基羽毛暗褐色，眼下有一白斑，额、头顶和枕灰褐色，各羽中央黑褐色，羽缘淡灰褐色形成鳞状斑。背、肩灰褐色沾巧克力色，下背黑色，腰白色，尾上覆羽和尾黑色具紫色光泽，中央尾羽还沾红铜色。翅上小覆羽、中覆羽与背同色，内侧大覆羽端部约 3/4 为淡灰褐色沾巧克力色，其余翅覆羽和飞羽黑褐色具紫色光泽,最内侧一枚次级飞羽外翈羽缘赤红色,有的仅端部具一黄白色或紫铜色块斑。下体自颏到胸和两肋灰褐或灰葡萄褐色,腹中央至尾下覆羽转为白色,腋羽和翼下覆羽亦为白色。雌鸟和雄鸟相似,但最内侧一枚飞羽外翈羽缘不为红色而为草黄或棕白色。虹膜褐色,嘴绿角色、尖端黑色,脚肉褐色。

生态分布　陕西省鸟类新纪录。留鸟分布于西藏南部、云南西北部和西部、四川巫溪、广东东北部、福建西北部和台湾等地。偶见于化龙山保护区八匹山、鸡心岭、浪河、上竹、洪石。

生态习性　地方性常见于海拔 2 000 ~ 3 700 m 亚高山林;冬季迁往较低处。主要以树木、灌木的果实和种子为食,常单独或成对活动。

数量状况　偶见。

保护级别　列入中国国家林业局 2000 年 8 月 1 日发布的《国家保护的有益的或者有重要经济、科学研究价值的陆生野生动物名录》。

(88)灰头灰雀

学　　名　*Pyrrhula erythaca*

英 文 名　Grey - headed Bullfinch

分类地位　雀形目 Passeriformes 燕雀科 Fringillidae

形态特征　体大(17 cm)而显壮实的灰雀。近黑色的嘴厚实而略带钩;成体头灰色;雄性胸及腹部深橘红色;雌性下体及背部暖褐色;飞行时白色腰部及灰白色翼斑清晰可见。虹膜深褐,嘴黑色,脚粉褐。

生态分布　化龙山保护区鸟类新纪录。地区性常见于喜马拉雅山脉及中国中部。偶见于化龙山保护区化龙山。

生态习性　较常见于秦岭地区海拔 2 000 ~ 2 500 m 的针阔混交林和针叶林中;冬季成小群活动,不甚惧人。

数量状况　偶见。

保护级别　列入中国国家林业局 2000 年 8 月 1 日发布的《国家保护的有益的或者有重要经济、科学研究价值的陆生野生动物名录》。

(89)红交嘴雀

学　　名　*Loxia curvirostra*

英 文 名　Red Crossbill

分类地位　雀形目 Passeriformes 燕雀科 Fringillidae

形态特征　中等体型(16 cm)的雀。近黑色的嘴峰上下侧交;雄性体色从橘黄至玫瑰红甚至猩红色而带黄色调;雌鸟体色呈橄榄绿。虹膜深褐,嘴及脚近黑色。

生态分布　化龙山保护区新纪录。见于中国西南部、新疆北部和西北地区。偶见于化龙山保护区八匹山。

生态习性　偶见于秦岭地区较高海拔(2 500 m 左右)的针叶林中(尤喜松林)。飞行迅速且呈波浪状,倒悬觅食。

数量状况　罕见。

保护级别　列入中国国家林业局 2000 年 8 月 1 日发布的《国家保护的有益的或者有重要

经济、科学研究价值的陆生野生动物名录》。

(90)黄喉鹀

学　　名　*Emberiza elegans*

英 文 名　Yellow - throated Bunting

分类地位　雀形目 Passeriformes 鹀科 Emberizidae

形态特征　中等体型(15 cm)的鹀类。头部图纹为醒目的黑色和黄色,具短羽冠;雌鸟色较淡,黑色和黄色条纹变为褐色及皮黄色。虹膜栗褐色,嘴近黑,脚浅黑。

生态分布　化龙山保护区鸟类新纪录。甚常见于中国东北和中部地区。广布于化龙山保护区。

生态习性　习见于秦岭地区的针阔混交林、次生灌丛、农田、草地以及居民点附近,喜站立树冠部或灌丛中鸣叫。

数量状况　常见种类。

保护级别　列入中国国家林业局2000年8月1日发布的《国家保护的有益的或者有重要经济、科学研究价值的陆生野生动物名录》。

(91)灰头鹀

学　　名　*Emberiza spodocephala*

英 文 名　Black - faced Bunting

分类地位　雀形目 Passeriformes 鹀科 Emberizidae

形态特征　小型(14 cm)黑色和黄色鹀类。头、颈背和喉灰色;上体浓栗色而带显著黑色纵纹;下体浅黄。虹膜深栗色,上嘴近黑而具浅色边缘,下嘴偏粉而端部色深,脚粉褐。

生态分布　化龙山保护区鸟类新纪录。见于中国东北、中部至南部;不甚常见于秦岭地区。常见于化龙山保护区县城、牛头店。

生态习性　常栖于树冠横枝、灌丛甚至建筑物顶端等处高声鸣叫。

数量状况　常见。

保护级别　列入中国国家林业局2000年8月1日发布的《国家保护的有益的或者有重要经济、科学研究价值的陆生野生动物名录》。

(92)戈氏岩鹀

学　　名　*Emberiza godlewskii*

英 文 名　Godlewski's Bunting

分类地位　雀形目 Passeriformes 鹀科 Emberizidae

形态特征　体长大(17 cm)的灰色和栗色鹀类。头部、喉至胸部浅灰色,侧冠纹、过眼纹红棕色,髭纹黑色。背部栗色而有黑色短纵纹,腹部浅栗色,臀偏白。虹膜深褐;嘴蓝灰;脚粉褐。

生态分布　化龙山保护区鸟类新纪录。分布于新疆、内蒙古、河北、青海、西藏、甘肃、陕西、云南等地。常见于化龙山保护区县城、鸡心岭。

生态习性　常见于秦岭中低海拔山地多岩石山坡或沟壑。

数量状况　常见。

保护级别　IUCN(2009)低危(LC)。列入中国国家林业局2000年8月1日发布的《国家保护的有益的或者有重要经济、科学研究价值的陆生野生动物名录》。

(93)蓝　鹀

学　　名　*Latoucheornis siemsseni*

英 文 名　Slaty Bunting

分类地位　雀形目 Passeriformes 鹀科 Emberizidae

形态特征　体型小(13 cm)。雄鸟除腹部、臀部及尾外缘白色外,余部体羽深蓝灰色;雌鸟头及胸棕色,背暗褐色而有黑色羽干纹,两道翼斑浅黄褐,腰灰;虹膜深褐;喙铅灰色或黑色;腿浅粉色。

生态分布　中国鸟类特有种。化龙山保护区新纪录。陕西南部和四川西部(东达青藏高原边缘的山谷,四川盆地东北部),更远到安徽(黄山)。秦岭地区留鸟,周至、太白、宁陕、安康、留坝、洋县、佛坪有记录。常见于化龙山保护区八匹山、化龙山。

生态习性　常栖于海拔 1 000 m 左右的次生林灌丛,鸣叫时发出高调的金属音。取食昆虫和草籽。

数量状况　不常见。

保护级别　IUCN(2010)无危(LC)。列入中国国家林业局 2000 年 8 月 1 日发布的《国家保护的有益的或者有重要经济、科学研究价值的陆生野生动物名录》。

第6章 哺乳纲（Mammalia）

哺乳动物是全身被毛，神经系统高度发达，具有快速反应协调能力，功能行为最为复杂，恒温胎生的高等脊椎动物类群。全世界约有哺乳动物5600多种，生活方式多样，遍布各大陆及海洋。中国拥有哺乳动物575种（Smith & 解焱 2009），占世界哺乳动物总数的10.3%。陕西省有哺乳类147种，约占全国哺乳类总数的25.6%，其中约有93.8%（138种）的种类分布于秦巴山区。

关于化龙山保护区兽类资源的调查始于20世纪70年代末至80年代初，吴家炎等（1982）、王廷正等（1981～1982）、李保国等（1989）曾先后在这一地区进行过兽类调查。化龙山保护区成立前，在陕西省林业厅组织下，于1988～1989年对该地区的兽类资源进行了较为深入的调查（王玛丽等 2004）。本次调查是在前人调查研究的基础上，对保护区内哺乳动物的种类组成、区系成分和生态分布做了补充调查，现将结果总结如下。

6.1 区系分析

6.1.1 物种组成

调查结果表明，陕西化龙山自然保护区拥有哺乳纲动物7目23科80种（表6－1），分别占中国哺乳动物总种数（575种）和陕西哺乳动物总种数（147种）的13.9%和54.4%。在本区的80种哺乳动物中，有国家I级重点保护物种4种，分别是华南虎（*Panthera tigris*）、金钱豹（*Panthera pardus*）、云豹（*Neofelis nebulosa*）和林麝（*Moschus berezovskii*）。本区曾是华南虎最北部的分布区（汪松，1998；吴家炎和李贵辉 1982），然而该物种在本区的分布现状因缺乏足够的证据而颇受争议，后文将根据文献简要介绍华南虎在化龙山保护区内的历史分布情况。化龙山保护区有国家II级重点保护哺乳类动物10种，分别是猕猴（*Macaca mulatta*）、黑熊（*Selenarctos thibetanus*）、豺（*Cuon alpinus*）、黄喉貂（*Martes flavigula*）、水獭（*Lutra lutra*）、大灵猫（*Viverra zibetha*）、小灵猫（*Viverricula indica*）、金猫（*Profelis temmincki*）、鬣羚（*Capricornis sumatraensis*）和斑羚（*Naemorhedus goral*）。

此外本次调查专门开展了保护区内翼手目的专项调查，2010年4月份在陕西省安康市镇坪县共采集到17号蝙蝠标本，经鉴定为菊头蝠科（*Rhinolophidae*）菊头蝠属（*Rhinolophus*）的大菊头蝠（*Rhinolophus luctus*）、中菊头蝠（*Rhinolophus affinis*）、马铁菊头蝠（*Rhinolophus ferrumequinum*），蝙蝠科（*Vespertilionidae*）鼠耳蝠属（*Myotis*）的西南鼠耳蝠（*Myotis altarium*）和管鼻蝠属（*Murina*）的白腹管鼻蝠（*Murina leucogaster*）（表6－2），其中大菊头蝠和西南鼠耳蝠均属陕西省兽类新纪录（裴俊峰 2011，2012）。根据郑生武和宋世英（2010）的报导，化龙山保护区还应增加翼手目蝙蝠科的伊氏鼠耳蝠(*Myotis ikonnikovi*)(表 6－1)。此外在本次调查中还记录了松鼠科的隐纹花松鼠(*Tamiops swinhoei*),属于保护区的新纪录物种。王玛丽等(2004)曾报导化龙山保护区分布有明纹花松鼠(*Tamiops macclellandi*),因该种分布区位于中国西南部(云南南部和西藏东南部)以至东南亚(Smith & 解焱 2009),该记录值得商榷,所以未将该物种列入保护区哺乳动物名录(表 6－2)。

表 6－1　化龙山保护区哺乳动物名录*

目、科、种	区系成分			海拔(m)	地理型	保护级别	备注
	O	P	G				
I. 食虫目 INSECTIVORA							
一、猬科 Erinaceidae							
1. 侯氏短棘猬(林猬)*Mesechinus hughi*		+		760～1 500	O	Sy	
二、鼹科 Talpidae							
2. 长吻鼹 *Talpa longirostris*	+			760～1 500	Sh	Sy	
3. 长尾鼹 *Scaptonyx fusicaudus*		+		760～1 500	Hc		
三、鼩鼱科 Soricidae							
4. 陕西(秦岭)鼩鼱 *Sorex sinalis*			+	760～1 500	Ue	Sy	
5. 纹背鼩鼱 *Sorex cylindricauda*		+		1 500～2 000	Hc	Sy	
6. 灰麝鼩 *Crocidura attenuata*	+			760～1 500	Sd	Sy	
7. 长尾大麝鼩 *Crocidura fuliginosa*			+	760～1 500	Sd	Sy	
8. 中麝鼩 *Crocidura russula*		+		760～1 500	Ug	Sy	
9. 川西长尾鼩 *C. h. hypsibia*	+			760～1 500	Hc	Sy	
10. 大长尾鼩 *Chodsigoa salenskii*	+			760～1 500	Hc	Sy	
11. 短尾鼩 *Anorosorex squamipes*	+			760～1 500	Sd	Sy	
12. 川鼩 *Blarinella quadraticauda*	+			760～1 500	Hc	Sy	
II. 翼手目 CHIROPTERA							
四、蹄蝠科 Hipposideridae							
13. 普氏蹄蝠 *Hipposideros pratti*	+			760～2 000	Wd	Sy	
五、菊头蝠科 Rhinolophidae							
14. 马铁菊头蝠 *Rhinolophus ferrumequinum*	+			760～1 500	O6	Sy	
15. 中菊头蝠 *R. affinis*	+			760～2 000	Wd	Sy	
16. 角菊头蝠 *R. cornutus*	+			760～1 500	Wd	Sy	
17. 大耳菊头蝠 *R. macrotis*	+			760～1 500	Wd	Sy	

续表

目、科、种	区系成分			海拔(m)	地理型	保护级别	备注
	O	P	G				
18. 大菊头蝠 *R. luctus*	+			1 120	Wb	Sy	陕西新纪录
19. 鲁氏菊头蝠 *R. rouxi*	+			760～1 500	Wd	Sy	
六、蝙蝠科 Vespertilionidae							
20. 白腹管鼻蝠 *Murina leucogaster*	+			760～1 500	Eh	Sy	
21. 普通长翼蝠 *Miniopterus schreibersi*	+			760～1 500	O3	Sy	
22. 伊氏鼠耳蝠 *Myotis ikonnikovi*	+			?	O3	Sy	郑生武和宋世英(2010)
23. 大卫鼠耳蝠 *M. davidi*	+			760～1 500	E	Sy	
24. 西南鼠耳蝠 *M. altarium*	+			1 320	Si	Sy	陕西新纪录
25. 南蝠 *Ia io*	+			760～1 500	Si	Sy	
26. 东亚伏翼 *Pipistrellus abramus*	+			760～1 500	Ea	Sy	
27. 普通伏翼 *P. pipistrellus*	+			760～1 500	O3	Sy	
28. 灰伏翼 *P. pulveratus*	+			760～1 500	Sd	Sy	
Ⅲ. 灵长目 PRIMATES							
七、猴科 Ceropithecidae							
29. 猕猴 *Macaca mulatta*	+			760～1 500	We	Ⅱ	
Ⅳ. 食肉目 CARNIVORA							
八、犬科 Canidae							
30. 狼 *Canis lupus*			+	1 500～2 000	Ch	Sy	
31. 赤狐 *Vulpus vulpus*			+	760～1 500	Ch	Sy	
32. 貉 *Nyctereutes procyonoides*			+	760～1 500	Eg	Sy	
33. 豺 *Cuon alpinus*	+			2 500～2 000	We	Ⅱ	
九、熊科 Ursidae							
34. 黑熊 *Selenarctos thibetanus*			+	1 500～2 000	Eg	Ⅱ	
十、鼬科 Mustelidae							
35. 黄喉貂 *Martes flavigula*	+			760～1 500	We	Ⅱ	
36. 黄腹鼬 *Mustela kathiah*	+			760～1 500	Sd		
37. 黄鼬 *M. sibirica*			+	760～1 500	Uh		
38. 鼬獾 *Melogale moschata*	+			760～1 500	Sd		

续表

目、科、种	区系成分			海拔(m)	地理型	保护级别	备注
	O	P	G				
39. 猪獾 *Arctonyx collaris*	+			760 ~ 1 500	We		
40. 水獭 *Lutra lutra*			+	760 ~ 1 500	Uh	II	
十一、灵猫科 Viverridae							
41. 大灵猫 *Viverra zibetha*	+			1 500 ~ 2 000	Wd	II	
42. 小灵猫 *Viverricula indica*	+			1 500 ~ 2 000	Wd	II	
43. 花面狸 *Paguma larvata*	+			760 ~ 1 500	We	Sy	
十二、猫科 Felidae							
44. 金猫 *Profelis temmincki*	+			1 500 ~ 2 917	We	II	
45. 豹猫 *Felis bengalensis*	+			760 ~ 2 000	We	Sy	
46. 云豹 *Neofelis nebulosa*			+	1 500 ~ 2 917	Wc	I	
47. 金钱豹 *Panthera pardus*			+	1 500 ~ 2 917	O1	I	
48. 华南虎 *P. tigris*	+			760 ~ 2 000	We	I	
V. 偶蹄目 ARTIODACTYLA							
十三、猪科 Suidae							
49. 野猪 *Sus scrofa*			+	760 ~ 2 000	Uh	Sy	
十四、鹿科 Cervidae							
50. 小麂 *Muntiacus reevesi*	+			760 ~ 2 000	Sd	Sy	
51. 毛冠鹿 *Elaphodus cephalophus*	+			760 ~ 2 000	Sv	Sy	
52. 狍 *Capreolus capreolus*		+		1 500 ~ 2 000	Ue	Sy	
十五、麝科 Moschidae							
53. 林麝 *Moschus berezovskii*		+		1 500 ~ 2 917	Sd	I	
十六、牛科 Bovidae							
54. 鬣羚 *Capricornis sumatraensis*	+			1 500 ~ 2 917	We	II	
55. 斑羚 *Naemorhedus goral*	+			760 ~ 2 917	Eb	II	
VI. 啮齿目 RODENTIA							
十七、松鼠科 Sciuridae							
56. 珀氏长吻松鼠 *Dremomys pernyi*	+			760 ~ 1 500	Sd	Sy	
57. 岩松鼠 *Sciurotamias davidianus*		+		760 ~ 1 500	O	Sy	
58. 赤腹松鼠 *Callosciurus erythraeus*	+			760 ~ 1 500	Wc	Sy	
59. 隐纹花松鼠 *Tamiops swinhoei*	+			2 162	We	Sy	保护区新纪录

续表

目、科、种	区系成分			海拔(m)	地理型	保护级别	备注
	O	P	G				
十八、鼯鼠科 Petauristidae							
60. 红白鼯鼠 *Petaurista alborufus*	+			1 500 ~ 2 917	Wd	Sy	
61. 小灰头鼯鼠 *P. elegans*	+			1 500 ~ 2 917	Hm	Sy	
62. 复齿鼯鼠 *Trogopterus xanthipes*		+		1 500 ~ 2 917	Hm	Sy	
十九、仓鼠科 Cricetidae							
63. 罗氏鼢鼠 *Myospalax rothschildi*	+			760 ~ 1 500	O		
64. 苛岚绒鼠 *Caryomys inez*	+			1 500 ~ 2 917	Bc		
65. 洮州绒鼠 *C. eva*	+			760 ~ 2 917	Hc		
66. 黑腹绒鼠 *Eothenomys melanogaster*	+			760 ~ 2 917	Sv		
二十、竹鼠科 Rhizomyidae							
67. 中华竹鼠 *Rhizomys sinensis*	+			760 ~ 2 917	We	Sy	
二十一、鼠科 Muridae							
68. 巢鼠 *Micromys minutus*		+		760 ~ 1 500	Uh		
69. 小家鼠 *Mus musculus*			+	760 ~ 1 500	Uh		
70. 大林姬鼠 *Apodemus peninsulae*		+		760 ~ 2 000	X		
71. 中华姬鼠 *A. draco*	+			760 ~ 2 917	Sd		
72. 黑线姬鼠 *A. agrarius*		+		760 ~ 2 000	Ub		
73. 黄胸鼠 *Rattus flavipectus*	+			760 ~ 1 500	We		
74. 褐家鼠 *R. norvegicus*			+	760 ~ 1 500	Ue		
75. 针毛鼠 *R. fulvescens*	+			760 ~ 1 500	Wb		
76. 社鼠 *R. niviventet*	+			760 ~ 2 000	We		
77. 白腹巨鼠 *R. edwardsi*	+			760 ~ 1 500	Wd		
78. 白腹鼠 *R. coxingi*	+			760 ~ 1 500	Wd		
二十二、豪猪科 Hystricidae							
79. 豪猪 *Hystrix hodgsoni*					Wd	Sy	
VII. 兔形目 LAGOMORPHA							
二十三、兔科 Leporidae							
80. 草兔 *Lepus capensis*			+	760 ~ 1 500	O	Sy	

* 注区系成分:O 东洋种,P 古北种,G 广布种;保护级别:I 国家一级重点保护物种,II 国家二级重点保护物

种;地理型:C 全北型,Ch 全北型(欧亚温带—亚热带);U 古北型,Ub 古北型(寒温带—中温带),Ue 古北型(湿润—半湿润带),Uh 古北型(欧亚温带—亚热带);B 华北型,Bc 华北型(西部);X 东北—华北型;E 季风型,Ea 季风型(阿穆尔),Eb 季风型(乌苏里),Eg 季风型(朝鲜),Eh 季风型(远东);H 喜马拉雅—横断山型,Hc 喜马拉雅—横断山型(横断山),Hm 喜马拉雅—横断山型(南翼);S 南中国型,Sd 南中国型(热带—北亚热带),Sh 南中国型(中亚热带—北亚热带),Si 南中国型(中亚热带),Sv 南中国型(热带—中温带);W 东洋型,Wb 东洋型(热带—南亚热带),Wc 东洋型(热带—中亚热带),Wd 东洋型(热带—北亚热带),We 东洋型(热带—温带)。

表 6-2　陕西镇坪县翼手目种类分布记录(引自裴俊峰 2011,2012)

学　名		分布型	采集地点	海拔(m)	濒危等级
菊头蝠科 Rhinolophidae	马铁菊头蝠 *Rhinolophus ferrumequinum* (Schreber)	U	安康市镇坪县钟宝镇华坪乡渝龙村川洞子	1 290	—
			安康市镇坪县钟宝镇华坪乡渝龙村无名岩洞	1 320	
	中菊头蝠 *Rhinolophus affinis* Horsfield	W	安康市镇坪县钟宝镇猫子庙东风村瓷器沟水洞	1 400	LC
	大菊头蝠 *Rhinolophus luctus* Temminck	W	安康市镇坪县钟宝镇猫子庙青林村无名岩洞	1 120	LC
蝙蝠科 Vespertilionidae	西南鼠耳蝠 *Myotis altarium* Thomas	S	安康市镇坪县钟宝镇华坪乡渝龙村无名岩洞	1 320	LC
	白腹管鼻蝠 *Murina leucogaster* Milne - Edwards	E	安康市镇坪县钟宝镇猫子庙青林村硝洞	1 090	—
			安康市镇坪县钟宝镇华坪乡渝龙村无名岩洞	1 320	

6.1.2　区系分析

根据中国动物地理区划(张荣祖 1998),化龙山在动物地理区划中属于东洋界华中区西南山地高原亚区。化龙山保护区分布的 80 种兽类中,东洋界种类 54 种,占全部兽类的 67.50%,古北界种类 11 种,占 13.75%,广布种 15 种,占 18.75%,以东洋界种类占绝对优势。东洋界成分所占比例与两栖纲和爬行纲动物类似(60%以上),高于鸟类所占比例,说明秦岭(广义上可以看做秦巴山区)对运动能力较强的鸟类的阻隔作用不如其他动物类群强烈。哺乳动物中由东南热带—亚热带向北伸至化龙山的种类如隐纹花松鼠、大灵猫、小灵猫,南方特有的种类如竹鼠、豪猪、菊头蝠、蹄蝠、红白鼯鼠、针毛鼠等,南方广布种如猕猴、鼬獾、猪獾、鬣羚、赤腹松鼠等侵入化龙山。有的种类虽为广布种,但其亚种与神农架相同而与秦岭西段有别,如鬣羚在化龙山为 *Capricornis sumatraensis argyrochaetes*,而在秦岭西段为 *C. s. milneedwardsii*,罗氏鼢鼠在化龙山为 *Myospalax rothschildi hubeinensis*,有别于米仓山和秦岭西部的 *M. r. rothschildi*。化龙山较高海拔的山区,有横断山脉—喜马拉雅型的古老原始种类,如纹背鼩鼱、长尾大麝鼩、林麝等。

6.2 生态分布

根据不同海拔高度的景观、气候特征可将保护区划分为三个植被垂直带(王玛丽等 2004),不同带谱中的景观、气候以及植被和哺乳动物种类状况如下。

(1)农田、灌丛、森林带(海拔 700 ~ 1 500 m):属农林牧兼营区,大部分处于保护区的边缘地带(缓冲区),气候温暖湿润。种植玉米、马铃薯、小麦等作物。由于人类经济活动较频繁,森林破坏严重,大部分林相不整齐,而且多代萌生的次生林较多,灌木面积较大,灌木种类包括胡颓子(*Elaeagnus henryi*)、鹅耳枥(*Carpinus turczaninowii*)、马桑(*Coriaria nepalensis*)、满山红(*Rhododendron mariesii*)等,乔木种类主要有栓皮栎(*Quercus variabilis*)、锐齿栎(*Q. aliena* var. *acuteserrata*)、漆树(*Toxicodendron vernicifluum*)、山杨(*Populus davidiana*)、板栗(*Castanea mollissima*)、油松(*Pinus tabulaeformis*)、华山松(*P. armandii*)等,同时混生有樟木属(*Cinnamomum*)、楠木属(*Phoebe Nees*)等常绿阔叶树种。本带中常见草兔(*Lepus capensis*)、赤狐(*Vulpes vulpes*)、花面狸(*Paguma larvata reevesi*)、巢鼠(*Micromys minutus pygmaeus*)和黑线姬鼠(*Apodemus agrarius ningponensis*)等中、小型兽类。

(2)中山落叶阔叶林带(海拔 1 500 ~ 2 000 m):气候特征属中温带,多处于保护区的核心区,部分涉及实验区。建群树种有辽东栎(*Q. liaotungensis*)、锐齿栎、山杨、红桦(*Betula albo—sinensis*)、米心水青冈(*Fagus engleriana*)、华山松、巴山松(*P. henryi*)。本带中兽类东洋界种类居多,如大灵猫(*Viverra zibetha ashtoni*)、小灵猫(*Viverricula indica pallida*)、黄腹鼬(*Mustela kathiah kathiah*)、猪獾(*Arctonyx collaris albogularis*)、鼬獾(*Melogale moschata ferreogrisea*)、豺(*Cuon alpinus fumosus*)、野猪(*Sus scrofa moupinensis*)等。啮齿类中的岩松鼠(*Sciurotamias davidianus saltitans*)、长吻松鼠(*Dremomys pernyi pernyi*),食虫目的鼩鼱(*Sorex*)及麝鼩(*Crocidura*)等种皆为本带优势种。毛皮动物如小麂(*Muntiacus reevesi reevesi*)、黄鼬(*Mustela sibirica moupinensis*)等及药用动物如麝、灵猫等数量较多。

(3)亚高山针叶林带(海拔 2 000 ~ 2 917 m):气候特征属寒温带,均处在保护区的核心区内。主要树种为巴山冷杉(*Abies fargesii*)、青扦(*Picea wilsonii*)、铁杉(*Tsuga chinensis*)、红桦。林内主要栖息有鬣羚(*Capricornis sumatraensis argyrochaetes*)、斑羚(*Naemorhedus goral arnouxianus*)、林麝(*Moschus berezovskii*)等偶蹄类,裸岩上常见鼯鼠,这里也栖息有大型食肉类如豹(*Panthera pardus fusca*)等种类,鼠类主要有针毛鼠(*Rattus ulvescens*)、黄胸鼠(*Rattus flavipectus flavipectus*)、白腹巨鼠(*Rattus edwardsi gigas*)、大林姬鼠(*Apodemus peninsulae*)等种类。

6.3 地理分布

如前文所述,化龙山自然保护区在中国自然景观区划中地处东部季风区北、中亚热带湿润区。植被类型以落叶阔叶林和常绿阔叶林为主。在中国动物地理区划中属于东洋界华中区西部山地高原亚区的秦岭—大巴山地省(张荣祖 1999)。因此本区的哺乳动物具有与本区自然地理特征相符合的分布类型。如图 6 - 1 所示,化龙山保护区哺乳动物的地理分布型中,东洋型种类 29 种,占总数的 36.25%,其中广义的东洋型(W)1 种,热带—南亚热带型(Wb)2 种,热带—中亚热带型(Wc)2 种,热带—北亚热带型(Wd)11 种,热带—温带型(We)13 种,东洋型种类占 1/3 强充分与本区哺乳类区系组成相吻合(东洋界种类占绝对优势),而 Wd、We 型占绝对优势又与本区所处的地理位置和气候特征(兼具北亚热带和山地气候)相一致;南中国型(S)种类 16 种,占总数的20.0%,其中广义的南中国型(S)1 种,热带—北亚热带型(Sd)10 种,中亚热带—北亚热带型(Sh)、中亚热带型(Si)以及热带—中温带型(Sv)分别为 1、2、2 种,与东洋型种类分布格局大体一致;古北型(U)种类 10 种,占总数的12.5%,反映出本区的亚高山气候和过渡性质;喜马拉雅—横断山型(H)种类 9 种,占总数的11.25%,高地成分占一定的比例说明这一类型的种类通过西部的岷山山地渗透分布至此,也与化龙山较高的海拔(最高峰2 917 m)山地气候有关;另外季风型(E)、全北型(C)和东北—华北型(X)分别为 7、2 和 1 种,分别占总数的8.75%、2.5%和1.25%,说明了本区哺乳动物地理组成的复杂性和多样性。

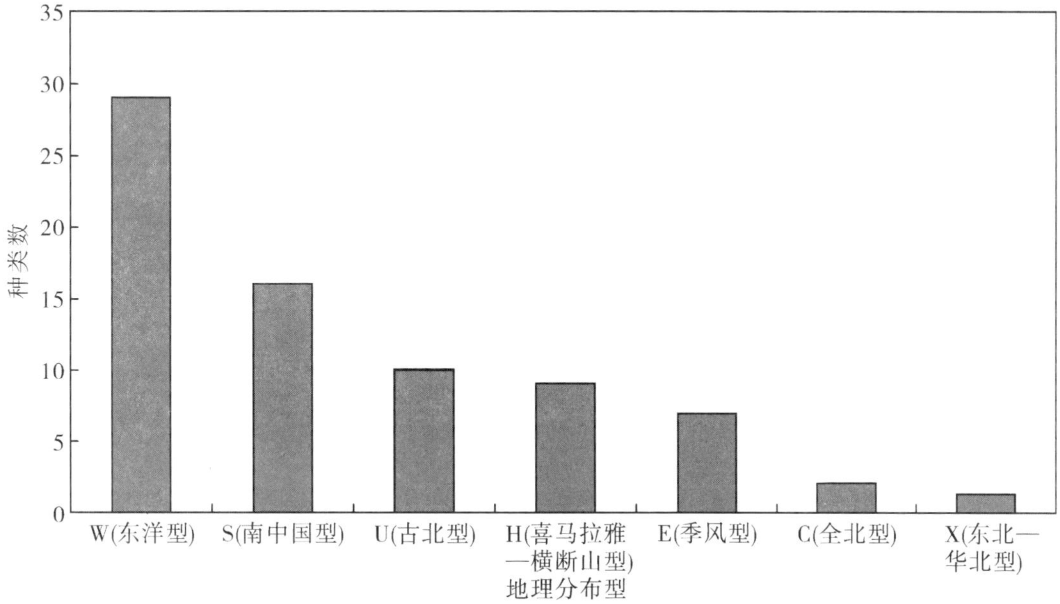

图 6-1　化龙山自然保护区哺乳动物的地理分布型

6.4　珍稀及特有物种

本区有哺乳动物 80 种,其中有国家 I 级重点保护物种 4 种,分别是华南虎、金钱豹、云豹和林麝,国家 II 级重点保护物种 10 种,分别是猕猴、黑熊、豺、黄喉貂、水獭、大灵猫、小灵猫、金猫、鬣羚和斑羚。此外还发现了翼手目的 2 个陕西省新纪录——大菊头蝠和西南鼠耳蝠。现将这些物种的形态特征、生态分布、生态习性、数量状况以及保护级别简述如下。

(1)侯氏短棘猬(林猬)

学　名　*Mesechinus hughi*

英 文 名　Hugh's Hedgehog

分类地位　食虫目 Insectivora 猬科 Erinaceidae

形态特征　头体长 155~200 mm。耳比棘刺短;棘刺和毛被深色,在棘刺深色的尖端有白色圈环。毛被无棘刺部分比达乌尔猬粗糙,深棕色;棘刺光滑。耳骨不伸展;头骨人字脊明显向上后方突出,所以头骨背面不能看到枕髁和枕大孔。矢状脊和枕脊几乎垂直,枕基呈梯形。

生态分布　中国特有种;国内分布于河南(商城)、山西。陕西主要见于秦岭地区(太白、留坝、佛坪、宁陕等);巴山地区分布较少,镇巴(郑生武和宋世英 2010)和镇坪(王玛丽等 2004)有记录。

生态习性　是该属唯一栖息于 1 400 ~ 2 100 m 山地森林的种类,营地面生活方式;以蚯蚓、甲虫等动物性食物为主,兼食浆果和树叶;有冬眠习性。

数量状况　巴山地区不常见。

保护级别　列入中国国家林业局 2000 年 8 月 1 日发布的《国家保护的有益的或者有重要经济、科学研究价值的陆生野生动物名录》。中国物种红色名录易危(VU);IUCN(1994)易危(VU);CITES 附录:未列入。

(2)长吻鼹

学　　名　*Euroscaptor longirostris*

英 文 名　Long - Nosed Mole

分类地位　食虫目 Insectivora 鼹科 Talpidae

形态特征　头体长 90 ~ 145 mm;尾长 11 ~ 23 mm;后足长 14 ~ 23 mm;耳长 0 mm;颅全长 30 ~ 33 mm。身体暗灰到黑色,有时略带浅棕色;尾除了接近端部外毛稀疏,尾尖白毛可长达 12.5 mm。吻较其他中国的大型鼹鼠更狭长;头外形狭长。卵圆孔到听泡距离小,小于 2 mm。

生态分布　中国特有种;广布中国南部(四川、云南西部、贵州东南部、福建、湖南、江西),曾在陕西平利采到标本。

生态习性　分布在海拔 800 ~ 2 600 m 之间的森林、灌草丛、荒地和农田。营地下生活,夜间活动。以昆虫、蠕虫(蚯蚓为主)为食。

数量状况　不常见。

保护级别　列入中国国家林业局 2000 年 8 月 1 日发布的《国家保护的有益的或者有重要经济、科学研究价值的陆生野生动物名录》。中国物种红色名录易危(VU);CITES 附录:未列入。

(3)陕西(秦岭)鼩鼱

学　　名　*Sorex sinalis*

英 文 名　Chinese Shrew

分类地位　食虫目 Insectivora 鼩鼱科 Soricidae

形态特征　头体长 64 ~ 85 mm;尾长 49 ~ 68 mm;后足长 13 ~ 17 mm;颅全长 20 ~ 22 mm。体型大,尾长,吻长;背腹毛被一致的灰棕色到黄褐棕色。腹毛淡褐色,比背面稍淡一些。吻比远东鼩鼱长;头骨宽度较窄;每一枚第一门齿中间有小尖突;上单尖齿从第一到第五单尖齿逐渐减小。

生态分布　中国特有种;中国中西部;甘肃、四川、陕西南部。平利曾采到标本。

生态习性　生活在多石的长满苔藓的山顶生境,海拔在 2 700 ~ 3 000 mm。

数量状况　少见。

保护级别　列入中国国家林业局 2000 年 8 月 1 日发布的《国家保护的有益的或者有重要经济、科学研究价值的陆生野生动物名录》。中国物种红色名录易危(VU);IUCN(1994)易危(VU);CITES 附录:未列入。

(4)纹背鼩鼱

学　　名　*Sorex cylindricauda*

英 文 名　Stripe - Backed Shrew

分类地位　食虫目 Insectivora 鼩鼱科 Soricidae

形态特征　头体长 67 ~ 77 mm；尾长 55 ~ 62 mm；后足长 15 ~ 16 mm；颅全长 17 ~ 21 mm。背毛肉桂色；腹面深灰棕色，色深如背。形态类似中鼩鼱，但是较大；从颈到臀部沿脊柱有明显的深条纹；尾长等于或稍短于头体长。上齿列长 8.75 mm。

生态分布　中国特有种；分布于中国中部和西南部。秦巴山区的东洋界种类，镇坪、平利均采到过标本。

生态习性　以山地森林，灌丛草丛，针叶林为主。

数量状况　不常见。

保护级别　列入中国国家林业局 2000 年 8 月 1 日发布的《国家保护的有益的或者有重要经济、科学研究价值的陆生野生动物名录》。中国物种红色名录无危(LC)；IUCN(1994)濒危(EN)；CITES 附录：未列入。

(5)川西长尾鼩

学　　名　*Chodsigoa hypsibia*

英 文 名　De Winton's Shrew

分类地位　食虫目 Insectivora 鼩鼱科 Soricidae

形态特征　头体长 73 ~ 99 mm；尾长 60 ~ 80 mm；后足长 15 ~ 18 mm；颅全长 19 ~ 22 mm。背毛浅棕灰色，腹毛更显浅棕色；尾双色不明显，上面浅灰色，下面浅白色，通常比头体长略短；四足背面浅白色。头骨外形明显扁平。

生态分布　中国特有种；分布于中国中部和西南部，河北有一个不连续的种群。

生态习性　主要分布于在中国西南部的横断山脉，河北分布点高度在海拔 300m，其他中国群都分布在海拔 1 200 ~ 3 500m 的半高山和高山地区。

数量状况　较为常见。

保护级别　列入中国国家林业局 2000 年 8 月 1 日发布的《国家保护的有益的或者有重要经济、科学研究价值的陆生野生动物名录》。中国物种红色名录无危(LC)；CITES 附录：未列入。

(6)大长尾鼩

学　　名　*Chodsigoa salenskii*

英 文 名　Salenski's Shrew

分类地位　食虫目 Insectivora 鼩鼱科 Soricidae

形态特征　头体长 78 mm；尾长 110 mm；后足长 22 mm；颅全长 25 mm。十分类似缺齿鼩(*C. smithii*)，但是体型较大。

生态分布　中国特有种；分布于陕西、四川、云南等地。陕西仅分布于极南部的巴山北坡，镇坪、平利曾采到标本。

生态习性　该物种的生存环境为山地森林，灌丛，生活史资料极为缺乏。

数量状况　罕见。

保护级别　列入中国国家林业局 2000 年 8 月 1 日发布的《国家保护的有益的或者有重要

经济、科学研究价值的陆生野生动物名录》。中国物种红色名录濒危(EN);IUCN(1994)濒危(CR);CITES 附录:未列入。

(7)川鼩

学　　名　*Blarinella quadraicauda*

英 文 名　Asiatic Short – Tailed Shrew

分类地位　食虫目 Insectivora 鼩鼱科 Soricidae

形态特征　头体长 65 ~ 81 mm;尾长 40 ~ 60 mm;后足长 13 ~ 16 mm;颅全长 20 ~ 22 mm。体型相对较大;背毛和腹毛有一致的暗棕色,没有任何灰棕色加亮区;尾色和四足背面颜色一样深,或比背毛更深暗。

生态分布　中国特有种;国内常见于甘肃、四川、云南。陕西省分布于秦巴山区,平利曾采到标本。

生态习性　栖息于海拔 1 200m 左右的林地灌丛、草丛、荒地,数量稀少。以昆虫及其幼虫、蠕虫为食。

数量状况　不常见。

保护级别　列入中国国家林业局 2000 年 8 月 1 日发布的《国家保护的有益的或者有重要经济、科学研究价值的陆生野生动物名录》。中国物种红色名录近危(NT)接近易危(VU);CITES 附录:未列入。

(8)大菊头蝠

学　　名　*Rhinolophus luctus*

英 文 名　Woolly Horseshoe Bat

分类地位　翼手目 Chiroptera 菊头蝠科 Rhinolophidae

形态特征　头体长 75 ~ 95 mm;尾长 36 ~ 61 mm;后足长 16 ~ 18 mm;耳长 28 ~ 44 mm;前臂长 58 ~ 81 mm;颅全长 28 ~ 33 mm。体型很大;中国的菊头蝠中最大的一种;腹毛细长柔软而稍卷曲;翼膜不太延长;马蹄叶前部明显扩张,盖住了吻部,两侧无小附叶;鼻孔的内外缘突起,并衍生成鼻间叶。毛被棕色或烟灰色;毛尖有浅色环,因此有点灰色;耳及翼膜具有深色色素,颧突宽大于乳突宽;鼻后窝深;眶间区甚窄;下颌冠突高;牙齿均小。

生态分布　陕西省翼手目新纪录,在镇坪钟宝镇青林村采到标本(裴俊峰 2011);分布于中国南部。

生态习性　在中国是独居或成对生活,偏爱隧道和老矿井。在其他地区也栖息在树洞和厚树皮下面。黄昏活动,接近地面飞行。

数量状况　有一定数量。

保护级别　列入中国国家林业局 2000 年 8 月 1 日发布的《国家保护的有益的或者有重要经济、科学研究价值的陆生野生动物名录》。中国物种红色名录近危(NT)几近符合易危(VU);CITES 附录:未列入。

(9)大卫鼠耳蝠

学　　名　*Myotis davidii*

英 文 名　David's Myotis

分类地位　翼手目 Chiroptera 蝙蝠科 Vespertilionidae

形态特征　头体藏 41 ~ 44 mm;尾长 30 ~ 43 mm;后足长 7 ~ 9 mm;耳长 12 ~ 15 mm;前臂长 31 ~ 35 mm。体型很小;尾短,稍稍短于头体长;翼膜附着在趾基部;距长,它的长稍超过到尾端距离的一半;背毛深棕色;毛端有点淡;腹毛与背毛同色,但是毛尖浅灰;头骨的吻突很短;上颌小前臼齿偏向齿列内侧,致使前面的和后面的前臼齿相接触;下颌前臼齿也小,也偏向齿列内侧,但是前后的前臼齿不接触,因此它们小并同样在齿列内。

生态分布　中国特有种;国内分布于北京、陕西、山西、江西、甘肃、海南。镇坪采到过标本。

生态习性　晨昏及夜晚活动,白昼藏匿于城镇附近山林中或各类洞悉。以农田及森林的昆虫为食。

数量状况　资料不详。

保护级别　列入中国国家林业局 2000 年 8 月 1 日发布的《国家保护的有益的或者有重要经济、科学研究价值的陆生野生动物名录》。中国物种红色名录近危(NT)几近符合易危(VU);CITES 附录:未列入。

(10)西南鼠耳蝠

学　　名　*Myotis altarium*

英 文 名　Szechwan Myotis

分类地位　翼手目 Chiroptera 蝙蝠科 Vespertilionidae

形态特征　头体长 55 ~ 60 mm;尾长 48 ~ 50 mm;后足长 11 ~ 12 mm;耳长 22 ~ 24 mm;前臂长 42 ~ 46 mm;颅全长 15 ~ 16 mm。体型中等;尾长不及头体长;后足长;距很长,超过胫长的一半,有窄而小的距缘膜;耳窄长;向前折,耳可伸到吻端;尾膜外缘没有毛;吻短宽;脑颅明显凸起;上下颌小前臼齿位于齿列中;毛黑棕色,腹面较淡,但没有灰白色的毛尖。

生态分布　陕西省翼手目新纪录,曾在镇坪华坪乡渝龙村采到标本(裴俊峰 2012);分布于中国南部(四川、重庆、云南、广西、江西、福建、安徽和贵州)。

生态习性　主要栖息于岩洞。

数量状况　资料不详。

保护级别　列入中国国家林业局 2000 年 8 月 1 日发布的《国家保护的有益的或者有重要经济、科学研究价值的陆生野生动物名录》。中国物种红色名录近危(NT)几近符合易危(VU);CITES 附录:未列入。

(11)南蝠

学　　名　*Ia io*

英 文 名　Great Evening Bat

分类地位　翼手目 Chiroptera 蝙蝠科 Vespertilionidae

形态特征　头体长 89 ~ 104 mm;尾长 61 ~ 83 mm;后足长 13 ~ 18 mm;耳长 22 ~ 29 mm;前臂长 71 ~ 80 mm;颅全长 27 mm。十分类似伏翼属,但体型非常大;头骨粗壮;矢状脊发达;枕部显著向后上方凸出;上颚狭窄;基蝶骨长大于宽。颧宽16.7 ~ 17.0 mm;背毛深烟棕色;面部少毛;耳毛稠密;尾尖伸出尾膜外。

生态分布　中国特有种;国内见于四川、重庆、安徽、江西、湖南、湖北、广西、江苏和云南。陕西分布于秦巴山地,大巴山石泉、平利曾采到标本。

生态习性　栖息在山洞中,分布至少在海拔 1,700m。他们很早出洞觅食,有时返洞也很早。

数量状况　资料不详。

保护级别　列入中国国家林业局 2000 年 8 月 1 日发布的《国家保护的有益的或者有重要经济、科学研究价值的陆生野生动物名录》。中国物种红色名录近危(NT)几近符合易危(VU);IUCN(1994)低危(LR);CITES 附录:未列入。

(12)灰伏翼

学　　名　*Pipistrillus pulveratus*

英 文 名　Chinese Pipistrelle

分类地位　翼手目 Chiroptera 蝙蝠科 Vespertilionidae

形态特征　头体长 44 ~ 47 mm;尾长 37 ~ 38 mm;后足长 7 ~ 8 mm;耳长 12 ~ 14 mm;前臂长 33 ~ 36 mm;颅全长 14 ~ 15 mm。体型大约与东亚伏翼相等或稍大一些;颧宽 7 ~ 9 mm;耳较大;耳屏短宽;翼膜附着于趾基;背毛色暗,近乎浅黑棕色;腹面相对较淡,近乎棕色;毛尖有点灰白;头骨低和长,但脑颅部凸出;颧弓和眶上突发达;上颌小前臼齿齿冠大小与外门齿相等;内上门齿双齿尖。

生态分布　中国特有种;国内分布在安徽、上海、福建、广东、云南、四川、重庆、湖南、贵州、江苏、海南和香港。陕西省仅在白河县和平利县采到标本。

生态习性　栖息在森林地区,但也发现在房屋内栖居。

数量状况　资料不详。

保护级别　列入中国国家林业局 2000 年 8 月 1 日发布的《国家保护的有益的或者有重要经济、科学研究价值的陆生野生动物名录》。中国物种红色名录近危(NT)几近符合易危(VU);IUCN(1994)低危(LR);CITES 附录:未列入。

(13)猕猴

学　　名　*Macaca mulatta*

英 文 名　Rhesus Macaque

分类地位　灵长目 Primates 猴科 Cercopithecidae

形态特征　头体长 430 ~ 600 mm;尾长 150 ~ 320 mm;后足长 140 ~ 167 mm;颅全长 95 ~ 122 mm;体重 7 ~ 10 kg(雄性),5 ~ 6 kg(雌性)。体型中等,褐色,具有适度的性二型。毛被亮黄褐色,头冠、下体、尾基部泛出橙色。尾中等长度,不是很蓬松。颅骨相对较圆,无矢状脊。

生态分布　从青藏高原东部山地到东海岸、海南岛,最北到北京东部;引入香港;延伸到印支北部、泰国北部、印度北部和阿富汗。在陕西省,猕猴主要分布于大巴山区的 6 县 14 个乡,其中南郑县、西乡县、平利县猕猴的分布区主要分布于米仓山脉,而宁强县的分布区则主要属于秦岭山脉西段和米仓山的过渡地带。化龙山地区猕猴出现在平利县柳林和镇坪县的牛间店。

生态习性　栖息于深林、林地、海岸灌丛以及有灌丛和树木的岩石地区。觅食果实、叶子、芽、昆虫、小型脊椎动物和鸟卵。聚集多达 50 只个体的多雄群。根据栖息地适宜性,猴群占据由大到小的家域。在被投喂的地区,存在着高密度和群体领域的巨大重叠性。在争夺食物、雌性、统治权或领地时,总是吵闹的吠声和可怕的尖叫声。它们主要是地栖,但也在树上觅食。在香港,有食蟹猴引入的地方,这两个种有混群和杂交现象。

数量状况　据 1998 年调查,全省猕猴约 30 群 810 ~ 1 065 只。平利县柳林和镇坪县牛头店各有 1 个活动群体,数量分别 5 ~ 10 只、20 ~ 30 只。据当地林业主管部门和保护区管理人员反映,城关镇偶有 1 ~ 2 只个体活动,化龙山主峰以西的 107 省道(正河垭至平利八仙镇之间)附近有 1 只猕猴活动(估计为脱离猴群的老龄个体)。

保护级别　国家 II 级重点保护野生动物;中国物种红色名录易危(VU);IUCN(1994)低危(LR);CITES 附录:未列入。

(14)狼

学　　名　*Canis lupus*

英 文 名　Tibetan Wolf

分类地位　食肉目 Carnivora 犬科 Canidae

形态特征　头体长 1 000 ~ 1 600 mm;尾长 330 ~ 350 mm;后足长 200 ~ 250 mm;耳长 90 ~ 120 mm;颅全长 214 ~ 250 mm;体重 28 ~ 40 kg。犬科中最大的种类。颜色通常为灰黄色、棕灰色或暗灰色,但体色变化较大。冬毛保温良好,体形较瘦,四肢和吻部长,耳尖,耳和眼向前伸。阴经骨尖,腹侧有一凹槽。头骨有 40° ~ 45°的眶角,鼻沿全长降低;M1 齿带状有显著缺口。

生态分布　中国分布广泛。目前分布最多的地区包括西北、内蒙古、东北地区和新疆的部分地区。因生境的严重破坏和长期以来人为的大量捕杀,使得狼在我国的分布区域大为缩小,由过去的全国性分布,到现在只分布于北纬 30°以北地区,基本上呈块状分布。在陕西省各类自然地理带中以黄土高原丘陵沟壑区数量居多,秦巴山地数量次之,关中平原及农业区最为少见。

生态习性　群居性极高的物种。狼群数量大约 5 ~ 12 只,在冬天寒冷的时候最多可到四十只左右,通常由一对优势配偶统治。具领域性,群内个体数量若增加,领域范围会缩小。群之间的领域范围不重叠,会以嚎声向其他群宣告领域存在。通常群体捕杀大型猎物。幼狼成长后,会留在群内照顾未成年个体,也可能继承群内优势地位,有的则会迁移出去(大都为雄狼)。繁殖时使用窝穴,通常在地面挖洞而成,长达 3 ~ 4 m,入口有土堆。野生狼寿命一般 12 ~ 16 年,人工饲养的狼可达 20 年左右。奔跑速度极快,时速约 55 km/小时,但持久性较差。智能颇高,可以气味、叫声沟通。

数量状况　中国曾是狼种群数量最大的国家之一。但是对狼的种群数量从未进行过系统调查,所以很难提出一个准确的数字。近来对内蒙呼伦贝尔草原狼的种群调查表明,狼的数量不超过 2 000 头。1999 ~ 2000 年陕西省食肉类专项调查表明全省狼的数量约 180 只。化龙山地区很少见其踪迹。

保护级别　已被列入国家林业局 2000 年 8 月 1 日发布的《国家保护的有益的或者有重要经济、科学研究价值的陆生野生动物名录》。中国动物红色名录,易危(VU);IUCN(1994)易危(VU),CITES 附录:附录 II。

(15)赤狐

学　　名　*Vulpes vulpes*

英 文 名　Red Fox

分类地位　食肉目 Carnivora 犬科 Canidae

形态特征　赤狐是体型最大、最常见的狐狸，体长约 800 mm，体重 4 ~ 6.5 kg；体型细长，尾尖，耳大，尾长略超过体长之半；足掌生有浓密短毛；具尾腺，能施放奇特臭味，称“狐臊”；乳头 4 对；毛色因季节和地区不同而有较大变异，一般背面棕灰或棕红色，腹部白色或黄白色，尾尖白色，耳背面黑色或黑褐色，四肢外侧黑色条纹延伸至足面。

生态分布　国内除台湾、海南和南海诸岛外各地广泛分布。陕西省从南至北均可见其活动踪迹。

生态习性　狐的栖息环境非常多样，森林、草原、荒漠、高山、丘陵、平原都能适应生存。栖居于土穴、树洞或其他动物的弃洞中，常活动于山坡上，昼伏夜出，以晨昏活动较频，主食鼠类，因而在调节鼠类数量及控制害鼠方面的作用是很重要的。

数量状况　长期以来的超量猎捕和剧毒性灭鼠药的使用，加之人们的经济开发日益增强等破坏了它们的种群和食源，种群数量锐减，分布地越来越小，使原本常见的种类，现今在许多地方已经绝迹。化龙山区极少见。

保护级别　已被列入国家林业局 2000 年 8 月 1 日发布的《国家保护的有益的或者有重要经济、科学研究价值的陆生野生动物名录》。IUCN（1994）无危（NT），CITES 附录：未列入。

（16）貉

学　　名　*Nyctereutes procyonoides*

英 文 名　Raccoon Dog

分类地位　食肉目 Carnivora 犬科 Canidae

形态特征　中等体型，外形似狐，但较肥胖，体长 500 ~ 650 mm，尾长 250 mm 左右，体重 4 ~ 6 kg；吻尖，耳短圆，面颊生有长毛；四肢和尾较短，尾毛长而蓬松；体背和体侧毛均为浅黄褐色或棕黄色，背毛尖端黑色，吻部棕灰色，两颊和眼周的毛为黑褐色，从正面看为“八”字形黑褐斑纹，腹毛浅棕色，四肢浅黑色，尾末端近黑色。貉的毛色因地区和季节不同而有差异。

生态分布　中国中部、南部和东部。有文献认为西南亚种（*Nyctereutes procyonoides orestes*）分布于西北地区的陕西、甘肃以及西南地区的四川、云南和贵州（Smith 和解炎 2009）。但郑生武和宋世英（2010）对此提出质疑。吴家炎和李贵辉（1982）认为镇坪分布的亚种为指名亚种（*Nyctereutes p. procyonoides*）。

生态习性　貉栖息于平原、丘陵、河谷、溪流等多种生境；穴居，一般利用其他动物的废弃洞穴或营巢于树根际和石隙间；白天在洞内睡眠，夜间外出觅食，行动缓慢；主要以鱼、虾、蛇、蟹、小型啮齿类、鸟类及鸟卵等为食，兼食植物性食物如浆果、真菌、谷物等；在北方地区冬季有蛰眠习性；一夫一妻制，常年配对，每年 2 ~ 3 月交配，5 ~ 6 月产仔，每胎 4 ~ 8 只，多者达 10 多只，幼兽生长很快，当年秋天即可独立生活。

数量状况　曾为分布区内的常见种，近年来数量剧减，可能会出现地方性绝灭。化龙山保护区内几乎难以见到踪迹。

保护级别　已被列入国家林业局 2000 年 8 月 1 日发布的《国家保护的有益的或者有重要经济、科学研究价值的陆生野生动物名录》。中国物种红色名录易危(VU)。

(17)豺

学　　名　*Cuon alpinus*

英 文 名　Dhole

分类地位　食肉目 Carnivora 犬科 Canidae

形态特征　外形似狼或狗,体型小于狼而大于赤狐,体长 950 ~ 1 030 mm,尾长 450 ~ 500 mm,肩高 520 ~ 560 mm,体重 20 kg 左右;头宽,额扁平,吻部短,耳短圆,额骨中部隆起,面部隆起别于其他犬科动物;四肢较短,尾较粗,毛蓬松而下垂。体毛厚密而粗糙,体色随季节和产地的不同而异,一般头部、颈部、肩部、背部,以及四肢外侧等处的毛色为棕褐色,腹部及四肢内侧为淡白色、黄色或浅棕色,尾巴为灰褐色,尖端为黑色。

生态分布　全国广泛分布。有文献认为川西亚种(*Cuon alpinus fumosus*)分布于陕西、甘肃、青海和四川西北部(Smith 和解炎 2009)。我省除榆林地区和关中平原之外的其他地区均有分布。

生态习性　栖息环境较为广泛,偏好生长林木的山地丘陵;通常 3 ~ 4 或 10 只结群出没;晨昏活动,性机警而凶残,嗅觉发达,善追逐;以各种有蹄类动物为捕食对象,因群体攻击,因而可以捕食体型较大的动物;冬季产仔,每胎 2 ~ 6 只。

数量状况　数量日趋减少。以秦巴山地较多,但总的数量已较少,据 1999 ~ 2000 陕西省食肉目专项调查,全省总数量在 200 只左右,种群平均分布密度为0.0096只/km^2。化龙山保护区内很难见到。

保护级别　国家 II 级重点保护野生动物;中国物种红色名录濒危(EN);IUCN(1994)易危(VU);CITES 附录:附录 II。

(18)黑熊

学　　名　*Selenarctos thibetanus*

英 文 名　Asian Black Bear

分类地位　食肉目 Carnivora 熊科 Ursidae

形态特征　头体长 1 160 ~ 1 750 mm;尾长 50 ~ 160 mm;后足长 190 ~ 340 mm;耳长 115 ~ 180 mm;颅全长 206 ~ 413 mm;体重 54 ~ 240 kg。体型中等,黑色,鼻吻部和耳颜色较淡,头的其他部位在比例上显得较大,特别是与其他熊类相比。胸部有显著的白斑,有时形状如 V,颏白色。颈侧毛相当长,并形成显著的毛冠到颈侧下方。前足足垫比棕熊的更大。头骨的矢状脊不明显;鼻骨长度大约是臼齿间宽度,听泡扁平。

生态分布　广布于中国中部、南部、西南部和东北部。陕西省黑熊分布区包括宝鸡市的西北至西部边缘和南部广大地区,含陇县西南部和宝鸡县的西北隅和南部边缘、眉县的南半部、岐山县和渭滨区的南部边缘以及太白县和凤县的大部分地区;西安市所辖周至、户县、长安、蓝田南部山区;商洛地区北部至西南部的广大地区,含洛南、商州两县(市)的北部至西南部与渭南地区南部山区和西安市所辖蓝田县东西部相邻区域、镇安县西北部、柞水县大部和山阳县西北隅(零散分布区还包括丹凤、商南两县）；渭南地区所辖华县、华阳、潼关的南部边缘；汉中地区南、北及西部广大地区，含佛坪和留坝两县大部分区域，洋县、城固、勉县以及汉中市的北部山区，略阳和宁强两县的南、北和西部和南郑、西乡、镇巴的南部山区；安康地区北部和东南部广大地区，含宁陕县北部、白河和紫阳两县南部、安康和旬阳两县（市）南部一隅以及镇坪、岚皋和平利 3 县大部分区域（零散分布区还包括石泉、汉阴两县）。以上共计 6 个地市 42 个县（市、区）。

生态习性　黑熊栖息于栎树林、阔叶林和混交林，更喜欢有森林的山丘和山脉。能很好地适应热带雨林和栎树林。主要是植食性，在春季，更依赖于树皮、苔藓和地衣、坚果和橡子；在夏季食物转变为浆果、嫩芽、无脊椎动物和小型脊椎动物，此时其家域变大，转移到浆果成熟的地方，也吃腐肉；秋季，经常爬到长有坚果的树上，取食橡子和坚果，然后在树上贮存树枝，为进一步的取食搭建简陋的平台。独居，夜行性，但果实成熟时也常在白天活动。

数量状况　据 1992 ~ 1994 年陕西省黑熊资源专项调查，全省黑熊数量约 2 300 头，其中巴山北坡黑熊数量约 724 ~ 924 头。近年来非法狩猎现象严重，黑熊数量可能大为减少。

保护级别　国家 II 级重点保护野生动物；中国物种红色名录易危（VU）；IUCN（1994）易危（VU）；CITES 附录：附录 I。

（19）黄喉貂

学　　名　*Martes flavigula*

英 文 名　Yellow - Throated Marten

分类地位　食肉目 Carnivora 鼬科 Mustelidae

形态特征　头体长 325 ~ 630 mm；尾长 250 ~ 480 mm；后足长 70 ~ 130 mm；耳长 24 ~ 53 mm；颅全长 90 ~ 103 mm；体重 0.8 ~ 2.8 kg。黄喉貂与其他貂类的身体比例明显不同，看上去身体非常细长，颈长，尾也细长。身体前半部分为浅褐色至淡黄褐色；后半部分为浅黑褐色；喉部显著的亮黄色；四肢和尾黑色；头部和背侧的毛色较暗；腹部为淡黄色。长尾全黑色，不蓬松，其长为头体长的 60% ~ 75%。鼻镜和上唇之间有毛发；沿颈侧有暗条纹。雌性有 4 对乳头。颅基区长，从齿突至中翼骨孔的长度大于上颚的长度。雄性的犬齿明显比雌性大。

生态分布　广布于中国西南部、南部和东部。陕西省从南到北除农耕区外，广泛分布于山地森林及丘陵、沟谷的灌丛草被中。

生态习性　见于海拔 200 ~ 3 000 m 的雪松林、柞木林、热带松林、针叶林、潮湿的落叶林。食物有啮齿类、鼠兔、雉鸡类、蛇、蜥蜴、昆虫等。昼行性，多在晨昏活动，但靠近人类居住地转为夜行性。

数量状况　数量较多。据 1999 ~ 2000 年专项调查，全省数量 2 ~ 3 万只，秦巴山区数量最大，分布密度 0.468 只/km^2。

保护级别　国家 II 级重点保护野生动物；中国物种红色名录近危（NT）；CITES 附录：附录 III。

（20）黄鼬

学　　名　*Mustela sibirica*

英 文 名　Siberian Weasel

分类地位　食肉目 Carnivora 鼬科 Mustelidae

形态特征　俗称黄鼠狼;体长 250 ~ 390 mm,雌性比雄性小 1/2 ~ 1/3;体形细长,四肢短;颈长、头小,可以通过狭窄的缝隙;尾长约为体长之半,尾毛蓬松;背部毛棕褐色或棕黄色,吻端和颜面部深褐色,鼻端周围、口角和额部对白色,杂有棕黄色,身体腹面颜色略淡;夏毛色深,冬毛色浅淡且带光泽;尾部、四肢与背部同色;肛门腺发达。

生态分布　除了极西北部干旱环境包括甘肃、青海西北部、内蒙古西部、新疆大部(阿尔泰地区除除外)和极西南部的高海拔(西藏西北部)以及极南部的海南、南海诸岛之外,中国大部分地区包括台湾分布有 6 个亚种。陕西省有 2 亚种,其中华北亚种(*Mustela sibirica fontanierii*)分布于秦岭北坡以北地区,西南亚种(*Mustela sibirica moupinensis*)见于秦岭南坡以南地区(包括化龙山保护区),陕西镇坪、平利均曾获得标本(吴家炎和李贵辉 1982;郑生武和宋世英 2010)。

生态习性　栖息于山地、平原、林缘、河谷、村落甚至人烟密集的城镇之中;巢穴位于石洞、树洞或倒木之下;多夜间活动,食性很杂,在野外以鼠类为主食,也吃鸟卵及幼雏、鱼、蛙和昆虫;常在夜间偷袭村落中的家禽,性嗜吸血;以臭腺放出臭气逃避敌害。

数量状况　1999 ~ 2000 年食肉目专项调查,陕西全省黄鼬数量约 10 万只,黄鼬在陕西分布广泛,以关中平原数量最多,平均分布密度 X = 2.317 只/km^2。秦巴山地次之,平均分布密度 X = 1.065 只/km^2。陕北高原数量较少,平均分布密度 X = 0.702 只/km^2。该数据虽然有些偏高,足以说明该物种曾经为常见种。其数量随小型啮齿类的数量变化而变化,近年来野外鼠类数量剧减,对其种群影响可能较大,但缺乏基本调查数据。化龙山地区少见。

保护级别　已被列入国家林业局 2000 年 8 月 1 日发布的《国家保护的有益的或者有重要经济、科学研究价值的陆生野生动物名录》。中国物种红色名录近危(NT)几近符合易危(VU);CITES 附录:附录 III。

(21) 鼬獾

学　　名　*Melogale moschata*

英 文 名　Chinese Ferret Badger

分类地位　食肉目 Carnivora 鼬科 Mustelidae

形态特征　俗名山獾、猸子、陕南群众称为"猫围子",外形似獾类,但体形细长而短小,体长仅 31 ~ 41 cm,体背灰褐色,腹部苍白色,额部有一白色斑纹,超过眼之后部。

生态分布　中国中部和南部,包括四川、重庆、云南、安徽、福建、江苏、上海、浙江、江西、湖北、湖南、广东、广西。鼬獾的亚种分化颇有争议,郑生武和宋世英(2010)认为陕西分布的鼬獾为江南亚种(*Melogale moschata ferreogrisea*)。鼬獾在我省仅分布于汉中、安康地区汉江以南诸县,包括宁强、南郑、镇巴、平利、镇坪、旬阳等。

生态习性　栖息于河谷及丘陵的森林、草丛中,在农田区的土丘、草地及坡缘亦可栖息;穴居于石洞和石缝,亦善打洞,开口于山势较陡和草木丛生的地方;夜行性;以小型动物为食,亦食植物的根茎和果实。

数量状况 数量较少,1999 ~ 2000 专项调查显示全省种群数量不足 2 000 只。以宁强、平利、镇坪、旬阳数量较多。

保护级别 已被列入国家林业局 2000 年 8 月 1 日发布的《国家保护的有益的或者有重要经济、科学研究价值的陆生野生动物名录》。中国物种红色名录近危(NT)几近符合易危(VU)。

(22)猪獾

学　　名 *Arctonyx collaris*

英 文 名 Hog Badger

分类地位 食肉目 Carnivora 鼬科 Mustelidae

形态特征 陕南汉中地区群众叫“川猪”,秦岭以北通称为“獾子”。猪獾体形大小与狗獾相似,两者在外形上极难区分,其主要区别是猪獾的鼻垫与上唇间裸露,不被毛,鼻吻部狭长而圆,酷似猪鼻,喉下具白色斑块,尾白色。

生态分布 国内分布以南方多见,包括江苏、福建、江西、广东、广西、湖南、湖北、云南、贵州、四川、青海、西藏、山西、河北、北京、辽宁等。郑生武和宋世英(2010)认为秦巴山区的猪獾应为南方亚种(*Arctonyx collaris albogularis*)。猪獾在我省广泛分布,主要分布于秦巴山地,秦岭以南的汉中、安康、商洛地区数量最多,秦岭以北数量极少。

生态习性 猪獾多栖息于森林灌丛,穴居于岩石裂缝和树洞之中,在农田和林间空地上多挖洞于浓密草丛之中,有时亦侵占其他兽穴,但亦有露居林下的巢穴。猪獾属夜行性兽类,昼伏夜出多单独活动,有半冬眠习性,在本省 11 月上旬绝大多数猪獾进入冬眠,翌年 3 月份随气温回升和草木萌芽苏醒后,开始破洞而出。活动有一定范围,每只活动范围为36.3 hm^2 ~ 52.8 hm^2(郑生武 1988)。

数量状况 1999 ~ 2000 年专项调查结果表明我省猪獾数量约 5 万只,秦岭以南为高密度分布区(1.780 只/km^2),其中平利县千家坪林场猪獾的分布密度为 2.083 只/km^2。

保护级别已被列入国家林业局 2000 年 8 月 1 日发布的《国家保护的有益的或者有重要经济、科学研究价值的陆生野生动物名录》。中国物种红色名录易危(VU)。

(23)水獭

学　　名 *Lutra lutra*

英 文 名 Eurasian Otter

分类地位 食肉目 Carnivora 鼬科 Mustelidae

形态特征 头体长 490 ~ 840 mm;尾长 243 ~ 440 mm;后足长 88 ~ 125 mm;耳长 15 ~ 30 mm;颅全长 90 ~ 120 mm;体重 2.5 ~ 9 kg。水獭身体细长,腿短,体被浓密而厚实的浅褐色毛。颈部和腹部的毛色较亮。尾呈锥形,厚实,有肌肉;足有蹼,爪发达;面部前方有大的鼻垫,鼻垫上缘有明显凹度;具肛门腺。头骨的吻部非常短;眶后缢痕比眶内缢痕小很多;头盖骨明显扁平且大。眶下孔是犬齿直径的 2 倍多。

生态分布 分布于中国大部分地区,遍布欧亚大陆。在陕西从南至北均有分布。

生态习性　水獭主要生活于河流和湖泊一带,尤其喜欢生活在两岸林木繁茂的溪河地带。生活于山区小河溪的水獭,活动范围较大,一般没有固定的洞穴,巢穴多选在堤岸的岩缝中或树根下。水獭亦是夜行性,日隐夜出,尤其在有月亮的夜晚,活动更为频繁。活动路线较有规律,在它们经常渔猎的地方,均有一、二条"獭路",路面布满足迹,由足迹的大小和新旧程度,判别数量和活动时间与去向。

数量状况　虽然水獭在我省分布较广,但由于毛皮珍贵,经济价值高,随经济开发的迅猛增长,偷猎者不断增加,水獭资源已遭受严重破坏,加之天旱,溪水断流及沿河的工业污染,使其食源急剧减少,因此数量锐减,许多原来有水獭分布的地点现已绝灭。据1999~2000年专项调查,全省总贮存量100只左右。化龙山地区多年未见踪迹。

保护级别　国家II级重点保护野生动物;中国物种红色名录濒危(EN);IUCN(1994)易危(VU);CITES附录:附录Ⅰ。

(24)大灵猫

学　　名　*Viverra zibetha*

英 文 名　Large Indian Civet

分类地位　食肉目 Carnivora 灵猫科 Viverridae

形态特征　头体长500~950 mm;尾长380~590 mm;后足长90~145 mm;耳长35~65 mm;颅全长135~150 mm;体重3.4~9.2 kg。大灵猫是亚洲最大的地栖灵猫。基色为灰色至灰褐色,在身体和腿上有许多黑点。面颊区除了有小的眼上斑和大的白色鼻斑外再无其他斑纹。该种的颈纹是灵猫中最突出的。头骨的矢状脊起始于眶间缢痕,在枕脊连接处略高。眶上突钝而小,位于头骨一半处。

生态分布　广泛分布于中国中部和南部。大灵猫在我省仅分布于秦岭以南的汉中、安康地区,在商洛地区仅镇安、柞水、山阳、丹凤有发现。

生态习性　大灵猫见于森林、灌丛和农业地。主要为肉食性,吃鱼类、蛙类、蛇类、小型哺乳动物。独居,夜行性。尽管多数时间在地面,但也可爬树觅食。白天主要在其他动物挖掘或遗弃的洞中睡觉。具有领地性,用肛门腺喷射出的液体标记领地。

数量状况　数量稀少。1999~2000年专项调查,我省数量70~120只,化龙山区(平利县)大灵猫5只左右。

保护级别　国家II级重点保护野生动物;中国物种红色名录濒危(EN);CITES附录:未列入。

(25)小灵猫

学　　名　*Viverricula indica*

英 文 名　Small Indian Civet

分类地位　食肉目 Carnivora 灵猫科 Viverridae

形态特征　头体长500~610 mm;尾长280~390 mm;后足长65~120 mm;耳长25~43 mm;颅全长90~105 mm;体重1.6~4 kg。体毛短而粗密,无竖起的背毛冠。头小,鼻吻部尖,外耳廓大而圆。由于头骨窄,外耳在头部上方距离较近。基色灰至褐色,足深褐色或黑色。颈侧条纹不如大灵猫属的显著。2条黑纹非常窄,并未与身体斑点有明显区别。中背线黑色,每侧各有 4 ~ 5 排小斑点。斑点向中线密集,腹部斑点更明显。

生态分布　广布于中国中部、南部、西南部。小灵猫仅分布在我省秦岭以南汉中、安康两个亚热带地区的部分地段。

生态习性　小灵猫见于草地和灌丛,也常见于农田区和村庄附近。捕食鼠类、昆虫和果实;独居,夜行性,但有时也在白天捕猎。地面觅食,善于掘洞,并在其中睡觉。

数量状况　数量稀少。据 1999 ~ 2000 年专项调查,全省数量 50 ~ 100 只,化龙山区(平利县)5 只左右。

保护级别　国家 II 级重点保护野生动物;中国物种红色名录易危(VU);CITES 附录:未列入。

(26)花面狸

学　　名　*Paguma larvata*

英 文 名　Masked Palm Civet

分类地位　食肉目 Carnivora 灵猫科 Viverridae

形态特征　头体长 400 ~ 690 mm;尾长 350 ~ 600 mm;后足长 65 ~ 120 mm;耳长 40 ~ 60 mm;颅全长 100 ~ 130 mm;体重 3 ~ 7 kg。花面狸显著的面部纹路因地理差异而变化,但一般从前额到鼻垫有一条中央纵纹,眼下有小的白或灰色眼斑,眼上有面积较大的、更加清晰的白斑,并可能延伸到耳基部。鼻部黑色。身体无斑点,硬毛为锈褐色到深褐色,其下绒毛通常为淡褐色到灰色。额骨腔扩展,但在熊狸中不甚显著。

生态分布　广布于中国南部、东部、中部。花面狸是灵猫科兽类在我省分布最北的一个种群,北至黄龙山—乔山林区南沿,以秦巴山地分布数量最多,秦岭以北到黄土高原南沿数量较少。

生态习性　花面狸可见于多种森林栖息地,从原始常绿林到落叶次生林,还经常光顾农业区。主要吃果实、鸟类、啮齿类、昆虫和根。树栖性,独居,夜行性,白天在树上的洞穴中睡觉,也居住于地洞,并组成 2 ~ 10 只的小家庭群。

数量状况　数量较多。1999 ~ 2000 年专项调查全省数量约 68 000 只,以秦岭以南为高密区,分布密度是 2.152 只/km^2。

保护级别　列入中国国家林业局 2000 年 8 月 1 日发布的《国家保护的有益的或者有重要经济、科学研究价值的陆生野生动物名录》。陕西省重点保护动物;中国物种红色名录近危(NT);CITES 附录:未列入。

(27)金猫

学　　名　*Profelis temminckii*

英 文 名　Asian Golden Cat

分类地位　食肉目 Carnivora 猫科 Felidae

形态特征　头体长 710 ~ 1 050 mm;尾长 400 ~ 560 mm;后足长 165 ~ 180 mm;耳长 60 ~ 70 mm;颅全长 98 ~ 131 mm;体重 9 ~ 16 kg。金猫有两种不同的色型:第一种色型是金色型——从深棕色到红色、金色或灰色,偶尔有黑色的个体;常见的是颈和背部略带红色或金色,身体两侧明显更淡;这种色型的头部总是显示出独特的金猫模式。第二种色型是花斑型,与豹猫相似;头部颜色独特:有明显的纵向的白色眼间斑;还有一条颜色更浅的条纹,从一个中间斑点到眼间斑,再到头冠,这些条纹两边有黑纹;从眼下到颊部通常有宽的白色颊斑,鼻下部和下唇为白色;耳后深色,中心的颜色稍浅。

生态分布　广泛分布在中国中部和南部。金猫在我省的分布以秦岭南坡为其北界,主要分布于汉中、安康地区的大巴山区,以南郑、岚皋数量较多,密度较高,秦岭南坡的镇安县和太白县部分地区亦有分布。

生态习性　金猫栖息于干燥的落叶林、热带雨林、热带草原和草地。它们主要以体型中等的脊椎动物为食,包括小型哺乳动物、兔类、小鹿、鸟类和蜥蜴。独居,夜行性,主要在地面捕食,但也是优秀的攀爬者。它们在树洞中或地洞中繁育后代,没有特定的繁殖季节。

数量状况　数量稀少。1999～2000 年专项调查全省数量 50～120 只。化龙山地区(平利县)约 5 只。

保护级别　国家Ⅱ级重点保护动物;中国物种红色名录极危(CR);IUCN(2001)易危(VU);CITES 附录:附录Ⅰ。

(28)豹猫

学　　名　*Prionailurus bengalensis*

英 文 名　Leopard Cat

分类地位　食肉目 Carnivora 猫科 Felidae

形态特征　头体长 360～660 mm;尾长 200～370 mm;后足长 80～130 mm;耳长 35～55 mm;颅全长 75～96 mm;体重 1.5～5 kg。体型和家猫相仿,但更加纤细,腿更长。体侧有斑点,但从不连成垂直的条纹。明显的白色条纹从鼻子一直延伸到两眼间。耳大而尖,耳后黑色,带有白斑点。两条明显的黑色条纹从眼角内侧一直延伸到耳基部。尾长,有环纹至黑色尾尖。鼻骨没有外翻;上颌有凹入的喙突,刚进入成熟的个体的头骨的眶后环有时是完整的。

生态分布　除北部和西部的干旱区,广布于中国。

生态习性　豹猫的栖息地类型很多,从东南亚的热带雨林到黑龙江的地区的针叶林。捕食小型脊椎动物,如野兔、鸟类、爬行类、两栖类、鱼类、啮齿类,偶尔也吃腐肉。夜行性,独居,善于攀爬和有用。

数量状况　数量日趋减少,化龙山地区少见。

保护级别　列入中国国家林业局 2000 年 8 月 1 日发布的《国家保护的有益的或者有重要经济、科学研究价值的陆生野生动物名录》。中国物种红色名录易危(VU);CITES 附录:附录Ⅱ。

(29)云豹

学　　名　*Neofelis nebulosa*

英 文 名　Clouded Leopard

分类地位　食肉目 Carnivora 猫科 Felidae

形态特征　头体长 700～1 080 mm;尾长 550～915 mm;后足长 200～225 mm;耳长 45～60 mm;颅全长 150～200 mm;体重 16～32 kg。云豹的背部和体侧有独特的云

朵状花斑。皮毛基色是均一的浅黄色到灰色,并在体侧有大的云状斑块。颈上有6条纵纹,始于耳后。四肢和腹侧有大的黑色椭圆形斑块。头冠有斑块;鼻吻部白色;从眼和嘴角延伸到头侧有深色条纹。耳短而圆,耳后黑色并有浅灰色斑点。黑眼圈向后变为黑条纹穿过面颊。尾粗且多毛,最初是斑点,接近尾端时变成黑色的环。

生态分布　中国南部。在我省仅分布于秦岭以南的汉中、安康地区,在商洛地区仅见于镇安、山阳、丹凤县。

生态习性　云豹主要栖息于原始常绿热带雨林,但也见于次生林和采伐林中。捕食猪、雉鸡、猕猴、小型哺乳动物和鸟类,并会袭击鸡舍。夜行性,独居,主要在地面捕食。

数量状况　数量十分稀少,据调查全省现存资源量不超过100只,以城固县密度较高,宁陕、留坝数量较多,镇安县最少。1999~2000年专项调查结果平利县云豹数量约3~4只。

保护级别　国家Ⅱ级重点保护动物;中国物种红色名录濒危(EN);IUCN(2001)易危(VU);CITES附录:附录Ⅰ。

(30)金钱豹

学　　名　*Panthera pardus*

英 文 名　Leopard

分类地位　食肉目 Carnivora 猫科 Felidae

形态特征　头体长1 000~1 910 mm;尾长700~1 000 mm;后足长220~245 mm;耳长63~75 mm;颅全长175~221 mm;体重37~90 kg。金钱豹的基色通常是浅褐色到浅黄灰色,头、四肢和尾带有黑色花瓣状斑点—头、腿和腹面是单个的黑色斑点。耳在头两侧,短而圆。腹部白色。黑化个体较常见。其尾长是头体长的60%~75%。

生态分布　广布于中国东部、中部和南部。陕西省除了榆林地区和关中平原之外均有其活动痕迹。以黄龙山区为主要分布地,秦巴山区包括化龙山地区也有分布。

生态习性　适应性强,见于多种生境类型,从有岩石和灌丛的开阔地到茂密的热带雨林。在森林覆盖地区、林地、灌丛林以及有岩石的丘陵,更为常见,还可见于海拔5 000 m的地方。主要捕食大型有蹄类、野山羊、盘羊和绵羊,还包括啮齿类、鸟类和两栖类。独居,夜行性。

数量状况　数量稀少,据1999~2000年我省食肉目专项调查,平利县金钱豹的数量在5只左右。

保护级别　国家Ⅰ级重点保护动物;中国物种红色名录极危(CR);IUCN(2001)濒危(EN);CITES附录:附录Ⅰ。

(31)华南虎

学　　名　*Panthera tigris*

英 文 名　Tiger

分类地位　食肉目 Carnivora 猫科 Felidae

形态特征　头体长1400~2800 mm;尾长910~1 100 mm;后足长234~420 mm;耳长95~

130 mm;颅全长 252 ~ 333 mm;体重 90 ~ 306 kg。毛皮呈橙红色到红棕色或橘黄色,并带有许多竖直的黑色条纹。身体两侧的条纹不同,可延续到腹部。腹部白色;眼睛上部有亮白去;为上一般有 10 条黑色环纹。眶内区比眶后区宽;颧骨宽不触及泪骨;额骨与鼻骨的骨缝有明显的凹陷;眶后突小;齿列长大于 80 mm;颧骨宽大于 200 mm。

生态分布　华南虎是中国特有虎种,也是世界上最濒危的虎种。曾广泛分布于黄河以南的华东、华南和西南地区。北起秦岭(秦岭虎),南达雷州半岛(徐闻虎),西至云南、贵州,东抵东海沿岸的浙江、福建。20 世纪 90 年代的调查结果显示,其分布区的东部已经退缩至福建的武夷山和梅花山保护区;江西的宜黄、井冈山、庐山和武夷山保护区;湖南的八面山、莽山保护区;广东的车八岭、粤北和丰溪保护区(汪松 1998;刘振河等 1983)。而我国西部云南的哀牢山、贵州的梵净山、湖北的神农架、重庆的大巴山和陕西的秦岭等地还有待于进一步考证。历史上华南虎曾广泛分布于秦岭、大巴山地区,20 世纪 50 年代初,城固县沙河营捕杀 1 只,1959 年旬阳县捕杀 1 只,1964 年佛坪县龙草坪捕杀 1 只(李贵辉等 1966;吴家炎 1982;王廷正等 1980 ~ 81)。据访问调查,20 世纪 50 年代至 80 年代,化龙山地区先后猎杀华南虎 6 ~ 8 只。化龙山地区是否还有生存的个体,目前缺乏足够的证据,有待进一步深入调查。

生态习性　虎为典型的山地林栖动物,北方地区常出没于海拔 1 400 ~ 2 000 m 落叶阔叶林和针阔混交林中,地势较为平坦开阔,而且具有水源地和充足的食物。

数量状况　不详。

保护级别　国家 I 级重点保护动物;中国物种红色名录极危(CR);IUCN(2001)濒危(EN);CITES 附录:附录 I 。

(32)野猪

学　　名　*Sus scrofa*

英 文 名　Wild Boar

分类地位　偶蹄目 Artiodactyla 猪科 Suidae

形态特征　似家猪,但头部狭长,吻部细而突出;体毛硬直,尤以颈背为甚;雄性犬齿发达,特别下犬齿呈獠牙状露出唇外;肩部高耸;体长 90 ~ 180 cm,体重 50 ~ 200 kg。

生态分布　除干旱荒漠和高原区外遍布中国。中国亚种分化有争议(5 ~ 7 个亚种),陕西秦巴山地分布北方亚种(*Sus scrofa moupinensis*)。野猪在陕西省的分布,除鄂尔多斯风沙区无分布外几为全境分布,尤以秦巴山地为主。

生态习性　广适性种类。森林、灌丛、草地、沼泽、农田等多种生境均可见其踪迹;晨昏活动,食性极杂,主食植物、菌类、种子、果实(特别是坚果类),兼食蠕虫、昆虫、小型脊椎动物和腐肉;单独或集小群活动;孕期 4 个月,春季产仔,每胎 4 ~ 8 只。

数量状况　极为常见的有蹄类物种,多数地区成为秋季农田害兽,有时也伤及人畜。

1998 ~ 2000 年陕西省有蹄类专项调查结果显示,我省野猪数量约 4 万只,其中大巴山地约 4 600 只,平均分布密度 0. 5992 只/km^2。

保护级别　列入中国国家林业局 2000 年 8 月 1 日发布的《国家保护的有益的或者有重要经济、科学研究价值的陆生野生动物名录》。中国物种红色名录低危(LC)。

(33)小麂

学　　名　*Muntiacus reevesi*

英 文 名　Reeve's Muntjac

分类地位　偶蹄目 Artiodactyla 鹿科 Cervidae

形态特征　体型小。头体长 640～900 mm；肩高 400～490 mm；尾长 860～1 300 mm；后足长 2 10～2 23 mm；耳长 85 mm；颅全长 146～164 mm；体重 11～16 kg。小麂呈红胡桃色，具有黑褐色的四肢，额部红褐色，通常有一明显的黑色条纹沿着颈背面延伸到背部。喉、颏和尾下白色，尾短带红色。角柄短，角长中等。

生态分布　中国特有种；中国中部、南部和东南部以及台湾。秦岭地区是小麂分部的最北界限。陕西省主要分布于秦巴山地区的洋县、佛坪、南郑、城固、勉县、西乡、宁强、汉中、略阳、凤县、留坝、安康、石泉、汉阴、宁陕、紫阳、岚皋、平利、镇坪、镇巴、旬阳、白河、太白、宝鸡、眉县、周至、柞水等地。

生态习性　栖息于灌木覆盖的岩石地段和较开阔的松、栎林地。基本上独居，有时能见到成对的或小家族群。家域面积平均约 100 公顷，有很大的重叠，而且不因为性别而改变大小。

数量状况　数量较为丰富，根据 1999～2000 年陕西省偶蹄目专项调查，全省数量约 61 678 只，其中大巴山地区包括化龙山（镇坪县、平利县）在内数量约 11 654 只，平均密度1.4981只/km^2。

保护级别　列入中国国家林业局2000 年 8 月 1 日发布的《国家保护的有益的或者有重要经济、科学研究价值的陆生野生动物名录》。中国物种红色名录易危（VU）；CITES 附录：未列入。

(34)毛冠鹿

学　　名　*Elaphodus cephalophus*

英 文 名　Tufted Deer

分类地位　偶蹄目 Artiodactyla 鹿科 Cervidae

形态特征　头体长 850～1 700 mm；肩高 490～720 mm；尾长 70～130 mm；后足长 440 mm；耳长 80 mm；颅全长 166～190 mm；体重 15～28 kg。雄性具有长的犬齿，突出的眶下腺，在额部有深色的丛毛，雄性短而薄的角基盘和小角就隐藏在丛毛中。毛粗，近乎刺状，呈现出蓬松的外观。尾下白色，耳端、耳基和鼻吻部侧面有白毛。头短和泪窝特别大是它的特征。听泡小。上颌无门齿，但有一硬垫，在进食时与下门齿相对，使它们能够撕碎植物。

生态分布　广布于中国南部；延伸到缅甸。秦岭是其分布的北线。陕西省主要分布于秦巴山区的洋县、佛坪、南郑、城固、勉县、西乡、宁强、汉中、略阳、凤县、留坝、安康、石泉、汉阴、宁陕、紫阳、平利、镇坪、镇巴、旬阳、白河、太白、宝鸡、周至、柞水、镇安、洛南等县及关山地区的陇县。

生态习性　栖于高湿森林，上达树线，靠近水源。在中国东南部栖于海拔 300～800 m 处，在陕西省的分布区内，栖息高度多在海拔 1 000～3 000 m 之间，最高高度可达海拔 3 200 m，而在四川西部它们的分布高达海拔 4 750 m。食物为草、树叶和果实。隐秘，晨昏活动，常单独或成对生活。清晨它们到树线以上草甸觅食。

数量状况　数量不多。陕西省的数量较为稳定。根据 1999 ~ 2000 年陕西省偶蹄目专项调查,全省数量 8 807 只。大巴山地区包括化龙山数量总计约 1 886 只,平均密度 0.2425 只/km^2。

保护级别　列入中国国家林业局 2000 年 8 月 1 日发布的《国家保护的有益的或者有重要经济、科学研究价值的陆生野生动物名录》。中国物种红色名录易危(VU);IUCN(1994)数据缺乏(DD)。

(35)狍

学　　名　*Capreolus capreolus*

英 文 名　Roe Deer

分类地位　偶蹄目 Artiodactyla 鹿科 Cervidae

形态特征　中型鹿科动物。仅雄性具角,分 3 叉,无眉枝,主干上多节突。无上犬齿。尾基短,隐于体毛内。冬毛臀斑白色。上颌骨向前延伸,吻部突出。泪骨短,不与鼻骨相连,形成 1 个孔,眼眶前有浅的泪窝。鼻端裸露无毛,无獠牙,额部隆起,眼大,眶下腺不显,耳短宽而圆。尾短,隐于体毛内。冬毛厚密,全身灰棕色。

生态分布　广布于亚洲、欧洲的中部和北部地区。我国分布于东北地区及内蒙古、山西、河北、河南、陕西、甘肃、宁夏、青海、新疆和四川北部。在陕西省的分布区为:延安地区:黄龙县、黄陵县、宜川县、甘泉县、宝塔区和富县;宝鸡市:陇县、太白县、凤县、宝鸡县、眉县;商洛地区:山阳县、商南县和镇安县;安康地区:汉阴县、宁陕县和石泉县;咸阳市:旬邑县和永寿县;汉中市:宁强县;渭南市:华阴县、华县、韩城市;西安市:蓝田县、长安县、户县和周至县。化龙山地区也有分布。

生态习性　栖息于稀疏的混交林,常活动在林缘和多草的灌丛地带,晨昏活动频繁,白天在隐蔽处歇息。常结成小群觅食,一般多为 3 ~ 5 只。喜食灌木嫩枝、芽、树皮及各类青草,有时亦盗食农作物。性机警灵活,嗅觉、视觉和听觉都很发达。

数量状况　数量较少。根据 1999 ~ 2000 年陕西省偶蹄目专项调查,全省数量约 16 523 只。秦岭山区数量总计约 4 002 只,平均密度 0.1617 只/km^2。

保护级别　列入中国国家林业局 2000 年 8 月 1 日发布的《国家保护的有益的或者有重要经济、科学研究价值的陆生野生动物名录》。

(36)林麝

学　　名　*Moschus berezovskii*

英 文 名　Forest Musk Deer

分类地位　偶蹄目 Artiodactyla 麝科 Moschidae

形态特征　头体长 630 ~ 800 mm;肩高小于 500 mm;尾长 40 mm;颅全长 102 ~ 146 mm;体重6 ~ 9 kg。毛色深橄榄褐色,成体颈部无斑点;臀部接近黑色;腿和腹部黄到橙褐色;耳内和眉毛白色;耳尖黑色,基部橙褐色;下颌部具奶油色条纹;喉侧面的奶油色色斑连接在一起形成两条奶油色色带,有颈的前面向下到胸部,而在颈的中上部则是与之相对照的深褐色宽带。

生态分布　中国特有种;广布于中国中部和南部;延伸到喜马拉雅东部和越南东北部。陕西省主要分布于秦巴山地区的洋县、佛坪、南郑、城固、勉县、西乡、宁强、汉中、略阳、凤县、留坝、安康、石泉、汉阴、宁陕、紫阳、岚皋、平利、镇坪、镇巴、旬阳、白河、太白、宝鸡、眉县、周至、户县、长安、蓝田、商县、柞水、镇安、商南、丹凤、洛南、山阳等县和关山地区的陇县。

生态习性　栖息于海拔2 000～3 800 m的针叶林、阔叶林或针阔混交林。大多于黄昏到黎明之间活动，交替地进食和休息。以树叶、草、苔藓、地衣、嫩芽、细枝为食，它们能熟练地跳到树上采食。

数量状况　数量稀少。根据1999～2000年陕西省偶蹄目专项调查，全省数量约4 387只。大巴山地区包括化龙山在内数量总计约1 221只，平均密度0.1569只/km^2。从目前该物种的生存情况看，该数量有可能大幅度下降。

保护级别　国家Ⅰ级重点保护野生动物；中国物种红色名录濒危（EN）；IUCN（1994）低危（LR）；CITES附录：附录Ⅱ。

（37）鬣羚

学　　名　*Capricornis milneedwardsii*

英 文 名　Chinese Serow

分类地位　偶蹄目 Artiodactyla 牛科 Bovidae

形态特征　外形似羊，略比斑羚大，雄兽和雌兽之间的大小差别不显著。它的体长为1 400～1 900 mm，体重50～100 kg，肩高860～1 100 mm，尾长90～160 mm，两只耳朵狭长，似驴，可达190～210 mm，端部较尖，雌雄均有一对短而尖的黑角，短而光滑，介于两耳之间，距离较远，形状较为简单。全身被毛以黑褐色为主，稀疏而粗硬，杂以灰褐色，毛干基部黑，末端色浅，颈部有白色长毛，四肢由赤褐色向下转为黄褐色。

生态分布　广布中国中部和南部。陕西省主要分布于洋县、佛坪、南郑、城固、勉县、西乡、宁强、略阳、凤县、镇巴、留坝、安康、汉阴、石泉、宁陕、紫阳、岚皋、平利、镇坪、旬阳、白河、陇县、太白、周至、柞水、镇安、汉中等县市。

生态习性　栖息于低山丘陵到高山悬崖，常见在林缘、灌丛、针叶林及混交林中活动。取食各种植物的嫩枝、树叶及菌类、松萝、苔草等。晚秋和冬季食物稀少，主要以枯枝落叶为食。

数量状况　数量较少。根据1999～2000年陕西省偶蹄目专项调查，全省数量约18 526只。秦巴地区数量约18 048只，平均密度0.5065只/km^2。

保护级别　国家Ⅱ级重点保护野生动物；CITES附录：附录Ⅰ。

（38）斑羚

学　　名　*Naemorhedus goral*

英 文 名　Goral

分类地位　偶蹄目 Artiodactyla 牛科 Bovidae

形态特征　斑羚体型大小如山羊，但无胡须。体长1 100～1 300 mm，肩高700 mm左右，体重40～50 kg。通体青灰色，具喉斑。背部鬣毛很短。雌雄均具角，角短小，形简单，两角逐渐向后上方弯曲，角尖表面光滑，其余部分均具明显的环棱。被毛较粗硬，一般青灰褐色。喉具白斑，其边缘淡黄褐色。尾呈黑棕色。头骨窄而高，额骨坚实。

生态分布　国内分布于东北、华北、西北、华南及西南等地。华北亚种主要分布于陕西大巴山地区的南郑、西乡、宁强、镇巴、安康、汉阴、紫阳、岚皋、平利、镇坪、旬阳、白河等地。华南亚种主要分布于陕西秦岭地区的洋县、佛坪、城固、勉县、略阳、凤县、留坝、石泉、宁陕、太白、周至、眉县、宝鸡、长安、华阴、华县、潼关、柞水、镇安、山阳、洛南、汉中等县及关山地区的陇县。

生态习性　栖息于高、中山地林区,冬季降低山林中。以灌木、乔木的幼枝、嫩枝、青草、苔藓等植物为食,常到固定的地方饮水。

数量状况　数量较多。根据 1999 ~ 2000 年陕西省偶蹄目专项调查,全省数量约 63 656 只。大巴山地区数量总计约 14 207 只,平均密度 1.8262 只/km^2。

保护级别　国家Ⅱ级重点保护野生动物;CITES 附录:附录Ⅰ。

(39)岩松鼠

学　　名　*Sciurotamias davidianus*

英 文 名　Pere David's Rock Squirrel

分类地位　啮齿目 Rodentia 松鼠科 Sciuridae

形态特征　头体长 190 ~ 250 mm;尾长 125 ~ 200 mm;后足长 45 ~ 59 mm;耳长 20 ~ 28 mm;颅全长 52 ~ 58 mm。背部橄榄灰色;腹毛浅黄白色。体侧无灰白色条纹,一道暗线横过颊部。头骨宽而平,听泡小。

生态分布　中国特有种;岩松鼠遍布中国中部广大地区。秦岭地区均有分布。

生态习性　偏爱岩石地形,并在岩石缝隙之间的深处筑巢。行动非常敏捷,无冬眠习性。它们搜集种子,并将种子藏在颊囊内带走以此为食。

数量状况　数量较丰富,属广布种。

保护级别　列入中国国家林业局 2000 年 8 月 1 日发布的《国家保护的有益的或者有重要经济、科学研究价值的陆生野生动物名录》。中国物种红色名录无危(LC);CITES 附录:未列入。

(40)隐纹花松鼠

学　　名　*Tamiops swinhoei*

英 文 名　Swinhoe's Striped Squirrel

分类地位　啮齿目 Rodentia 松鼠科 Sciuridae

形态特征　体长 130 mm 左右,头和躯干加在一起通常不到 150 mm。耳尖无丛毛簇,尾毛也不紧贴尾干,显得蓬松;体背毛棕褐色,在头顶、体背中部和臀部的颜色较显著,毛基部灰黑色。背部有 7 条纵纹,从背中央向两侧的条纹分别为黑色、棕褐色、棕黄色、浅黄色和白色,最外侧的条纹不明显。两耳尖端有白色束毛,腹毛灰黄色;尾毛亦呈棕褐色,其两侧显棕黄色及黑色边缘。

生态分布　化龙山哺乳类新纪录。我国分布于云南、福建、浙江、江西、贵州、湖北、湖南、安徽、陕西、山西、西藏、宁夏、河北、四川、广东、广西、海南、台湾。在秦岭地区采集到标本的地点有:甘肃康县、成县、横县、两当、武都、陕西宁陕、太白山、柞水、镇坪、河南豫西伏牛山地的卢氏、嵩县、鲁山等。2013 年 1 月 18 日在化龙山自然保护区正河垭保护点发现该物种,海拔 2 162 m 生境为针叶林。

生态习性　树栖少而地栖多,筑巢于树洞中和树杈缝隙中。食各种坚果,浆果,有时食些昆虫类食物。栖息于亚高山针叶林、林缘和灌木丛中。也见于海拔 3 200 m 的寒温带针叶林。

数量状况　数量较为丰富,属广布种。

保护级别　列入中国国家林业局2000 年 8 月 1 日发布的《国家保护的有益的或者有重要经济、科学研究价值的陆生野生动物名录》。

(41)复齿鼯鼠

学　　名　*Trogopterus xanthipes*

英 文 名　Complex - Toothed Flying Squirrel

分类地位　啮齿目 Rodentia 鼯鼠科 Petauristidae

形态特征　头体长 200 ~ 300 mm;尾长 260 ~ 270 mm;后足长 56 ~ 60 mm;耳长 30 mm;颅全长 55 ~ 61 mm。体型中等,背部皮毛为鲜艳的米黄色,毛基黑灰;腹部中部亮灰色。尾比头体长略短,稍扁。尾端部有显著的长黑毛。显著的特征是耳基周围有细长的黑毛簇。颅骨结构无异常;上颌齿列长度超过颅全长的 1/4。

生态分布　中国特有种;广布于中国西南部、中部。秦岭地区见于河南伏牛山,甘肃武山、徽县、成县、康县、文县、舟县,陕西商县、商南、洛南、柞水、宁陕、太白、石泉、山阳、汉阴、平利、镇坪等地。

生态习性　栖息地与森林密切关联,尤其是温带森林。在栎树、橡树、松树树冠上觅食,主要吃栎树、橡树叶。在岩洞里筑巢,为这个种提供了一个稳定微环境,在岩壁和附近的树之间滑翔。

数量状况　较为丰富。

保护级别　列入中国国家林业局2000 年 8 月 1 日发布的《国家保护的有益的或者有重要经济、科学研究价值的陆生野生动物名录》。中国物种红色名录易危(VU);IUCN(1994)濒危(EN);CITES 附录:未列入。

(42)罗氏鼢鼠

学　　名　*Myospalax rothschildi*

英 文 名　Rothschild's Zokor

分类地位　啮齿目 Rodentia 仓鼠科 Cricetidae

形态特征　头体长 149 ~ 172 mm;尾长 29 ~ 37 mm;后足长 23 ~ 31 mm;颅全长 33 ~ 44 mm;体重 164 ~ 440 g。背毛灰棕色,毛尖红色。尾多毛、双色,上面灰黄色,下面白色。腹毛浅灰棕色。同其他鼢鼠相比,爪相对较细弱。头骨小,重而圆形;吻突延长,矩形;颧弓倾向外侧,强健;鼻骨后缘宽阔,有缺刻;眶脊悬垂;听泡小而低;门齿前面有一狭窄的间隙。

生态分布　中国特有种;中国中部。仅分布于甘肃临潭,陕西镇巴、镇坪、平利、宁陕、岚皋、紫阳,河南西峡,以及与陕西毗邻的湖北西北部。

生态习性　生活在森林、灌丛和草地栖息地;也可在耕地发现它们。通常分布在海拔 1 000 ~ 3 000 m处。偏爱松软的土壤,挖造复杂的洞。食性很广,包括青草、根,偶尔也吃农作物。

数量状况　极为丰富。

保护级别　中国物种红色名录无危(LC);IUCN(1994)低危(LR);CITES 附录:未列入。

(43)苛岚绒鼠

学　　名 *Caryomys inez*

英 文 名 Inez's Vole

分类地位 啮齿目 Rodentia 仓鼠科 Cricetidae

形态特征 头体长 87 ~ 94 mm;尾长 32 ~ 42 mm;后足长 15 ~ 16 mm;耳长 10 ~ 12 mm;颅全长 23 ~ 24 mm。背毛一律淡黄棕色。腹毛灰白染黄色。尾长于头体长的一半,呈双色,上面深棕色,下面灰白棕色。前后足背面棕色。耳小,稍微突出于毛外。

生态分布 中国特有种;分布于陕西东南部向东,通过山西延伸到河北、河南。在秦岭地区分布于甘肃天水,陕西周至、户县、山阳、石泉、柞水、凤县、宁陕、镇安、商南、平利、镇坪,河南西峡、卢氏。

生态习性 栖息在海拔 500 ~ 2 000 m 的树木丛生的溪谷和深谷,在松土中挖洞。

数量状况 数量较少。

保护级别 列入中国国家林业局 2000 年 8 月 1 日发布的《国家保护的有益的或者有重要经济、科学研究价值的陆生野生动物名录》。

(44)洮州绒鼠

学　　名 *Caryomys eva*

英 文 名 Eva's Vole

分类地位 啮齿目 Rodentia 仓鼠科 Cricetidae

形态特征 头体长 83 ~ 100 mm;尾长 46 ~ 60 mm;后足长 15 ~ 18 mm;耳长 10.5 ~ 13 mm;颅全长 21 ~ 24.5 mm。背毛暗红棕色。腹毛暗灰色,毛尖淡黄棕色。尾短于头体长之半,上面深棕色,下面灰白棕色,但是两色区别不明显。前后足背面暗棕色。

生态分布 中国特有种;四川北部、甘肃南部和陕西毗邻的地区以及湖北的山地。秦岭地区分布于甘肃文县、武都、卓尼、临潭,陕西柞水、山阳、华县、商南、宁陕、石泉、太白山。

生态习性 栖息在海拔约 2 600 ~ 4 000 m 的山地森林,特别是潮湿生苔的森林中。吃种子、芽、嫩叶、树皮和青草。

数量状况 数量较苛岚绒鼠更少。

保护级别 中国物种红色名录无危(LC);CITES 附录:未列入。

(45)黄胸鼠

学　　名 *Rattus flavipectus*

英 文 名 Oriental House Rat

分类地位 啮齿目 Rodentia 鼠科 Muridae

形态特征 头体长 105 ~ 215 mm;尾长 120 ~ 230 mm;后足长 26 ~ 35 mm;耳长 17 ~ 23 mm;颅全长 38 ~ 44 mm。中型,毛被短而粗。背毛有各种深浅的棕色,混杂有淡棕色和黑色毛尖的毛;腹毛毛基灰色,毛尖米黄色,腹毛和背毛没有明显分界。尾长于头体长,单一的棕色或沿体下侧接近基部的毛色稍淡。足侧面和趾浅白色,但在中间有与众不同的暗灰棕色斑,但是尾相对头体长较短。

生态分布　中国特有种;广布于中国西南、南部和中部,包括海南岛和台湾。秦岭地区采到标本的地点有甘肃天水,陕西宁陕(七亩坪、高桥、油房沟、太山庙、柴家关)、凤县(辛家山)、石泉(池河)、汉阴(安良)、佛坪(龙草坪、岳坝、袁家庄)、洋县(四家岭、四郎庙)、商县、商南、柞水、长安、户县、周至、留坝,河南伏牛山地区的嵩县、西峡等地。

生态习性　山地种类,一般栖息在海拔 1 200 ~4 250 m 的地方。

数量状况　数量较为丰富。

保护级别　中国物种红色名录无危(LC);CITES 附录:未列入。

第 7 章

(The function division of the reserve)

保护区的功能区划

7.1 功能区划

7.1.1 保护区的性质和保护对象

7.1.1.1 保护性质

根据《自然保护区类型与级别划分原则》(GB/T14529—93)及化龙山国家级自然保护区的主要保护对象,该自然保护区被确定为“生态系统类”、“森林生态系统类型”的自然保护区。以保护典型的北亚热带森林生态系统及珍稀濒危动植物种群为主,兼有野生植物、动物保护,集自然生态、资源与物种保护、水源涵养、科学研究、科普宣传、生态旅游和持续利用等多种功能于一体。

7.1.1.2 保护对象

化龙山国家级自然保护区总面积 28 103 hm^2,主要保护对象为:

(1)具有典型性和完整性的北亚热带山地自然生态系统及其自然本底

典型的北亚热带森林生态系统是保护区的主要保护对象,主要是由针叶林带、落叶阔叶林带、常绿落叶阔叶林带及亚高山草地构成。

(2)代表北亚热带及中亚热带植被特征的常绿、落叶阔叶混交林与常绿阔叶林

化龙山植被类型复杂多样,按《中国植被》分类系统,化龙山植被型组分为针叶林、阔叶林、灌丛与灌草丛、草甸 4 个植被型、9 个植被型、14 个植被亚型、31 个群系,相对高差达 2 154 m,植被随地势高度的变化具有明显的垂直地带性,在国内同一地区极为少见。而常绿、落叶阔叶混交林与常绿阔叶林是北亚热带和中亚热带植被的典型代表,也是北亚热带森林生态系统的重要植被特征。

(3)珍稀濒危生物类群

保护区内分布有珍稀濒危植物 115 种,其中国家重点保护植物 20 种,兰科植物 50 种、其他陕西省重点保护植物 45 种。国家Ⅰ级重点保护野生动物 6 种,国家Ⅱ级重点保护野生动物 36 种,陕西省重点保护动物 26 种。

(4)多样性的天然生物基因库

保护区内有种子植物 1 948 种,蕨类植物 114 种,大型真菌 169 种。保护区的动物区系属东洋界、华中区、西南山地高原亚区,以东洋界种类占绝对优势,还包括古北界及广布种种类,区系成分比较混杂。主要有哺乳纲 80 种,鸟纲 224 种,两栖纲 18 种,爬行纲 22 种,鱼纲 30 种,昆虫 20 目、155 科、608 种。

7.1.2 保护区的功能区划

7.1.2.1 区划原则

功能区的划分是自然保护区科学管理的基础。根据自然资源的丰富程度和保护目的，将化龙山自然保护区划分为核心区、缓冲区、实验区三个功能区。划分原则如下：

(1)有利于保护自然生态系统的完整性、原生性、多样性和特有性，有利于保护对象的生长、生存和繁衍。

(2)有利于生物资源及生态环境保护和管理，有利于发挥自然保护区资源的多种功能和效益。

(3)根据保护区内资源特点和保护对象的分布及保存状况、自然环境特点，合理进行功能分区。

(4)有利于保护区持续稳定的发展，增强保护管理工作的稳定性和连续性。

(5)有利于资源的合理开发利用，增强保护区的自身发展能力。

(6)有利于社区共管，提高社区群众参与自然保护区管理的积极性。

7.1.2.2 区划依据

(1)《中华人民共和国森林法》；

(2)《中华人民共和国野生动物保护法》；

(3)《中华人民共和国环境保护法》；

(4)《中华人民共和国自然保护区条例》；

(5)《中华人民共和国陆生野生动物保护实施条例》；

(6)《森林和野生动物类型自然保护区管理办法》；

(7)《中华人民共和国野生植物保护条例》；

(8)《中华人民共和国森林法实施条例》；

(9)《自然保护区类型与级别划分原则》；

(10)《中华人民共和国自然保护区工程设计技术规范》；

(11)《自然保护区工程项目建设标准》(试行)；

(12)《关于进一步加强自然保护区管理工作的通知》(国务院办公厅国办发[1998]111号)；

(13)《关于规范国家级自然保护区总体规划和建设程序有关问题的通知》(国家林业局林计财字[2000]64号)；

(14)《关于印发中国自然保护区发展规划纲要〈1996~2010年的通知〉》(国家环保局国家计委环发[1997]776号)；

(15)《国务院办公厅关于发布河北塞罕坝等19处新建国家级自然保护区名单的通知(国办发[2007]20号)；

(16)化龙山自然保护区科学考察报告；

(17)化龙山自然保护区有关植物、动物及生态系统科学考察、调查及研究论文；

(18)《陕西省镇坪县农业资源调查及农业区划报告集》；

(19)《陕西省平利县农业资源调查及农业区划报告集》。

依据上述区划原则，在深入细致开展野外调查的基础上，结合实际情况，充分利用以往林业调查、科学考察及专题调查成果，采用自然区划的方法确定各功能区的具体界限。区划按照保护区自然特征,从保护对象的丰富程度、分布情况、封闭性和人为干扰破坏程度等方面综合考虑,为便于保护与管理,力求以明显的自然地形为界线,将保护区划分为三个功能区,即核心区、缓冲区、实验区。

7.1.2.3　功能区划

(1)核心区

核心区主要包括浪河主要流域、斐河源头的纸房沟上游、银洞沟、大盘溪等及化龙山主峰至蒿本山山岭西坡的上部。浪河流域由于交通极为不便,自然植被基本未受到人为干扰和破坏,分布有典型的亚热带自然山地森林生态系统,大果青扦、珙桐、香果树等多种珍稀濒危植物,同时又是豹、熊等多种野生动物栖息地;斐河上游及化龙山主峰至蒿本山山岭西坡分布有典型的巴山冷杉林、红桦林、华山松林、箭竹林及亚高山草地等多种完整的植物群系,又是豹、云豹、金雕、珙桐、兰科植物等多种野生动植物分布区和栖息地。核心区面积共 11 923 hm^2,占保护区总面积的 42.4%。其中林业用地 11 819 hm^2。

核心区是保护区的核心,因为未受人为干扰,是原生性生态系统保存最完整、保护对象相对集中的区域。为确保自然资源和自然生态环境不受人为干扰,使其在自然状态下演替和繁衍,核心区内除开展正常的巡护、监测活动外,原则上禁止任何单位和个人进入,如因科研需要必须进入时,应事先向保护区管理局提出申请和活动计划,经上级主管部门批准后方可在指定范围内进行,并接受管理局的管理和监督,科研成果的副本留保护区管理局备案。

(2)缓冲区

缓冲区主要包括纸房沟中下部、交阳河的中部、化龙山主峰至蒿本山山岭西坡的部分区域中下部,以及距核心区界 300 ~ 500 m 的范围。其主要特征是:人为活动较少,自然生态系统比较完整,主要保护对象分布较多,以原生生态系统为主,也有少量次生生态系统存在。缓冲区总面积 3 914 hm^2,占保护区总面积的13.9%。其中林业用地 3 907 hm^2。

缓冲区是核心区和实验区的过渡区域,对核心区起缓冲作用。其作用是防止和减轻外界对核心区的影响和破坏,同时,通过生态系统自身的调节功能,恢复和完善缓冲区内自然生态系统的结构及功能。除正常的巡护和监测外,缓冲区内一般只允许从事科研及调查观测活动,其他活动确因需要必须进入时,应事先向保护区管理局提出申请,并经批准后方可进入。

(3)实验区

实验区是除核心区、缓冲区以外的区域,主要包括岚河流域的猪槽沟以及浪河下游、母溪河下游、竹溪河下游等,该区人为活动相对频繁,森林植被遭受了一定破坏,虽然也分布着大量珍稀动植物,但次生生态系统占较大比例。实验区总面积 12 266 hm^2。占保护区总面积的 43.6%,其中林业用地 11 844 hm^2。

实验区主要是对核心区起更大的缓冲作用,通过工程措施促进植被恢复,改善已遭破坏的自然环境。在国家法律、法规允许的范围内和在不破坏自然生态环境的前提下,可以在该区域内开展科学实验、教学实习、参观考察、生态旅游、野生动物驯养繁殖、多种经营生产项目等。

7.2　效益评价

7.2.1　生态效益

化龙山自然保护区的建立,有效保护了典型的北亚热带森林生态系统、生物多样性、自然资源,使森林、灌木、草地在涵养水源、保持水土、净化空气、调节气候等方面的功能得到充分发挥和增强。通过各种项目建设、合理开发利用、生态旅游等项目的开展,将给地方商贸、建筑业、服务业、金融、财税等带来新的机遇,对当地经济社会发展可注入强大活力,并产生可观的经济效益。同时,通过科考、旅游、对外交流、宣传等活动,保护区的知名度将会大大提高,随之而来的效益不可估量。因此,化龙山自然保护区的建设发展,不但可以产生巨大的生态效益,而且可以取得明显的社会效益和经济效益。

7.2.1.1 有效保护生物多样性

化龙山国家级自然保护区位于陕西社会经济相对落后的大巴山区,以前,为了发展地方经济,森林资源大量采伐,捕杀野生动物活动加剧,致使森林资源大大减少,生态系统功能退化,动植物种群数量大幅度减少,部分珍稀动植物种类濒临绝灭,生物多样性受到严重威胁。通过化龙山国家级自然保护区的建立,化龙山生物多样性得到了有效保护,典型的北亚热带森林生态系统得到恢复,珙桐、兰科植物、金钱豹、林麝等国家重点保护野生动植物种群数量及生境得到保护、恢复与发展。

7.2.1.2 保护和恢复林草植被,改善保护区的生态环境

化龙山国家级自然保护区建立以来,一方面通过加强保护等措施,严格规范人为活动,使区内植被得到了有效保护和恢复,另一方面通过人工造林、封山育林、退耕还林、人工促进更新等营造林措施,增加了植被,增强了林草植被涵养水源、保持水土、调节气候的能力,对整个化龙山及周边地区生态环境的改善起到了无法估量的作用。

7.2.1.3 明显提高了森林植被综合生态功能

通过保护森林植被,极大地提高了森林综合功能。据 2007 年相关指标测算,保护区内自然森林植被年蓄水量 8 430 万 hm^3,以水库容每立方米0.5元计算,每年涵养水源的效益为 4 215 万元;有林地每平方公里侵蚀模数比无林地年减少 960 吨,保护区减少土壤侵蚀21.0万吨,可减少下游河流和水库淤积,按水土保持拦截土壤和土壤肥力损失计算,保护区的森林植被每年防止土壤侵蚀功能价值 630 万元;每公顷森林每年可释放氧气2.05吨,吸收二氧化碳2.805吨,吸尘9.75吨,森林净化空气的作用十分显著。保护区每年仅森林释放氧的价值可达2 108万元。所以化龙山自然保护区综合生态功能,经粗略估计其经济价值可以达 6 953 万元。

7.2.2 社会效益

7.2.2.1 科学研究的天然实验室

化龙山自然保护区内有丰富的物种和典型的北亚热带森林生态系统,为研究自然生态平衡、最优生态结构、珍稀濒危物种保护提供了良好条件。同时,保护区是研究人类活动对自然环境的干扰、生物群落的自然恢复能力以及生态环境监测研究的最佳场所。西北农林科技大学、西北植物研究所、陕西师范大学、陕西省林业科学研究所、华南农业大学等大专院校、科研机构在此进行了大量的科学考察和研究,取得了丰硕成果。化龙山自然保护区是大专院校、科研单位进行自然科学研究和教学实习的基地,是设在大自然中的天然实验室。

7.2.2.2 进行科普教育的基地和对外联系的窗口

自然保护区是向广大群众进行自然资源保护、普及自然科学知识、人与自然和谐相处等科学知识宣传教育的天然课堂,是生态文明教育的基地。保护区的实验区可以接纳一

定数量的青少年学生、旅游者、生物爱好者等进行参观、游览观光和开展生态夏令营、观鸟活动等,利用自然保护区这一大课堂,丰富自然知识,陶冶情操,激发广大旅游者热爱祖国、热爱大自然、保护大自然的情怀,有利于促进精神文明建设,提高人们环境保护和生态文明意识。同时,自然保护区又是一个对外联系、交流和宣传的窗口,可以接待国外和国际友人、专家学者进行访问、考察旅游。

7.2.2.3 促进地方经济的可持续发展

自然保护区的基础设施、多种经营项目、社区扶持项目和旅游项目的建设和开展,极大的改善了区内的交通、通讯、电力、卫生状况,进一步带动本区域及周边地区交通、商业、建筑业、服务业、旅游业、农副产业等各行各业的发展。另外通过社区扶持项目,向当地农民传授科学知识和先进实用技术,更新思想观念,进行政策和资金扶持,改变传统落后生产方式,带动产业结构调整和促进地方经济可持续发展,促使林区群众早日脱贫致富。

7.2.2.4 潜在的旅游价值

随着人民群众生活水平的不断提高,社会文明的不断发展,人们对幸福生活和美好未来有了更加丰富和深刻的理解,人民群众不再仅仅满足于吃饱、穿暖,越来越多的人希望在闲暇时候能够外出旅游。人们的旅游消费动机逐渐转向“以放松心情、追求舒适静谧”为主要目的的休闲度假旅游和“体现个性审美”要求的民俗文化、生态环保、体育健身等特色旅游,“回归自然、感受自然”成为现代人的共同心声。化龙山保护区保存了完好的自然生态系统和稀有的动植物种群,存有具有独特的自然风光,对旅游者有强烈吸引力。近年来,安康至西安、湖北、重庆等地的高速公路相继贯通,到安康的旅游者越来越多。有许多驴友多次到化龙山开展户外活动。通过规划设计,有计划、有步骤的进行开发,自然保护区潜在旅游价值将得以充分发挥,不但可增强保护区自身发展能力,而且可带动周边地区产业的快速发展,促进地方经济结构的转型和可持续发展。

7.2.3 经济效益

自然保护区建设事业是一项生态公益事业,通过自然保护区项目建设,和多种经营活动的开展,特色种植业、养殖业、采集业、加工业、旅游业、商业、服务业和具有地方特色的手工业等均会获得不同收益。首先,基础设施建设将会使地方财税收入有所增加,并创造可观的就业岗位,促进建筑市场繁荣;其次,通过以旅游等为主的多种经营活动的开展,将给地方带来大量人流、物流和信息流,交通运输、餐饮酒店等服务业、特色种养业、特色手工业等均会快速发展。可以说,化龙山自然保护区的建立建设,对地方经济拉动具有持续、强劲、快速的催化作用,将会促进地方经济社会不断发展。旅游产业做大做强了,当地经济收益将不可估量。

7.2.4 总体评价

化龙山自然保护区的自然环境和森林生态系统保持着纯洁、完整状态,是具有代表性的北亚热带自然生态系统,保存了北亚热带地区极为珍贵的原始自然“本底”,具有古老的生物区系、丰富多样的动植物资源、各种类型的森林植被和众多的珍稀濒危物种。化龙山自然保护区典型完整的森林生态系统和丰富的野生动植物资源,是大巴山森林生态系统的重要组成部分。

因此,无论从科学价值、经济价值的角度来看,化龙山自然保护区都是一个极具保护价值的自然综合体。

陕西化龙山国家级自然保护区管理局自成立以来,在安康市委市政府的大力支持和安康市林业局的正确领导下,先后组织了几次科考工作,均取得了系列重大科研成果;完成了保护区勘界立标和确权工作,并顺利接收了林权;基础设施建设项目已经实施结束,建成了目前全省自然保护区唯一的防火电子监控指挥系统,通过10个防火前端监控点,对保护区及周边地区实行了防火全覆盖监控,并在重点区域对进出保护区的人员进行了监控,办公、通讯设施齐全,基本达到了办公自动化;通过实施严格的月考机制,结合绩效工资的发放,内部管理逐步规范。

今后,化龙山自然保护区将继续坚持“保护第一”、“合理利用”的原则,进一步加强科学研究工作,以开拓创新、与时俱进的精神风貌,努力将保护区建设成为一个集保护、科研、教学实习和生态旅游为一体的国家级自然保护区,向建设全省一流保护区的目标奋斗。

第 8 章

(The management of protected areas)
保护区的管理

8.1 基础设施

化龙山 2001 年 8 月被批准为省级自然保护区后，于 2003 年 5 月正式成立筹建处，并筹资开展了勘界立碑、宣传牌设置等基础设施建设工作，在重要地段埋设了部分界桩，树立了 2 处大型宣传牌；2007 年 4 月被国务院批准为国家级自然保护区。2007 年 7 月，国家林业局批复，同意建设陕西化龙山国家级自然保护区基础设施工程项目，总投资 1 360 万元；2009 年，国家环保总局批准建设陕西化龙山国家级自然保护区能力项目，总投资 300 万元。在项目建设过程中，化龙山保护区管理局坚持以科学发展观为指导，坚持高起点、高标准、高质量，解放思想，加快基建进度，全面完成了建设任务。

通过这两个项目的实施，建成了管理局综合办公大楼和八仙、上竹、牛头店、曾家（含曾家检查站）4 个保护站办公楼，以及八匹山、正河垭（含气象站、检查站、生态监测点）、土寨子、老鸦场、石碑河等 5 个保护点办公用房，极大地改善了职工野外工作条件；设置界碑 5 座，栽植界桩 300 个，进一步明确了保护区边界线；建成指示标志牌 100 块、户外宣传牌 8 块，大大提高了保护区在社区的影响力；修建巡护步道 200 余公里，配备巡护装备 30 套，购置巡护摩托车 8 辆（每站配备 2 辆），配置了必要的防火设备设施，大大提高了巡护能力，并为迅速扑救森林火灾创造了条件；建设重点保护植物监测样地 10 个，为物种监测奠定了一定基础；配置了一二类资源调查仪器、电脑、摄像、投影仪等科研宣教配备，可以基本满足宣传教育工作的需要。尤其是化龙山保护区管理局现代化办公大楼“化龙大厦”的投入使用，结束了该保护区局机关近 10 年的租房办公历史。而且，化龙大厦也是镇坪县首个高层办公大楼，是化龙山建设史上重要的里程碑。

8.2 机构设置

8.2.1 管理体制

根据安康市机构编制委员会《关于陕西化龙山国家级自然保护区管理局人员编制及内设机构的通知》（安编发〔2008〕37 号）、《关于规范陕西化龙山国家级自然保护区管理局机构编制事项的通知》（安编发〔2012〕16 号）等文件精神，陕西化龙山国家级自然保护区管理局为隶属于安康市林业局管理的财政全额拨款正县级事业单位，县级领导 1 正 3 副。

8.2.2 机构建设

8.2.2.1 机构设置

陕西化龙山国家级自然保护区管理局内设办公室、保护管理科、科研宣教科、森林防火办公室、八仙保护站、上竹保护站、白家保护站、牛头店保护站、曾家保护站，均为正科级建制。科级领导职数9正5副，其中办公室、森林防火办公室、曾家保护站、八仙保护站、上竹保护站、牛头店保护站科级领导均为1正1副，科研宣教科、白家保护站科级领导各1名。

8.2.2.2 组织机构的主要职责

陕西化龙山国家级自然保护区管理局主要职能是：贯彻执行国家有关自然保护区的法律法规、方针政策，制定自然保护区管理制度和措施，承担本自然保护区具体管理工作；制定本自然保护区总体规划，承担项目编制、申报、实施工作；承担本自然保护区的生态建设和自然资源、自然环境保护工作；负责自然保护区内森林防火、病虫害防治和重大疫情处置及协助查处破坏森林资源案件工作；组织或者协助有关部门开展自然保护区的各项科学研究工作；承担森林资源调查，并组织开展环境监测工作；承担本自然保护区的生态文明宣传教育及社区共管工作；承办上级交办的其他工作任务。

陕西化龙山国家级自然保护区管理局内设9个正科级机构。各科室具体职责如下：

(1)办公室职责：组织协调本局日常工作，承办本局各项工作制度的制定和督促实施，承办综合性文稿起草工作，承办会议的组织和会议决定事项的督办，承办本局文电处理、人事管理、财务管理、后勤保障、档案管理和计划生育、信访、党建、群团等工作。

(2)保护管理科职责：承办保护区内动植物资源保护管理、人工造林、封山育林、有害生物防治及林政资源管理工作，指导各保护站、保护管理点业务工作，承办保护管理方面项目的编制、申报和实施工作。

(3)科研宣教科职责：承办保护区资源调查、珍稀观赏野生植物培育、野生动物救护和自然资源、环境状况监测工作；收集整理研究成果、监测数据、巡护记录、科技情报等资料信息，建立和完善档案数据；引进先进技术和管理经验，负责对外交流协作；承办社区宣传教育、科研、宣教工作；承办社区共管项目的编制、申报和实施工作；承办科研成果的申报、应用与推广工作。

(4)森林防火办公室职责：承办保护区的森林防火日常工作，承办森林防火项目的编制、申报和实施工作，协助开展林政管理工作。

(5)保护站职责：承办辖区内的自然资源和自然环境的保护管理、日常巡查、巡护工作，承办辖区护林防火和动植物资源保护管理工作；协助森林公安、资源林政、野生动植物保护部门违法行为；协助开展科研、社区共管、生态旅游、基础设施建设等工作。

8.2.2.3 人员编制与分工

该保护区总编制50人，其中县级领导1正3副，办公室5人，科研宣教科3人，森林防火办公室3人，保护管理科3人，八仙保护站8人，上竹保护站7人，白家保护站4人，牛头店保护站6人，曾家保护站7人。

至全局在岗人员达到46人，涉及工商管理、党政管理、经济管理、林学、森林经理学、生态学、野生动植物保护与利用、森林培育学、植物学、汉语言文学、财会等多个专业。其中：具有研究生学历7人，本科学历5人，专科学历23人，专科以上学历人数占在岗人数的76%；专业技术人员20人，占在岗人数的44%，有8人具有中级职称。初步形成学历层次较高、专业结构合理的人才队伍，为保护区建设管理、提高科研能力打下了坚实的基础。

8.3　保护管理

8.3.1　管理经费

化龙山自然保护区为安康市财政全额供养单位，管理经费全部由安康市财政局承担，经费不足部分向上级主管部门申请解决。

8.3.2　保护与恢复

化龙山自然保护区机构未建立以前，森林植遭受了人为较大强度的干扰，部分地区采伐严重；化龙山国家级自然保护区建立后，加强了植被保护与恢复，大力采取封山育林等措施，加速了群落的正向演替，有力促进了自然生态系统的恢复和发展。

根据保护区实际情况，化龙山自然保护区共制定固定巡护路线26条、机动巡护线路50多条，根据不同时间、不同季节适时调整机动巡护路线，巡护面积覆盖保护区的90%以上，重点区域巡护覆盖面可达100%。职工野外巡护每人每月巡护天数不少于5天，巡护次数不低于5次，职能科室定期对各保护站进行季度巡护考核，考核结果纳入年度综合考核。通过开展日常巡护，有效地震慑了违法犯罪活动，区内“四乱”及非法野外用火等破坏自然资源的违法行为逐渐消失。

为了缓解资源保护压力，在经费十分困难的情况下，化龙山保护区管理局近年挤出资金先后在曾家保护站、牛头店保护站辖区内开展了社区共管试点工作，支持百姓养蜂，给社区群众送政策、送科技、送观念，发展养蜂大户，激起了周边群众的养殖积极性，仅2012年牛头店保护站社区2户百姓养蜂就增收5万余元，起到了良好示范效应。通过社区共管试点，强化了保护区和社区群众的血肉联系，社区居民共管共护意识普遍提高，有效缓解了资源保护压力，为营造和谐社区奠定了坚实的基础。

执法检查方面，针对重点时段、重点区域，加大巡护执法力度，及时发现和制止乱砍滥伐、乱采滥挖、乱捕滥猎、乱占林地等破坏森林资源的违法行为；组织开展各类隐患排查，切实履行管理职责，确保区内生物资源安全。联系地方森林公安共同开展了“红豆杉保护整治行动”，“打击破坏森林资源的春季行动”、“亮剑行动”等各类专项整治行动，并广泛宣传、大造声势，狠抓典型案件的调查处理，发挥办理案件的教育警示和震慑作用，使“四乱”行为在保护区内得到有效的遏制。

森林防火方面，化龙山保护区管理局始终坚持确保“辖区森林资源和周边社区群众生命财产安全”的森林防火工作原则，认真贯彻落实“预防为主，积极消灭”的方针，制定出台了森林防火预案，成立了森林防火指挥部、半专业森林消防队(含应急分队)，层层签订防火责任书。防火期内，实行24小时全天候值班，全体干部职工手机24小时开机，与镇村组签订联防公约，建立联防联查机制，并组织开展相关半专业化森林消防队员的培训演练。定期组织宣传车，重点对《森林防火条例》、《陕西省林区野外用火规定》和《自然保护区保护区条例》加强宣传。自建区以来，年均出动宣传车50余次，发放防火宣传画4 000张，防火宣传手册1 000份，召开村组(矿点)会议30次以上，并于重点地段刷写防火、保护宣传标语。防火期内，除坚持常规野外用火巡查外，还对重点时节(春节、元宵节、春耕农忙、清明节)、高火险等级地段加大巡护频率。

森林防火重点时段，如春节、清明节期间，在入山的重要路口设置检查站两处，对进出山人员仔细检查登记，坚决将隐患堵在山下。通过一系列工作的开展，社区群众的防火意识大大提高，有效保护了生物多样性安全。自建区以来，保护区未发生一起森林火灾。

通过依法保护、加强制度建设、完善局站点三级保护体系、加强和完善保护区基础设施建设、加强队伍建设、社区互动等多种保护措施的全面实施，保护区内典型的北亚热带森林生态系统的完整性和原始性得到保持；保护区内珙桐、连香树、兰科植物等多种珍稀濒危野生植物种群稳定；区内金钱豹、云豹、林麝、黑熊等国家Ⅰ、Ⅱ类保护动物及其他野生动物种群及其栖息地得到有效保护和恢复，现区内自然环境及自然景观良好。

8.3.3　文化建设

化龙山自然保护区在建设管理过程中，始终追求高起点、高标准、高质量，并以此衡量基础设施建设、保护管理等工作成效；在管理中，保护区干部职工充分发扬了讲奋斗、讲团结和爱岗敬业、无私奉献的精神，人人好学习，人人爱自然，许多职工自觉树立以站为家的思想，将保护第一、热爱自然、科学发展的指导思想贯穿到工作中去，不断将生态文明建设推向前进。

在全局干部职工勤奋努力、团结拼搏下，“做化保人光荣，光荣的化保人”的文化内涵，正在逐渐形成，并播撒在每个化龙山保护区职工的心田，使化龙山的生态保护事业结出了累累硕果。

2010 年，化龙山国家级自然保护区被陕西省林业厅授予“‘十一五’全省自然保护区管理先进单位”；2010 年，镇坪和平利县委县政府分别授予化龙山国家级自然保护区管理局八仙、上竹、牛头店、曾家四个保护站为县级文明单位。在创建人民群众满意基层单位活动中，化龙山国家级自然保护区管理局上竹保护站被安康市林业局授予 2010 年度“全市林业系统人民群众满意先进单位”。

2011 年度，牛头店保护站和曾家保护站被安康市林业局授予“全市林业系统人民群众满意先进单位”。2011 年 7 月，中共化龙山国家级自然保护区管理局总支委员会被中共安康市林业局委员会授予“先进基层党组织”。

2012 年 5 月，编撰出版摄影集《陕西化龙山》，由中国旅游出版社出版发行，对传播化龙山生态文化起到了极大作用。

2012 年 6 月，安康市委授予化龙山管理局总支“创先争优先进基层党组织”荣誉称号。

2012 年 12 月，化龙山被陕西省林业厅、陕西省教育厅、共青团省委联合授予“陕西省生态文明教育基地”称号，标志着陕南第一家生态文明教育基地的诞生，为进一步开展科普和生态文明教育工作奠定了坚实基础。

2013 年 6 月，《陕西化龙山》摄影集在陕西省委对外宣传办公室组织开展的 2013 年全省优秀外宣出版物评选中，荣获画册类作品三等奖；同月，镇坪县委、县政府授予化保局“文明单位”称号；9 月，国家林业局、教育部、共青团中央联合授予化龙山“国家生态文明教育基地”称号，这也是目前陕西省第三家、陕南第一家国家生态文明教育基地。

2013 年 10 月，化龙山被共青团省委命名为“陕西省青少年教育基地”。

8.3.4　宣传与教育

为了强化社区群众爱护自然、保护环境、遵纪守法的意识，化龙山保护区管理局制定了切实可行的社区宣传教育工作机制，在周边和当地社区设立了界碑、大型宣传牌、指示标志牌等长期宣教设施,每年发放资源保护和森林防火宣传画 4 000 余份,定期用宣传车宣传森林防火条例、森林法等法律法规知识。同时,每年深入社区,组织群众学习、理解法律法规要点,提高群众法制意识。另外,经常开展实用科学技术和生态文明教育培训,把养蜂、核桃建园、天麻种植等先进、实用技术送到社区群众中去,并开展和社区群众结对子、联帮互助等活动,帮助社区群众发展经济,改变其传统的靠山吃山思想。通过系列工作扎实开展,保护区和社区建立了良好环境,百姓保护意识大大提高,有效减轻了资源保护压力。

对外宣传方面,建立了化龙山国家级自然保护区网站,制定了新闻信息宣传稿件奖励办法、网站管理办法等,并以目标责任考核形式加强宣传工作力度,在建立激励机制的同时,把年度宣传计划(任务)下达每个科室、保护站,纳入年终量化考核范畴。宣传媒介,主要以中省市主流媒体和安康市林业局网站、陕西化龙山国家级自然保护区网站为主要窗口。由于措施得力,宣传稿件数量和质量年年取得突破,宣传工作取得良好效果,化龙山知名度获得大幅提升,引起了各级领导的高度重视。

通过外宣和社区教育,大大提高了社会各界对化龙山保护区的认知,大大提高了社区群众法律意识,保护工作得到了各界广泛支持,有效减轻了资源保护压力。

8.3.5　管理协调

8.3.5.1　与当地政府的协调

自然保护区一切工作的开展,都无法完全与地方党委政府剥离,尤其是基础设施建设、资源保护、森林防火、行政执法、宣传教育、社区共管等等,与地方党委、政府有着密切联系。与地方县委县政府的协调,一般由化龙山国家级自然保护区管理局相关职能科室负责;与镇党委政府的协调,一般由保护站负责。

密切与当地党委政府的联系,是搞好资源保护管理工作的重要前提。基层保护站在保护管理工作中,紧紧依靠当地党委政府开展群众工作,相互理解、支持配合,化解社区矛盾,取得了良好成效;为了搞好森林防火工作,各保护站每年与镇政府联合召开森林防火工作会议,签订联防公约。

在搞好资源保护工作的同时,化龙山国家级自然保护区管理局从 2009 年开始,连续承担了市政府下达的镇坪县牛头店镇国庆村、曾家镇光华村的新农村建设帮扶任务,和平利县大贵镇毛坝岭村灾后重建帮扶,使帮扶新村建设面貌焕然一新,奠定了帮扶村脱贫致富的基础,获得了当地党委政府和群众的一致好评。

在资源管护过程中,通过协调当地政府做群众工作,化解了诸如林权纠纷、集体林不能及时补偿到位、区内滥挖乱采等矛盾,维护了林区大局稳定,为进一步搞好保护管理工作奠定了基础。

8.3.5.2　与当地群众的协调

融洽的区社关系是搞好保护管理工作的关键。一是要加强和村级组织的联系协调。主要是和村委会、村护林员、半专业化森林消防队员加强互动,掌握社区各方面动态。二是要融洽保护区与社区群众的关系,增强干群的血肉联系。

自然保护区的保护管理工作,说到底是对人的行为的管理,人的破坏行为来源于对保护区内资源的依赖。在加强和村委会联系的同时,深入社区调查研究,和群众结对子交朋友,了解他们的发展难题,倾听他们的呼声,掌握群众的需求和疾苦,帮助解决力所能及的实际问题,做社区群众的贴心人,取得他们的信任和对保护区事业的理解、帮助和支持,和谐处理区社关系,增强群众自觉保护意识,是保护管理的有效途径。

开展社区共管试点工作,鼓励社区群众依靠当地资源发展种植养殖业致富,从而减少对保护区资源的依赖,是保护区开展社区工作的最佳措施。为了缓解资源保护压力,在经费十分困难的情况下,化龙山保护区管理局近年挤出资金先后在曾家保护站、牛头店保护站辖区内开展了社区共管试点工作,支持百姓养蜂,给社区群众送政策、送科技、送观念,发展养蜂大户,激起了周边群众的养殖积极性,仅 2012 年牛头店保护站社区 2 户百姓养蜂就增收 5 万余元,起到了良好示范效应。通过社区共管试点,强化了保护区和社区群众的血肉联系,社区居民共管共护意识普遍提高,有效缓解了资源保护压力,为营造和谐社区奠定了坚实的基础。

8.3.6 科学研究

20 世纪 80 年代初,《陕西省自然保护区区划方案》就将化龙山列为全省第一批筹建单位。1988 ~ 1994 年,陕西省科委、林业厅组织 7 个科研、教学单位的 28 名专家,对化龙山开展了集中科学考察,论证了本保护区的重要生态价值和不可替代的地理区位。1994 年 5 月,省林业厅在安康召开了“化龙山自然保护区综合考察鉴定会”,18 名专家在研讨后联名签署了《关于尽快采取有效措施,保护化龙山生物多样性的呼吁》,该呼吁对化龙山自然保护区的价值提出了明确定位:“化龙山是陕西省北亚热带山地生态系统的典型代表,是陕西省生物多样性最丰富的地区。无论在山地自然垂直带谱的典型性方面,还是在生态系统的多样性、物种的多样性和遗传性等方面,均是陕西省内其他地区所不能比拟的,并可与神农架相媲美。”也就是说,化龙山自然保护区是陕西省内最具保护价值的一个自然综合体,其保护对象涵盖了动物、植物、自然地貌、水体风光等多种自然资源。

为实现保护区又好又快发展,化龙山省级自然保护区建立后,陕西省林业厅和安康市委市政府十分重视建设工作,要求尽快申报建立国家级自然保护区。2003 年夏,化龙山省级自然保护区管理局组织西北大学历经一年时间,开展了第二次资源调查工作,完成了昆虫、大型真菌资源初步调查。随后,化龙山省级自然保护区管理局组织编撰出版了《陕西化龙山自然保护区综合科学考察报告》(西安地图出版社 2004 年出版发行)。

2010 年 4 月,化龙山国家级自然保护区管理局委托陕西师范大学正式开始了第三次资源本底调查,在调查中发现了大量陕西省和化龙山自然保护区新纪录物种,科考取得了一系列重大发现。2010 年 11 月 5 日,“陕西师范大学化龙山生物多样性保护研究实习基地”和“西北濒危药材资源开发国家工程实验室化龙山药用植物资源保育基地”正式在化龙山保护区挂牌,开启了化龙山自然保护区与科研院校就生物多样性保护研究建立长效机制的良好开端。

第 9 章

(Reserve community economy)

保护区社区经济状况

生物资源和生态环境既是保护区实施保护管理的主要对象,又是当地社会经济发展的物质基础。保护与发展相辅相成,是不可分割的两个方面。自然保护区的建立,有利于社区与外界联系与沟通,推动社区改革传统的生产经营方式,在一定程度上改善了社区的经济发展。当地居民参与到保护区的建设与管理中,缓解了当地资源保护的压力。保护区建立后,应探索出一条保护区人与自然和谐共处、协调发展的模式,强调与当地社区实施共同管理,实现保护自然资源与发展社区经济的双赢。

9.1 社会经济概况

化龙山自然保护区周边涉及镇坪和平利两县的两个国有林场(镇坪县国有林业总场和平利县千家坪国有林场)、5 个乡镇(镇坪县上竹镇、城关镇、牛头店镇、曾家镇,平利县八仙镇),其中镇坪县境内 23 802 hm^2,平利县境内 4 301 hm^2。

从地方经济发展水平来看,2009 年镇坪县实现生产总值 5.708 亿元,较上年增长 15.6%。其中,第一产业增加值 1.813 亿元,增长 7.6%;第二产业增加值 1.562 亿元,增长 15.2%;第三产业增加值 2.333 亿元,增长 21.3%。第一、第二和第三产业增加值占生产总值的比重分别为 31.7%、27.4% 和 40.9%。全年农村居民人均纯收入 3 215 元,增长 21.5%;城镇居民人均可支配收入 12 356 元,增长 22.7%。农业生产形势稳定,全年完成农林牧渔业总产值 34 334 万元,较上年增长 8.0%,其中农业产值 18 322 万元,林业产值 3 105 万元,牧业产值 11 506 万元,渔业产值 31 万元。全年粮食种植面积 9 411 hm^2,比上年增加 69 hm^2,增长 0.7%。粮食产量达到 28 780 吨,比上年增长 11.1%,其中秋粮 18 038 吨,增长 13.9%;油料种植面积 804 hm^2,增加 10 hm^2;蔬菜种植面积 1 800 hm^2,增加 128 hm^2。全年有效灌溉面积 100 hm^2。全年新发展药材 6.2 万亩。全年劳务输出 1.28 万人,人均劳务收入近万元。全县工业实现增加值 10 610 万元,比上年增长 16.9%,拉动全县经济增长 2.2 个百分点。其中规模以上工业增加值 8 140 万元(含农电),同比增长 27.6%。全年规模以上工业总产值达 20 882(不含农电)万元,同比增长 57.2%,产品销售率达到 96.1%,较上年提高 1.2 个百分点。

平利县八仙镇 2012 年度全年实现国内生产总值 3.5 亿元,增长 15%;完成财政总收入 3 117万元,其中地方财政一般预算收入 2 846 万元,分别增长 20.5% 和 15.6%;农民人均纯收入达到 6 140 元,比上年增长 25%;人口自然增长率 0.67‰。尤其农业产业不断壮大,坚持"率先突破茶饮产业、做大做强畜牧产业、巩固发展蚕桑产业、积极培育特色产业"的思路,突出规模经营、标准生产和大户示范。规范培植精品茶园 3 000 亩,新建高效密植茶园 300 亩,试种 300 亩绞股蓝获得成功,全年产绿茶 610 吨,实现产值 6 050 万元。"八仙云雾牌"茶叶系列产品荣获“中国著名品牌”称号。新建千头猪场1个、正大圈舍50个、生猪良繁大户2个，建成生猪万头基地村2个，培育山鸡养殖等特色养殖大户5户，强化市场检疫和能繁母猪投保、理赔工作，狠抓春秋动物防疫，畜禽防疫密度达100%，全镇生猪饲养量达8.2万头，出栏5.5万头，实现产值5 700万元。坚持走工厂化养蚕的路子，狠抓桑园管理，积极引导农户充分利用桑园资源，发放蚕种3 600张。试种烤烟600亩取得成功，成为富民强镇的后续支柱产业，新建核桃园9 300亩，注册成立农民专业合作社6个，特色产业蓬勃发展。

9.2 产业结构

保护区内及周边地区村民生活相对贫困，主要经济来源是依靠农作物、养殖业和林副产品，农作物收入占主导地位，林副产品收入也占一定比例。

农业生产种植多种农作物，以水稻、小麦、玉米、洋芋、大豆、红薯、油菜籽等农作物为主，基本保持传统农业生产特点，土壤瘠薄，一年一季，极少为一年两季，以家庭为单位进行农业生产，基本上能自给自足。

牧业生产处于分散经营的状况，以传统的家庭散养为主，规模小，饲养技术粗放，以食用和耕作为主。大多数农户饲养2头猪，一头自己食用，一头到集市上销售。

在林副产品生产上，村民以种植香菇、黑木耳、枣皮等为主，是村民收入的主要来源。

保护区建立后，应该积极引导区内村民发展高效农业，引进新品种和新技术，促进社区经济发展。同时应开展宣传教育，充分调动社区村民保护和管理资源的积极性，提高村民保护自然环境自觉性，并注重当地社区的参与性，吸收社区富余的劳动力参与保护区的保护管理，实现保护自然资源与发展社区经济的双赢。

9.3 人口与民族

镇坪县国土面积1 503.26 km^2，辖9镇（城关镇、曾家镇、牛头店镇、钟宝镇、洪石镇、上竹镇、小曙河镇、曙坪镇、华坪镇），78个行政村，430个村民小组，1个居民委员会，6个居民小组。2008年末，全县总人口为59 295人，比上年末增加450人，有汉族、回族、满族、俄罗斯族、鄂伦春族、朝鲜族、蒙古族、藏族、维吾尔族、土族、黎族、白族、苗族、壮族、布依族、锡伯族、哈尼族、土家族等民族居住。其中农业人口50 382人，非农业人口8 913人。年末常住人口49 129人，出生率为10.1‰，死亡率为8.06‰，人口自然增长率2.04‰。人口密度为每平方公里39.5人。

八仙镇位于平利县南端，全镇国土面积326 km^2，辖30个行政村，146个村民小组，总人口30 768人，其中非农业人口2 314人。

9.4 社区发展概况

9.4.1 镇坪县

近年来，镇坪县各项事业均健康发展，精神文明建设卓有实效。

2009年，全县共有小学52所，186个班级，在校学生4 181人，425名专任教师；全县共有中学5所,68个班级,在校学生3 567人,专任教师222人。普通高中在校生1 139人。各类中小学共有教职工702人,其中专任教师647人。从教职工学历看,大学本科及以上学历189人,专科毕业336人;高中及以下122人,从职级看,小学高级教师146人,一级教师255人,中学高级教师28人,一级教师86人,二级及以下教师108人。各类中小学共有计算机472台,体育运动场38个,61 750 m^2,图书藏量达14.29万册(含电子图书藏量12 342片)。全县有幼儿园1所,幼儿园(含学前班)共有28个班,在园幼儿824人。

营养早餐工程全面实施,教育事业稳步推进。镇坪从2009年秋季在农村中小学实施营养早餐工程。全县共5 550名中小学生享受到了政府补贴的“营养工程”,覆盖全县义务教育阶段学生总人数的81.2%,寄宿生覆盖率达到100%。2009年,全县累计投入280余万元专门用于“营养工程”。

建立了“助、补、减、免”为主要内容的助学政策体系,全年共免除义务教育阶段学生7 012人次学杂费334万元,书费86万元,补助义务教育阶段贫困寄宿生生活费1 706人次114.8万元。

科技推广普及力度加大,科技特派员制度全面实施。年末各类专业技术人员1 320人,其中农业技术人员79人。农业科技与服务单位7个。

全县有文化馆1个,阅览室1个。有线广播电视台1个,电视人口覆盖率达75%,广播人口覆盖率为80%,能接收中、省、市等75套电视节目。全县有66个村通有线电视,年末有线电视用户达7 300户,其中数字电视3 100户。全县有各类书店4个,公共图书馆图书藏量为22.2千册,基本可以满足人们买书、租书需求。建设完工标准化乡镇文化站7个,村文化活动室63个。

全县共有医院、卫生院12个,拥有病床位242张;各类卫生技术人员199人,比上年增加28人。其中,医生67人,比上年减少10人。2009年全县参加新型农村合作医疗人口45 807人,参合率达92.03%。计划免疫率达98.85%,产妇住院分娩比例99.5%。

2009年末,全县各种社会福利收养性单位7个,拥有床位430张,集中供养五保户320人;全县已参加基本养老保险人数为2 147人,比上年末增加132人,农村已参加养老保险人数为294人;城镇已参加基本医疗保险的人数为6 102人,增加74人;城镇已参加失业保险的人数为1 873人,增加59人;城镇已参加生育保险的人数为2 118人,与上年持平。2009年,1 186人城镇居民得到政府最低生活保障,比上年增加83人;6 616人农村居民得到政府最低生活保障;全县抚恤、补助各类优抚对象218人;有1 596人次得到民政医疗救助。社会保障体系建设不断完善,农村低保扩面工作全面完成,五保户集中供养体系建设步伐加快,残疾人综合救助工程全面实施,困难群众的生产生活得到妥善安置。

9.4.2　平利县八仙镇

平利县八仙镇各项社会事业健康发展。镇内有中学1所,小学20所,教职工192人,常年在校学生3 300人;有中心医院1所,村级卫生室12个,专业医护人员48人;广播电视村村通;计划生育综合服务乡镇创建达标,计划生育率巩固在95%以上;社会治安状况良好,投资环境优越。

9.5　保护与发展的关系分析

9.5.1　矛盾分析

生物资源和生态环境既是保护区实施保护管理的主要对象,又是当地社会经济发展的物质基础。保护与发展相辅相成,是不可分割的两个方面。现阶段自然保护区的封闭式管理,限制了当地居民对资源的利用,减少了社区居民的经济收入,使得社区发展的需要和保护区保护生物多样性的矛盾更加突出。如何有效地将生物多样性和周边社区经济的发展协调起来,日渐受到人们的关注。社区经济发展与生物多样性保护方面的矛盾主要体现在以下几个方面。

9.5.1.1 资源保护与利用方面的矛盾

大量研究认为,保护区的建立客观上在一定程度上制约了当地社区经济的发展。保护区的封闭式管理,限制了当地居民对资源的利用,当地传统的生活方式和生存空间受到了限制,而新的替代方式又没有形成,在一定程度上减少了社区居民的经济收入。为了生存和生活,部分村民常私自进山砍柴、偷盗森林等,造成违法利用资源的现象屡有发生,对生态环境和物种资源保护构成威胁。因此资源保护与利用已成为保护区与社区面临的主要矛盾。

9.5.1.2 人地矛盾

由于保护区周边社区生产力水平和经济结构的原因,他们对保护区内土地和资源有着很强的依赖,形成了“靠山吃山”的生计体系。然而,保护区建立之后,由于核心区土地的征收,以及土地利用方式的调整,大大减少了村民的耕地面积,村民失去了生活的保障。在新的产业结构和就业机会形成之前,将严重影响当地居民的生产生活。此外,人口的增长,使这一矛盾更加的突出,这将会严重增加保护与利用之间的矛盾。

9.5.1.3 利益分配失衡

由于政府部门对于保护区的支持力度不够,实际的财政投入往往很少。这种情况下,保护区依托自身资源,通过各种创收途径来增加经济来源。但是,当地社区为了生产生活需要,也要利用保护区内的资源。这种保护区管理机构和社区对资源的共同依赖,是产生矛盾的根源之一。此外,保护区管理机构在创收的同时,往往利用特殊的权力获得特殊的利益。这种不公平的利益分配机制引起了保护区与当地社区之间的对立和冲突。

9.5.2 解决对策

树立“以人为本”的理念,关注社区居民的生产生活。首先关注保护区及其周边村民最基本的需求,如耕地、能源以及社会公共事业。其次,要密切关注保护区内农民失去部分土地后的生计问题和就业问题,积极帮助社区调整产业结构,通过扶持和培育新的经济增长点,为社区经济发展创造更多的机会和潜力,采取多种形式帮助当地社区解决问题,使周边社区从单纯的生物多样性保护的受害者变成生物多样性保护的共同受益者。

相互协作,利益分享。利用政府或保护区的技术和信息优势,采取多种形式,通过多种渠道扶持引导社区的经济发展,积极引导社区群众合理利用各种资源,从实际出发,调整产业结构,改变对资源依赖型的传统生产方式,发展特色经济。优先选择技术先进,便于掌握,具有发展潜力,市场前景看好,投资少,见效快,效益好的项目。引进技术、人才、资金,协助社区提高生产力水平。采取经济激励的方法,促进社区参与保护工作。

开展社区共管。建立健全社区共管机制,调动当地政府机构、社区村民、社区团体和其他组织的参与保护行动的热情和积极性,共同参与保护区的开发和建设,以增进保护区与社区群众之间的理解和支持,加深村民对生物多样性保护认识的提高,增进生态环境保护意识,最大限度地改善保护区同周边社区之间的关系。

构建和完善保护区管理及监督职能。从政府赋予保护区部分行政管理权力、国家和地方政府给予保护区社区优惠政策、建立国家补偿机制、让社区有参与决策的权利等方面构建管理及监督机制,促进保护事业的全面发展。

扶持社区公共事业建设。积极参与扶持社区的教育、卫生等公共事业。对文化程度低的村民,采取补习、夜校等方式,提高综合素质;为社区群众提供科技培训、技术指导、实用研究成果的推广等服务,力争使社区群众每户都掌握一门以上的技术,拓宽社区群众致富途径。

9.6 社区共管

近年来,保护区的数量与面积均在急剧增长,单纯地孤立地进行保护是行不通的,实施社区共管是全世界保护区发展的必然选择。

社区共管机制的建立对保障自然保护区实施活动以及当地社区合理利用资源具有重要的意义,它实际上是对社区自我能力的认识过程,是对社区与政府及其他相关利益群体协作能力的强化过程,是对社区的传统知识的发掘和利用的过程。社区共管的最基本目标就是促进生物多样性保护事业的发展,其主要目的是使自然保护区内被保护物种和生物多样性得到保护,并寻求改善自然保护区内及周边社区村民生活水平的途径。采取社区共管等综合措施,强调与当地社区实施共同管理,把保护与发展密切结合起来,实施可持续发展战略,促进生物多样性保护事业的发展。

9.6.1 社区共管的目的

社区共管的主要目的是使自然保护区内被保护物种和生物多样性得到保护,并寻求改善自然保护区内及周边社区村民生活水平的途径。换言之,就是充分发挥保护区的人才、技术、资金和信息优势,协助社区调整经济结构,减少对保护区资源的直接依赖和人为干扰,缓解生态环境的压力,提高经济水平,改善社区群众生活质量,密切区社关系,使社区居民能够真实感受到自然资源保护给他们带来的好处,积极参与保护区资源的保护,探索出一条保护区人与自然和谐共处、协调发展的模式,最终实现保护区和社区经济的可持续发展。

9.6.2 社区共管的原则

实行社区共管,须坚持的原则如下:

(1)扩大参与性,保护优先;

(2)提供刺激机制;

(3)得到当地政府的支持;

(4)把保护和自然资源合理利用及社区持续发展联系起来,实现共同发展的原则。

9.6.3 社区共管的领域

自然保护区管理部门机构建设与观念转变,重新定位保护区管理机构的职责与职能,加强保护区管理机构的建设,完善保护区管理制度,提高社区工作能力技巧;根据国家有关法律法规,结合社区及保护区实际情况,由社区共管委员会制定有关“保护公约”、“乡规民规”的规章制度,明确保护区和社区各方的责、权、利,严格考核,促使社区共管工作走上良性发展轨道;建立社区监督体制，让社区有参与决策的权利；寻求适合社区发展的经济来源新途径；通过扶贫或保护基金等形式，建立国家补偿机制。

总之，在自然保护区的建设过程中，既要考虑生态建设的需要、又要兼顾保护区及其社区的发展——“统筹人与自然和谐发展”；既要考虑整体社会经济可持续发展、也要兼顾那些为了生态建设无法为经济发展做出贡献区域的共同进步——“区域平衡”；既要考虑子孙后代发展对自然生态环境的需求，也要兼顾保护区和社区当代居民生存质量的改善——“代际平衡”。只有充分考虑各方面的需要、照顾到各利益群体的生存发展需求、统筹考虑生态效益维护者的利益和享受者的责任，建立起一个各利益群体间公平的平台，才能实现人与自然的和谐相处，实现保护与发展的相互协调。

第 10 章 自然保护区评价

(Nature reserve evaluation)

根据《自然保护区类型与级别划分原则》(GB/T14529－93)和化龙山自然保护区的主要保护对象,该自然保护区被确定为“生态系统类”、“森林生态系统类型”自然保护区,以保护典型的北亚热带森林生态系统及珍稀濒危动植物种群为主,兼有野生植物、动物保护,集自然生态、资源与物种保护、水源涵养、科学研究、科普宣传、生态旅游和持续利用等多种功能于一体。采用国家环境保护总局南京环境科学研究所提出的《自然保护区生态环境质量定量化评价方法与标准》、《自然保护区管理质量量化评价》体系的定量方法,从生物资源、经济价值、管理等 3 个方面对化龙山自然保护区进行了评价。分析评价表明,化龙山自然保护区生态质量较好,具有较高的保护价值,且管理水平较高,管理能力较强,有必要通过加强各项基础建设对其进行积极有效的保护。

10.1 生物资源评价

生物资源是自然资源的重要组成部分,也是人类赖以生存的物质基础。随着人口的不断增长,人类对生物资源的需求量猛增,因此需要野生物种资源可持续发展,继续为人类做出重大贡献。这就要求我们必须充分认识到它的价值及作用,从而采取有效的措施,确保生物资源的再生和永续利用。

10.1.1 动物资源

经实地考察,化龙山自然保护区共发现野生脊椎动物 374 种。野生动物中重点保护种类 68 种,中国特有种 42 种。其中,国家Ⅰ级重点保护动物 6 种,Ⅱ级重点保护动物 36 种,陕西省重点保护动物 26 种。国家级重点保护野生动物中,两栖类Ⅱ级重点保护动物 1 种;爬行类Ⅱ级重点保护动物 1 种;鸟类Ⅰ级重点保护动物 2 种,Ⅱ级重点保护动物 24 种;兽类Ⅰ级重点保护动物 4 种,Ⅱ级重点保护动物 10 种。因此,化龙山自然保护区是我国巴山北部地区重要的野生动物种质资源库。

10.1.1.1 鱼类资源现状及保护

保护区鱼类共计 30 种(表 2－1)分别隶属 4 目 9 科 26 属。化龙山保护区境内的南江河属汉江水系,水质偏弱碱性,溶解氧含量基本呈饱和状态,无污染,水质优良,适于陕水鱼类生长。根据南江河底质多为砾石且水流湍急的特点,河流中流水性鱼类分布较多,它们多属杂食和肉食性鱼类。南江河多鳞铲颌鱼肉质细嫩是山区的名贵经济鱼类,具有养殖开发利用前景。鮨科的几种鳜鱼属肉食性名贵鱼类,资源丰富,应予以保护和合理性利用。

近年来,由于电鱼、毒鱼以及不合理的密度刺网的捕捞,鱼类资源受到严重影响。考察队曾在岚河三星寨河段采集标本，经过近 200 m 河段的采集，仅发现 1 尾 10 g 重的短须颌须鮈。究其原因，老百姓讲，这里河流常年毒鱼、鱼类资源几近枯竭，应加以保护；另外，南江河水电梯级开发的影响也是鱼类资源减少的原因之一。建议在加强渔政执法力度的同时，应在适当河段建立鱼类增殖站，加速鱼类资源的增殖与恢复。

10.1.1.2 两栖类动物资源

化龙山保护区现有两栖纲动物 2 目 7 科 18 种（表 3－1）。占中国两栖动物种类总数（280 种）的6.4%，占陕西省两栖动物种类总数（28 种）的64.2%。中国特有种 10 种，主要有大鲵、巫山北鲵、秦巴北鲵、小角蟾、华西蟾蜍、隆肛蛙、花臭蛙、崇安湍蛙、金线侧褶蛙、合征姬蛙。其中，大鲵为国家Ⅱ级重点保护动物，金线侧褶蛙为陕西省新纪录。发现化龙山自然保护区新纪录斑腿树蛙 1 种。药用两栖类动物有巫山北鲵、中国林蛙、中华蟾蜍、华西蟾蜍等；可供食用的两栖类动物有黑斑蛙、隆肛蛙等。

10.1.1.3 爬行类动物资源

化龙山保护区现有爬行动物 3 目 7 科 22 种（表 4－1）。占中国爬行动物总数（380 种）的5.8%，占陕西省爬行动物总数（51 种）的43.1%。国家Ⅱ级重点保护动物有山瑞鳖 1 种。中国特有种有潘氏闭壳龟、黄纹石龙子 2 种，其中潘氏闭壳龟被列入 CITES 附录Ⅱ和《中国濒危动物红皮书—两栖爬行动物》野生绝灭种。共发现陕西省新纪录米仓龙蜥、紫灰锦蛇、斜鳞蛇 3 种。药用爬行类动物有中华鳖、乌龟、赤练蛇、乌稍蛇、王锦蛇、玉斑锦蛇、菜花烙铁头、蝮蛇等；可供食用的爬行类动物有王锦蛇、黑眉锦蛇等。

10.1.1.4 鸟类动物资源

化龙山自然保护区分布鸟类共计 224 种，分属 16 目 50 科（表 5－1）。本区鸟类种类占陕西省鸟类种类总数 475 种（孙承骞，2007）的47.16%，全国1 371种（郑光美，2011）的16.34%。共有国家重点保护动物23 种，其中，国家Ⅰ级重点保护动物 2 种，即金雕、白肩雕；国家Ⅱ级重点保护动物 24 种，其中鸭科 1 种——鸳鸯；鹰科 7 种——黑耳鸢、赤腹鹰、雀鹰、凤头蜂鹰、鹰雕、普通鵟、毛脚鵟；隼科——红隼、阿穆尔隼；雉科 4 种——红腹锦鸡、红腹角雉、勺鸡、白冠长尾雉；鸠鸽科 1 种——红翅绿鸠；鸱鸮科 8 种——雕鸮、斑头鸺鹠、领角鸮、红角鸮、鹰鸮、毛脚鱼鸮、纵纹腹小鸮、灰林鸮、长耳鸮。共有中国特有鸟类包括红腹锦鸡、白冠长尾雉、灰胸竹鸡、白头鹎、领雀嘴鹎、橙翅噪鹛、画眉、白领凤鹛、白眶鸦雀、三趾鸦雀、棕腹大仙鹟、黄腹山雀、银脸长尾山雀、酒红朱雀、蓝鹀 15 种。

在本次科学考察中，发现了 2 个新纪录目、7 个新纪录科和 83 个新纪录种，其中 4 种为陕西省新纪录种。

新纪录目为：䴙䴘目（Podicipediformes）和雁形目（Anseriformes）。

新纪录科为：䴙䴘科（Podicipedidae）、鸭科（Anatidae）、太平鸟科（Bombycillidae）、鹪鹩科（Troglodytidae）、岩鹨科（Prunellidae）、戴菊科（Regulidae）和梅花雀科（Estrildidae）。

新纪录种的分布为：䴙䴘科 1 种——小䴙䴘；鸭科 1 种——鸳鸯；鹰科 5 种——白肩雕、凤头蜂鹰、鹰雕、普通鵟、毛脚鵟；雉科 1 种——鹌鹑；秧鸡科 1 种——普通秧鸡；鸻科 1 种——灰头麦鸡；鸠鸽科 1 种——红翅绿鸠；杜鹃科 1 种——中杜鹃；鸱鸮科 2 种——雕鸮、领角鸮；啄木鸟科 2 种——蚁鴷、白背啄木鸟；鹡鸰科 2 种——红喉鹨、水鹨；鹎科 2 种——黑［短脚］鹎、绿翅［短脚］鹎；太平鸟科——小太平鸟；伯劳科 2 种——虎纹伯劳、灰背伯劳；椋鸟科 1 种——灰椋鸟;鸦科 2 种——小嘴乌鸦、星鸦;鹪鹩科 1 种——鹪鹩;岩鹨科 2 种——栗背岩鹨、棕胸岩鹨;鸫科 11 种——蓝短翅鸫、红胁蓝尾鸲、黑喉红尾鸲、蓝额红尾鸲、小燕尾、灰林䳭、黑喉石䳭、灰头鸫、斑鸫、宝兴歌鸫、栗腹矶鸫;鹟科 9 种——铜蓝鹟、棕腹大仙鹟、白腹蓝[姬]鹟、红喉[姬]鹟、白眉[姬]鹟、灰蓝[姬]鹟、棕尾褐鹟、乌鹟、褐胸鹟;画眉科 8 种——黑领噪鹛、灰翅噪鹛、眼纹噪鹛、栗耳凤鹛、褐顶雀鹛、灰眶雀鹛、褐头雀鹛、黑头奇鹛;鸦雀科 1 种——灰头鸦雀;莺科 9 种——棕脸鹟莺、栗头鹟莺、极北柳莺、棕眉柳莺、黑眉柳莺、甘肃黄腰柳莺、黄腹树莺、中华短翅莺;戴菊科 1 种——戴菊;绣眼鸟科 1 种——红胁绣眼鸟;山雀科 2 种——煤山雀、褐头山雀;䴓科 1 种——红翅旋壁雀;梅花雀科 1 种——白腰文鸟;燕雀科 5 种——酒红朱雀、褐灰雀、灰头灰雀、红交嘴雀;鹀科 4 种——黄喉鹀、灰头鹀、戈氏岩鹀、蓝鹀。

在保护区 83 个新纪录鸟种中共有陕西省新纪录 4 种,分别是黑头奇鹛、灰头鸦雀、褐灰雀和小太平鸟。224 种鸟类中有 70% 以上的种类为食虫种类和大量捕食啮齿类动物的猛禽类,可供食用、药用、观赏和研究的鸟类资源也非常丰富。

10.1.1.5　哺乳类动物资源

化龙山自然保护区共发现兽类动物 80 种,隶属于 7 目 23 科(表 6－1)。国家重点保护动物 14 种,其中,国家Ⅰ级重点保护动物 4 种,主要有云豹、金钱豹、华南虎、林麝,其中云豹、金钱豹、华南虎均被列入 CITES 附录Ⅰ,林麝为中国特有种,被列入 CITES 附录Ⅱ;国家Ⅱ级重点保护动物 10 种,主要有猕猴、黑熊、黄喉貂、水獭、大灵猫、小灵猫、金猫、豹猫、鬣羚、斑羚,其中黑熊、水獭、金猫、鬣羚、斑羚均被列入 CITES 附录Ⅰ,豹猫被列入 CITES 附录Ⅱ。省重点保护动物 10 种,包括狼、赤狐、貉、豹猫、鼬獾、猪獾、花面狸、小麂、毛冠鹿和狍。

共发现化龙山自然保护区新纪录 4 种,包括大菊头蝠、大卫鼠耳蝠、西南鼠耳蝠和隐纹花松鼠。

化龙山自然保护区兽类动物中国特有种 15 种,主要有侯氏短棘猬(林猬)、川西长尾鼩、大长尾鼩、大卫鼠耳蝠、南蝠、灰伏翼、小麂、林麝、岩松鼠、复齿鼯鼠、罗氏鼢鼠、苛岚绒鼠、洮州绒鼠、黄胸鼠。陕西省新纪录有大菊头蝠和西南鼠耳蝠 2 种。

兽类动物资源中经济动物种类较多,有较高的直接或间接的经济价值,其中毛皮动物主要有草兔、松鼠、鼯鼠、鼬獾、猪獾、花面狸、小麂、狍子等;香料动物有大灵猫和小灵猫,可分泌灵猫香,是高级香料的固香剂;药用动物有林麝——林麝所产麝香具有极高的药用价值,黑熊——产熊胆、熊油,猪獾——产治疗烫伤的特效药,鼯鼠——产五灵脂,蝙蝠类——产夜明砂。

陕西化龙山自然保护区脊椎动物物种丰富,珍稀濒危性高,地域代表性强,具有很高的生态、科研、经济等保护价值。

10.1.2　自然生态质量

自然保护区及其保护对象的生态质量评价,可以用于鉴别保护区的生态价值和科学意义,这是自然保护区建设和管理中的一项基础工作。根据评价指标的兼顾性、可行性、易操作性、系统性和避免重复交叉原则,选取多样性、稀有性、代表性、自然性、面积适宜性及生存威胁性 6 项指标,对陕西化龙山自然保护区的自然属性进行评价。

10.1.2.1　物种多样性和生境多样性

多样性是反映物种多度和种群丰度的一个指标,是目前自然保护区评价工作中使用频率最高的指标之一。多样性可以分为物种多度、物种相对丰度和生境类型多样性 3 个子项指标。陕西化龙山自然保护区位于陕西省最南部的镇坪与平利两县交界处，地处燕山运动形成的巴山弧形构造带内，横跨汉水流域南江河水系和岚河水系，是我国多个地理单元的交汇区域，成为亚热带暖温过湿山地气候区物种基因交流、种群扩散的重要场所，不同区系成分共存，边缘效应显著，孕育着独特的生物多样性。化龙山自然保护区不仅是多种生物迁徙、汇聚、交流的地方，更是多种动植物分布的天然界限，具有典型而独特的物种多样性、遗传多样性、景观多样性和生态系统多样性。由于化龙山特殊的地理位置，使得这里的物种多度、相对丰富度和生境类型呈现动物区系东洋界种类居优势及植物区系相当丰富和古老的温带、亚热带极显著的特点。化龙山原始森林茂密，生物资源丰富，珍惜物种遍布，山地立体气候明显，素有“生物物种基因库”之称。

10.1.2.2 动植物种类的稀有性

稀有性指标是指用来度量物种或生境等在自然界现存数量的稀有程度，包括物种濒危程度、物种地区分布和生境稀有性3个子项指标。化龙山自然保护区南接渝北湿润型常绿阔叶林地带，东邻鄂西北常绿、落叶阔叶林地带，南北过渡、东西承接，是众多重点保护动植物的避难所。保护区有国家重点保护野生植物20种，陕西省重点保护野生植物45种，比神农架多12科，比太白山多33科。陕西省共有稀有濒危植物90种，化龙山有33种(包括1亚种，1变种)，占全省稀有濒危植物总数的36.7%，如：珙桐(国内分布最北界)、长序榆、喜树(均为陕西省唯一发现)、大果青扦、银鹊树、香果树、鹅掌楸、独兰花、天麻、黄杉、野大豆、狭叶瓶尔小草、紫斑牡丹等。化龙山野生中草药资源丰富，有“巴山药带”之称。国家级及陕西省重点保护野生动物68种，其中，国家Ⅰ级重点保护动物有林麝、云豹、金雕、华南虎等6种，国家Ⅱ级重点保护动物有黑熊、水獭、大灵猫、鬣羚、斑羚、红腹角雉等36种，陕西省重点保护动物有秦巴北鲵等26种。在化龙山海拔较高的山区，有横断山脉—喜马拉雅型的古老、原始种类，如食虫目的纹背鼩鼱，长尾鼩属的种类及林麝等，以及数量较多的有尾两栖动物秦巴北鲵、巫山北鲵，在南江河中数量多、体型大的大鲵等，成为陕西及大巴山区动物的天然基因库。

10.1.2.3 生态系统的代表性

代表性是衡量自然保护区的生物区系、群落结构和生态环境与所在动物地理省或某一生态地理区域内的整个生物区系、群落结构和生态系统的相似性程度的一个指标。化龙山自然保护区气候类型属于亚热带常绿阔叶林区域、北亚热带常绿、落叶阔叶混交林地带，由于山体高大，相对高差在2 000 m以上，水热条件随海拔高度的抬升，由下而上依次分为常绿落叶阔叶林带、落叶常绿阔叶林带、落叶阔叶林带、暗针叶林带，植物带谱显现，明显地反映出北亚热带森林生态系统的特有色彩，既不同于秦岭主峰太白山森林生态系统的结构，又有别于四川峨眉山的森林生态系统结构，具体反映为由暖温带到中亚热带的过渡特点，在国内同一纬度极为少见。在动物区系组成上以东洋界种类占优势，既显示出它的特异性，又表现出与神农架太白山等地动物的联系性。化龙山自然保护区森林覆盖率91.7%，基本保持了原始、完整的森林生态系统，是中国巴山北部地区重要的野生动植物物种资源库，是中国巴山地区少有的原始自然历史本底，是一个具有保护价值的自然综合体，是亚热带具有典型代表的综合自然生态系统。

10.1.2.4 面积的适宜性

自然保护区的面积是一个重要指标，一个保护区的重要程度往往随面积的增加而提高。

一般而言,自然保护区面积越大,则保护的生态系统越稳定,生物种群越安全。但自然保护区建设必须与社会经济发展相协调、相适应,科学合理地确定保护区面积。单一评价保护区面积的适宜性,主要看该保护区的面积是否满足维持保护对象所需的最适宜面积或最小面积。

化龙山自然保护区是以保护森林和野生动物类型的自然保护区,总面积28 103 hm^2,其中核心区面积11 923 hm^2,占总面积的42.4%;缓冲区面积3 914 hm^2,占14.0%;实验区面积12 266 hm^2,占43.6%。化龙山自然保护区现有面积范围内,地貌主体属剥蚀地区,沟谷密布,山峦起伏,峭壁林立,石洞深幽,具有多层级多种类的地貌景观,森林生态系统完整,动植物资源丰富,可以代表特定自然保护地带的典型自然综合体及其生态系统,完全能够反映出自然环境、自然地带、生态系统的特点,同时能够满足被保护物种其生物学、生态学特性所必需的最适空间,因此,该面积足以有效地维持该生态系统的结构和功能。

10.1.2.5　生态环境的自然性

自然性是衡量自然保护区内保护对象遭受人为干扰程度的一项指标,常称为自然度。自燃性是一个相对的指标,自燃性越高,表示所遭受的人为干扰程度越小,保护价值越高。所以自然性的定量评价主要以生态系统破坏的程度为依据,而人为破坏程度是难以用量值来确定的,常以等级划分来确定,根据人为影响的大小将自然性分为 4 个类型,即:完全自然型,保持原始状态,无任何变化;受扰自然型,受到人类侵扰,但系统无明显的结构变化;退化自然型,遭受人类破坏,系统结构发生变化;人工修复型,原始结构以不复存在,有大量的人为修饰迹象(如大规模引进物种、使用化学品、人为地进行生态系统和生物生境的恢复等)。因为核心区是保护区的精华部分,代表着整个自然保护区的生态质量,体现了整个保护区的保护价值,因此,评价自然保护区的自然性时,常针对核心区的自然状况来进行评价。

化龙山自然保护区的自然型属于受扰自然型,虽有少量认为干扰,但核心区仍保持着自然状态,且区内无居民,自然度较高。

10.1.2.6　生存威胁

生存威胁是指自然保护区所面临的人类侵扰压力,这种压力主要包括 2 个方面,一是对自然保护区机构实体本身的压力,主要指土地利用的竞争压力;二是对保护区内保护对象的侵扰,如对林木资源的砍伐,对野生动物的捕猎,对保护区水资源的污染,保护区内开发活动对环境的影响等。

生存威胁定量化指标分为 5 个子项,即物种生活力、生物种群稳定性、生态系统稳定性、人类直接威胁和人类间接威胁。气候的变化、人口的大量增长以及人类对自然资源的不当利用是造成自然保护区自然植被退化、生态环境恶化的直接诱因,而人类大范围、无节制的经济活动则是抑制当地自然生态环境自我恢复的主要原因。

2005 ~ 2007 年的调查结果表明,化龙山自然保护区的当地居民具有传统的狩猎习惯,而且表现出如下特征:

(1)狩猎的季节集中在每年的冬季(10 ~ 12 月);

(2)狩猎的工具以陷阱(绳索套)、猎枪、毒饵、打野猪机为主,捕猎时有猎犬辅助;尤其是近年来出现的打野猪机威力大(瞬时电压数万伏)、覆盖面积大(数十平方公里),给区内的大型野生动物及人畜都造成了极大的威胁。

(3)狩猎的种类大多以野猪(*Sus scrofa*)、黑熊(*Selenarctos thibetanus*)、林麝(*Moschus berezovskii*)、鬣羚(*Capricornis sumatraensis*)、斑羚(*Naemorhedus goral*)、毛冠鹿(*Elaphodus cephalophus*)、小麂(*Muntiacus reevesi*)等大中型哺乳动物为主,偶尔捕猎雉类、画眉等食用观赏种类。

(4)狩猎强度:据实地访问调查,在曾家镇田坪村狩猎人数约占居民总数的5%。在城关镇文采村,每天有15人次进山打猎(全村约500人)一个猎民一个冬季最多可捕猎野猪10~15头。文采村2003~2006年共捕杀黑熊约50头;

(5)狩猎的目的以销售获取经济利益为主,少量自用。

因此,化龙山自然保护区的保护工作亟待加强。

10.2 经济价值评价

10.2.1 生态价值

化龙山自然保护区的生态价值主要表现为以下几个方面:

1. 陕南地区不可或缺的生态屏障

化龙山国家级自然保护区位于陕西省最南部,地处燕山运动形成的巴山弧形构造带内,横跨汉水流域南江河水系和岚河水系,是我国多个地理单元的交汇区域。它不仅是陕南地区生态安全屏障的一道防线,更是福泽陕南、拱卫关中的绿色屏障。化龙山自然保护区的建立,将会使得保护区内的森林资源和森林生态系统得到全面有效保护,对阻止水土流失、防止森林退化、保障区域生态安全起着决定性作用。

2. 调节气候,改善生态环境

化龙山自然保护区累计年降水量平均值为946.2~1 004.1 mm之间,保护区内大面积的森林植被通过蒸腾作用产生水蒸气,不但可以诱发降水,增加地表水源和地下水源,而且可以提高周围地区的空气湿度,减少土壤水分的损失,对陕南地区优化自然环境,保持生态平衡,调节气候,减少风沙起着重要作用。

3. 南水北调中线工程的水源地

化龙山自然保护区位于南水北调中线工程的水源地——丹江口水库上游,区内山势陡峭,土层较薄,森林植被一旦遭受破坏,将会造成严重的水土流失。加强化龙山自然保护区的建设,可以提高森林保持水土、涵养水源的生态功能,为丹江口水库提供充足的、优质的水源,对国家重点工程——南水北调中线工程的正常运行做出巨大贡献。

综上所述,化龙山由于其独特的地理位置和良好的森林生态系统,决定了其具有不可估量的生态价值。

10.2.2 社会价值

自然保护区的社会价值主要表现为其神奇丰富的自然资源为开展科学研究、生态旅游、宣传教育、教学实习等提供了得天独厚的条件和发展平台。

1. 科学研究的理想教学基地

化龙山自然保护区物种的多样性、丰富度都很高,与邻近区域保护区相比有过之而无不及,且森林植被破坏较轻,完整性较好,是北亚热带具有代表性的自然生态系统。这样得天独厚的条件使得从上个世纪 80 年代开始,西北农林科技大学、西北植物研究所、陕西师范大学、陕西省林业科学研究所、华南农业大学等大专院校、科研机构就在此进行了大量关于植物学、测树学、森林生态学、植物分类学、动物学、鸟类生态学等学科的科学考察和实地研究,而且成果丰硕。化龙山自然保护区不仅是大专院校、科研单位进行自然科学研究和教学实习的理想基地,更是本地带生态系统天然和人工演化研究的理想选择。

2. 遗传方面的研究价值

化龙山山区相对高差在2 000 m以上,水热条件随海拔高度的抬升,由下而上依次分为常绿落叶阔叶林带、落叶常绿阔叶林带、落叶阔叶林带、暗针叶林带,植物带谱显现,反映了由暖温带到亚热带的过渡特点。化龙山半封闭的地理环境受历次冰川破坏作用影响较小,从而保存下了众多的古老植物种群,有起源于侏罗纪的银杏,起源于白垩纪的云杉、粗榧、连香树、木栏等和起源于第三纪的珙桐,杜仲、冷杉、铁杉及蕨类植物中的石松,凤尾蕨、海金沙等。除此之外,这里还有多种多样的纤维,药用,芳香油、淀粉、单宁等资源植物,成为陕西及大巴山区植物的天然基因库,对于研究、保存、利用这些天然植物的遗传特性具有极其重要的价值。

3. 生态方面的研究价值

化龙山自然保护区属于典型、完整的北亚热带森林生态系统类型,根据植被的结构特征,明显反映出北亚热带森林生态系统的特有色彩,它既不同于秦岭主峰太白山的森林生态系统结构,又有别于四川峨眉山的森林生态系统结构。化龙山自然保护区植被主要分为针叶林、阔叶林灌丛与灌草丛以及草甸 4 个植被型组、9 个植被型,14 个植被亚型和 31 个群系,区内森林植被类型复杂,包括红桦林、亮叶桦林、华山松林、千金榆林、漆树林、山杨林、米心青冈林、麻栎林、栓皮栎林、短柄枹栎林、巴山松林、化香树林、锐齿栎林以及含有樟、楠、椆等常绿阔叶树种的落叶阔叶混交林,还含有一定数量珙桐、黄杉、粗糠树的阔叶杂木林与残存的常绿阔叶林,在大巴山系森林植被的演替规律研究、生物多样性保护、生态系统恢复、天然林资源保护等方面均具有极其重要的生态研究价值。

10.2.3　经济价值

自然保护区建设事业是一项生态公益事业,虽然经济效益不是建设保护区的主要目的,但是保护区的建设却可以带动当地社区经济的发展。通过发展特色种植业、养殖业、采集业、加工业、旅游业、商业、服务业和具有地方特色的手工业等产业,可以给当地群众带来经济效益,进而带动区域经济的发展,同时也可以更好地促进保护区的发展。

1. 促进周边社区经济的可持续发展

化龙山自然保护区的建立,不单是为了限制自然资源的利用,更是为了实现自然资源的可持续利用和社会经济的可持续发展。保护区建设的最终目标,即以建立保护区的形式使得保护区内的可再生资源得到休养生息的机会,同时把始终扶持社区的经济发展作为保护区建设的重要内容之一。社区可以通过扶持发展项目的实施,从保护区的建设中得到实惠,改善社区的生产条件,使社区群众受益,继而调动社区群众对保护区的关心和支持,保护区和社区形成良好的依存关系,最终推动保护区和社区的共同发展。

2. 开展森林生态旅游的首选之地

化龙山保护区因复杂的地质构造和湿润的季风气候,造就了内涵丰富的森林景观资源。区内山势雄伟,山景丰富,怪石嶙峋俊俏,雄、奇、险、幽、秀、美融为一体。经调查,保护区内主要景观资源有18处,主要有浪河风光、化龙飞瀑、化龙山、莽莽林海、名贵植物繁育中心、野生动物救护中心等景观。山峰多呈金字塔形,山岭狭窄,山坡上层层叠叠的树木,林山林海,绿树泼墨,山青水绿,风景秀美如画。化龙山自然保护区地处陕西最南端,外部交通便利,207省道横穿保护区的实验区,距安康市180 km,据重庆巫溪90 km。近年来,安康至西安、湖北、重庆等地的高速公路相继贯通,到安康的旅游者也越来越多。

化龙山自然保护区不仅在保护生物多样性及开展科学研究上有着不可替代的价值,而且是一处供人们参观游览的理想胜地,特别是自然景观独具特色,地形地貌姿态多变,植物景观丰富多彩。

10.3 管理价值

依据国家环境保护总局南京环境科学研究所提出的《自然保护区生态环境质量定量化评价方法与标准》,从管理条件、管理措施、科研基础和管理成效4个方面,对陕西化龙山自然保护区的管理质量进行评价。

10.3.1 管理条件

2001年经省政府第17次常务会议研究决定,批准为省级自然保护区。2007年4月,经国务院批准为国家级自然保护区。2007年7月和2009年,先后通过两个项目的实施,陕西化龙山国家级自然保护区管理局内现设办公室、保护管理科、科研宣教科、森林防火办公室4个职能部门以及八仙保护站、上竹保护站、白家保护站、牛头店保护站、曾家保护站5个保护站,落实编制50名,其中专业技术人员20名。近年来,化龙山自然保护区在市政府和上级林业主管部门的亲切关怀下,明确责任分工,务实工作职责,加大筹建力度,建立完善管理制度,建立健全管理机构,强化自然资源保护和管理,组织大型科普宣传活动,先后完成了动植物资源专项调查,图片信息采集,录像剪辑收录,制作大型宣传牌等,形成了一张强有力的保护网络,使得自然保护区内的原始森林生态系统和珍稀动植物资源得到有效保护。

陕西化龙山国家级自然保护区管理局,根据《中华人民共和国自然保护区条例》、《中国自然保护区发展纲要》和《陕西省自然保护区发展规划(1998~2010年)》,认真贯彻、落实国家有关野生动植物保护方面的法律、法规,进行新型基础设施建设,通过全体职工的努力,加大保护力度,改善管理措施,使保护区内的森林资源状况明显得到改善,植被恢复率明显得到提高,栖息地质量显著改善,林下地被物显著增加,野生动植物种群数量显著增多。保护区内连续多年不曾发生大的森林火灾,偷盗砍伐现象得到有效遏制,濒危动植物得到有效保护,森林资源安全,林木生长健康,基本达到"三无"林区。目前,基础设施配套工程、自然保护区总体规划、自然保护区综合科学考察已全面完成。

以上情况说明,陕西化龙山自然保护区的机构设置齐全,人员配备基本合理,基础设施与设备条件较好,但是管理经费仍存在不足。

10.3.2 管理措施

10.3.2.1 目标与规划

大力宣传和认真贯彻《中华人民共和国森林法》、《中华人民共和国野生动物保护法》、《中华人民共和国自然保护区条例》、《中华人民共和国环境保护法》、《森林和野生动物类型自然保护区管理办法》等法律法规和条例,增强职工及社区居民保护自然、爱护自然意识,加大保护区以法管理的力度,使保护区的保护管理工作走上法制轨道。

建立健全局、站、点三级保护网络,使保护区的管理规范化、系统化。加强制度建设,建立奖惩制度。结合工作实际,完善各种规章制度,实行管理责任制,使保护工作与利益挂钩,充分调动职工积极性。加强和完善保护区基础设施建设。完善及合理调整巡护道路网络,合理布设检查站、瞭望塔、哨卡,配备通讯和巡护设备。

加强保护区队伍建设,提高保护人员的综合素质。采取多种形式定期对保护区工作人员进行政策理论学习及专业培训,有计划地引进高级管理和科研人才,聘请国内外有关方面的专家进行指导,以提高保护区的整体保护水平。调查自然资源并建立档案,组织环境监测,全面保护和管理保护区的自然环境和自然资源。

广泛宣传林业政策、法规、条例,探索管理局与社区共同管理保护区的方式方法,推广先进林业生产新技术,引导社区群众致富奔小康,开展多种经营,开发试验区内资源。帮助社区群众转变观念,调整产业结构,减轻传统的农业生产经营方式对保护区生态环境的压力。

10.3.2.2　年度管理计划

保护区成立以来,每年都要制定切实可行的年度计划,统筹安排,明确工作目标,务实工作责任,保护区管理局与各职能部门、各职能部门与具体工作人员之间层层签订责任书,将年度工作计划落实到人,做到了任务明确,责任到人,各项工作井然有序。

10.3.2.3　法制建设

(1)制度建设方面

化龙山自然保护区最新的《巡护管理办法》已修订完成,并已下发到各保护站。新的《巡护管理办法》积极征求各保护站的建议和意见,并借鉴其它自然保护区的一些好办法,对野外巡护管理工作提出更高的要求,重新制定野外巡护路线,巡护面积可覆盖保护区的 90% 以上,重点防火区域和重点防盗区域巡护覆盖面积 100%,明确具体的巡护保护任务和职责,制定严格的巡护考核和奖惩制度,充分调动保护站职工的积极性。并采取多种形式对保护区工作人员进行政策理论学习和专业培训,有计划地引进高级管理人才和科研人才,聘请国内外相关专家进行指导。积极组织保护区工作人员到国内其他著名的保护区进行考察与学习。采取广播、标志牌、图片等通俗易懂又易于接受的方式,定期对保护区周边的群众宣讲《中华人民共和国森林法》、《中华人民共和国自然保护区条例》等法律法规;及化龙山自然保护区的管理制度,森林防火救活和野生动植物保护等方面的基本常识和基础理论,以便提高社区群众的法制观念,及对自然保护区建设的重要性和必要性的认识,使其自觉参与保护区的保护和管理,达到了依法管理的目的。

(2)执法检查方面

化龙山自然保护区已制定《林业行政执法监督办法》和《林业行政处罚程序规定》,针对保护区内的乱砍乱伐、乱捕滥猎、乱采滥挖等破坏森林资源的非法行为,每年都积极配合镇坪、平利两县的森林公安和环保部门,有针对性地开展了多项专项整治活动。

(3)森林防火方面

化龙山自然保护区管理局针对森林防火工作做出了总体安排部署,强调重点,突出难点,加强领导,落实三项责任制(森林防火实行站长负责制,局、站分工负责制,站与周边村签订联防协议制)。始终坚持把宣传教育作为森林防火工作的第一道工序,采取各种形式和手段,不断提高全社会的森林防火意识;同时把培训作为提高科学扑火的重要抓手。依法管理野外用火,做到了"时时预防、处处预防、人人预防";组织开展森林火灾隐患排查,做到了"不留盲区,不留死角",及时清除森林火灾隐患。结合新的情况、新的形势,不断修订、完善应急预案,做到了"早知道,早发现,早报告,早处置,早扑灭"。

以上几个方面的情况表明,陕西化龙山自然保护区管理措施到位,管理制度健全,管理目标明确,管理计划科学合理。

10.3.3 科研基础

10.3.3.1 科研设施

从2003年5月筹建至今,短短10年间,先后完成了综合科学考察报告出版、总体规划编制报批,完善了机构组建任务和人员选调工作,成功晋升为国家级自然保护区,并完成了一期基础设施建设项目任务,借助西北农林科技大学、西北植物研究所、陕西师范大学、陕西省林业科学研究所、华南农业大学等大专院校、科研机构等单位的技术力量,科研工作扎实推进,取得了阶段性的成绩。

10.3.3.2 科研力量

全局在岗人员中研究生学历7人,本科学历5人,专科学历23人,专业技术人员20人,中级职称8人,涉及工商管理、党政管理、经济管理、林学、森林经理学、生态学、野生动植物保护与利用、森林培育学、植物学、汉语言文学、财会等多个专业;全局职工年龄结构和知识结构均分布合理,有足够的水平和能力促使保护区发展壮大。

10.3.3.3 综合考察史

20世纪80年代至今,化龙山自然保护区先后开展了3次综合科学考察。1988~1994年,经陕西省科委、林业厅组织对化龙山开展第一次集中科学考察。2003年夏,化龙山省级自然保护区管理局组织西北大学开展第二次资源调查工作,并编撰出版《陕西化龙山自然保护区综合科学考察报告》。2010年4月,陕西师范大学受化龙山国家级自然保护区管理局委托正式开展第三次资源本底调查,发现大量陕西省和化龙山自然保护区新纪录物种,并撰写出版《陕西化龙山国家级自然保护区脊椎动物资源及保护》和《化龙山国家级自然保护区植物资源及保护》。

以上几个方面的情况表明,陕西化龙山自然保护区的科研设备相对落后,科研力量较为薄弱,在科学研究方面具有很大的发展潜力。

10.3.4 管理成效

10.3.4.1 机构建设

化龙山自然保护区管理局内设4个职能部门和5个保护站,管理体系趋于完善,人员结构基本合理。

10.3.4.2 设施建设

化龙山自然保护区管理局已建成4个保护站办公楼,5个保护点办公用房,设置界碑5座,栽植界桩300个,建成指示标识牌100块、户外宣传牌8块,修建巡护步道200余公里,配备巡护装备30套,购置巡护摩托车8辆(每站配备2辆),建设重点保护植物监测样地10个,保护目标明确，管理措施到位，管理成效显著。

10.3.4.3　日常管理

化龙山自然保护区机构完善，具有一支工作作风过硬、业务能力强、工作效率高的管理队伍，保护区各项工作始终处于有序的进行当中。从加强保护区自身建设，推动保护区事业的发展，到与当地政府、村民实施共管，谋求自然资源和社会经济的可持续发展，保护区管理机构都具有坚实的组织基础、群众基础和社会基础，这必将成为保护区各项事业建设和发展的动力源泉。目前，保护区管理规范有序，各项工作有条不紊。

10.3.4.4　社区管理

在化龙山管理局的正确领导和具体要求下，经过深入实际的社区调查走访，最终在浪河红星村发展了蜜蜂养殖产业。通过给养蜂大户送《程序化养蜂法》和《蜜蜂饲养新技术》等书刊资源，帮助他们解决养殖过程中遇到的实际问题，提高养殖户多年来存在的四季管理、病虫害防治、产量及副产品的生产加工等问题，彻底摆脱过去那种传统的养殖方式与方法。通过该产业建设，提高了保护区内群众的经济收入，减轻了自然资源保护的压力。目前，保护区内蜜蜂养殖产业已初具规模，社会效益、生态效益和经济效益已见成效。

化龙山自然保护区共管产业项目的实施，不但给社区群众带来了一定的经济收入，还彻底改变了社区百姓“靠山吃山，靠水吃水”的陈旧观念，使得他们有了新的认识和新的改观，从而大大增加了他们对自然资源的保护意识，同时也缓解了资源保护与资源利用的矛盾，实实在在促进了人与自然的和谐发展。

10.3.4.5　科研成果

化龙山自然保护区积极开展综合科学考察，根据第一次、第二次科学考察成果及 1999 年国务院批准的《国家重点保护野生植物名录（第一批）》、《陕西省人民政府关于公布 < 陕西省地方重点保护植物名录（第一批修订）> 的通知》（陕政发（2009）71 号），结合实际工作中的发现，认真整理细化出化龙山国家级自然保护区国家Ⅰ级、Ⅱ级重点保护植物和陕西省地方重点保护植物名录。同时建立了科普论坛，开展了爱鸟周小知识，发表了动植物新记录，多次推行常见动植物识别的培训工作，创建重楼野生驯化试验。落实社区共管，建设社区产业。深入开展保护区浪河流域管理的宣传工作，到群众家里讲解保护自然资源的必要性，鼓励他们从内心深处自觉自愿地和保护区一起携手共护绿色家园。

正式成立国家级自然保护区以来，组织机构日趋健全，人员逐步到位，管理上严格贯彻执行国家有关自然保护区的法律、法规和方针、政策，制定了保护区的各项管理制度和措施，统一管理；对调查的自然资源建立档案；组织环境监测，全面开展保护和管理保护区的自然环境和自然资源工作。与此同时，大力开展保护方面的宣传教育，广泛宣传林业政策、法规、条例，探索管理局与社区共同管理保护区的方式方法，推广先进林业生产新技术，引导社区群众致富奔小康，开展多种经营，开发实验区内资源。目前已基本摸清了资源、环境本底情况。在两年的经营过程中，化龙山自然保护区管理局结合实际情况，制定了明确的管理目标及相应的实施措施，有力地促进了保护区建设的长足发展。

但是，由于工作设备、基础设施不足，保护科研经费未能完全落实，严重制约了保护区保护管理水平的进一步提高。其中影响保护区管理质量的突出因素是基础设施差和自养能力不足，需要进一步加强基础设施建设和开拓经济收入渠道。

10.4 小结

10.4.1 总体评价

通过近10年的保护,化龙山的自然生态系统、自然景观、生物多样性和野生动物栖息地得到了有效恢复和发展,动植物资源的种类更加丰富;森林生态系统结构更趋合理,生态系统向良性循环转化,其均衡性、抗干扰性和恢复能力将进一步增强;保护设施、基础设施从无到有,局站点办公楼齐全,使保护区的保护职能得到了充分发挥;管理人员和专业技术队伍得到充实和加强,管理水平和科研能力大大提高,进一步促进了地方经济文化发展。

总之,化龙山国家级自然保护区的建设,不仅有着显著的生态效益和社会效益,而且有着潜在的巨大经济效益,对实现当地及周边地区生态、社会、经济的可持续发展极其意义重大。

10.4.2 保护区工作展望

化龙山是安康市内目前唯一一个国家级自然保护区,素有“小神农架”、生物宝库之美誉。从2003年5月筹建至今,短短10年间,先后完成了综合科学考察报告出版、总体规划编制报批,完善了机构组建任务和人员选调工作,成功晋升为国家级自然保护区,并完成了一期基础设施建设项目任务。10年里,化龙山国家级自然保护区的基础设施、保护管理队伍从无到有,保护事业的发展发生了翻天覆地的变化,各项工作取得了显著的成绩。

该保护区从组建开始,始终以高标准、高起点、高质量来衡量建设管理工作。现在,该保护区已建立了保护站工作规则、财务管理、巡护管理、森林防火预案、考核办法、新闻宣传稿件奖励暂行办法、林业信息管理系统办法、技术职称评聘、绩效工资分配办法等多项规章,夯实了规范管理的制度基础;保护区坚持学习型单位建设,坚持创先争优活动持续推进,每年开展形式多样的职工培训工作,包括政治思想、法律法规、办公自动化操作、植物识别知识讲座等等,使干部职工素质得到了极大提高,该保护区职工人人能打字、人人能写材料、人人能使用野外监测仪器,已经达到每人可以初步识别常见植物200种以上水平,干部职工精神焕发、勤奋好学、爱岗敬业、团结向上,综合素质得到了充实,为保护、科研、宣传等奠定了事业发展的人才基础。

资源保护是自然保护区工作的核心,资源安全、林区稳定压倒一切。因此,打击盗猎、查处盗伐、打击非法盗挖、清理整顿乱采、严控火源、坚持森林防火值班和零报告制度等,一直是化龙山保护区工作的重中之重。加强野外正常巡护和机动巡护,是防止违法犯罪行为的有效手段;强化社区宣传教育工作,是保障区内生物安全的重要方法。历年来,化龙山资源保护工作规范、有序开展,成效显著,建区以来从未发生森林火灾和重大破坏森林资源的案件,为本地区生物多样性保护做出了卓越贡献。

现在,该保护区正昂首阔步迈向新的征程,走向新的历史起点,保护工作和科研宣传不断取得突破。展望未来,该保护区发展前景将会越来越光明,道路越走越宽广,必将迈入国内先进自然保护区行列,成为中国生态保护行业中一颗闪亮的生态新星。

附录Ⅰ 中国国家级自然保护区名录(截止2013年3月)

序号	保护区名称	地理坐标	总面积(hm^2)	地点	保护区性质(对象)	建立时间	晋升年份
1	北京松山国家级自然保护区	40°29′9″~40°33′35″N 115°43′44″~115°50′22″E	4 671	北京延庆海坨山	天然油松林及其温带森林生态系统	1985	1986
2	北京百花山国家级自然保护区	39°49′~39°53′N 115°30′~115°38′E	2.17	北京门头沟清水镇	温带森林生态系统	1985	2008
3	天津古海岸与湿地国家级自然保护区	38°39′~39°11′N 117°19′~117°47′E	27 730	天津滨海地区	珍稀古海岸遗迹和湿地生态系统	1984	1992
4	中上元古界地层剖面国家级自然保护区	40°00′~40°15′N 117°15′~117°35′E	900	天津蓟县	中上元古界标准剖面	1984	1984
5	天津八仙山国家级自然保护区	40°7′24″~40°13′53″N 117°30′35″~117°36′24″E	1 049	天津蓟县	温带次生森林生态系统	1984	1995
6	河北昌黎黄金海岸国家级自然保护区	39°37′~39°32′N 119°37′E	30 000	秦皇岛市昌黎县	沙质海岸自然景观及生态环境	1990	1990
7	河北小五台山国家级自然保护区	39°50′~40°07′N 114°47′~115°30′E	21 833	张家口蔚县和涿鹿	国家珍稀物种褐马鸡及其栖息地	1983	2002
8	河北泥河湾国家级自然保护区	40°00′~40°20′N 13°45′~114°45′E	1 015	阳原县、蔚县以及山西省的雁北地区	早更新世石器时代遗地	1997	2002
9	河北大海坨国家级自然保护区	—	11 224.9	张家口市赤城县	山地森林生态系统	1999	2003
10	河北雾灵山国家级自然保护区	40°29′~40°38′N 117°17′~117°35′E	14 246.9	河北兴隆县	温带森林生态系统和猕猴	1983	1988
11	河北围场红松洼国家级自然保护区	42°10′~42°20′N 117°18′~117°35′E	7 300	河北围场满族蒙古族自治县	亚高山草甸为主的草原生态系统	1994	1998
12	河北衡水湖国家级自然保护区	37°31′40″~37°41′56″N 115°27′50″~115°42′51″E	28 300	河北衡水、冀州、枣强之间	内陆淡水湿地生态系统及鸟类	2000	2003
13	河北柳江盆地地质遗迹国家级自然保护区	40°02′~40°14′N 119°30′~119°40′E	1 395	河北秦皇岛	标准地质剖面、典型地质构造等地质遗迹	1999	2005

序号	保护区名称	地理坐标	总面积（hm^2）	地点	保护区性质（对象）	建立时间	晋升年份
14	河北塞罕坝国家级自然保护区	42°22′～42°31′N 116°53′～117°31′E	20 029.8	河北省围场满族蒙古族自治县	森林—草原交错带生态系统及珍稀动植物	2002	2007
15	河北茅荆坝国家级自然保护区	41°29′57″～41°47′53″N 117°08′21″～118°13′06″E	40 038	河北承德市隆化	森林生态系统	2002	2008
16	河北滦河上游国家级自然保护区	41°47′～42°06′N 116°51′～117°45′E	50 637.4	河北省围场满族蒙古族自治县境内	森林生态系统及其珍稀濒危野生动植物	2002	2008
17	河北驼梁国家级自然保护区	38°33′13″～38°45′48.7″N 113°41′43″～113°53′35″E	21 311.9	河北平山县	森林生态系统和野生动物	2001	2011
18	河北青崖寨国家级自然保护区	36°50′～37°01′N 113°45′～113°54′E	21 600	河北武安市	森林生态系统和珍稀野生动物	2006	2012
19	山西阳城莽河猕猴国家级自然保护区	35°12′50″～35°17′20″N 112°22′10″～112°31′35″E	5 573	山西阳城县	猕猴和亚热带植被为主的森林生态系统	1983	1998
20	山西芦芽山国家级自然保护区	38°35′40″～38°45′N 111°50′～112°5′30″E	21 453	山西宁武、五寨、岢岚	褐马鸡及其森林生态系统	1980	1997
21	山西庞泉沟国家级自然保护区	37°47′45″～37°55′50″N 111°22′33″～111°32′22″E	10 443.5	山西交城、方山	褐马鸡及其栖息地	1980	1986
22	山西历山国家级自然保护区	35°16′30″～35°27′20″N 111°51′10″～112°5′35″E	24 800	山西翼城、垣曲、阳城、沁水	暖温带森林植被和猕猴	1983	1988
23	山西五鹿山国家级自然保护区	36°23′45″～36°38′20″N 111°2′～111°18′E	20 617.3	山西蒲县、隰县	褐马鸡及森林生态系统	1993	2006
24	山西黑茶山国家级自然保护区	38°10′03″～38°24′05″N 111°11′39″～111°26′30″E	24 415.4	山西兴县	暖温带落叶阔叶林与温带草原	2002	2012
25	内蒙古赛罕乌拉国家级自然保护区	43°59′～44°27′N 118°18′～118°55′E	100 400	内蒙古赤峰市巴林右旗	珍稀濒危野生动植物及其栖息地	1997	2000
26	内蒙古达里诺尔国家级自然保护区	43°11′～43°27′N 116°22′～117°00′E	119 413.55	内蒙古赤峰市克什克腾旗部	珍稀鸟类及其赖以生存的生态系统	1986	1997

序号	保护区名称	地理坐标	总面积（hm^2）	地点	保护区性质（对象）	建立时间	晋升年份
27	内蒙古白音敖包国家级自然保护区	43°29′18″～43°36′42″N 117°05′38″～117°20′E	13 862	内蒙古克什克腾旗	沙地云杉林生态系统	1979	2000
28	内蒙古黑里河国家级自然保护区	41°18′～41°35′N 118°16′～118°33′E	27 638	内蒙古赤峰市宁城	暖温型针阔混交林生态系统及生物多样性	1996	2003
29	内蒙古大黑山国家级自然保护区	42°00′～47°14′N 120°00′～121°31′E	57 096	内蒙古赤峰市敖汉旗	草原、森林多种生态系统及野生动植物	1996	2001
30	内蒙古大兴安岭汗马国家级自然保护区	51°20′02″～51°49′48″N 122°23′34″～122°52′46″E	107 348	内蒙古根河市	寒温带明亮针叶林及野生动植物	1979	1996
31	内蒙古红花尔基樟子松林国家级自然保护区	48°02′～48°08′N 120°09′～120°32′E	20 085	内蒙古呼伦贝尔市鄂温克旗	樟子松林及森林生态系统	1998	2003
32	内蒙古辉河国家级自然保护区	48°10′～48°57′N 118°48′～119°45′E	346 848	内蒙古呼伦贝尔市	湿地生态系统	1997	1999
33	内蒙古达赉湖国家级自然保护区	47°45′50″～49°20′20″N 116°50′10″～118°10′10″E	740 000	内蒙古呼伦贝尔盟新巴尔虎右旗	鸟类及湿地生态系统	1986	1992
34	内蒙古科尔沁国家级自然保护区	44°51′42″～45°17′36″N 121°40′13″～122°14′07″E	126 987	内蒙古兴安盟科尔沁右翼中旗	湿地珍禽及科尔沁草原自然景观	1985	1995
35	内蒙古图牧吉国家级自然保护区	46°04′12″～46°25′47″N 122°44′13″～123°10′24″E	94 830	内蒙古兴安盟扎赉特旗	大鸨、丹顶鹤、白鹳等世界濒危珍稀物种	1996	2002
36	内蒙古大青沟国家级自然保护区	42°43′40″～42°49′18″N 122°7′25″～122°15′42″E	8 466	内蒙古哲里木盟科尔沁左翼后旗	科尔沁沙地原生森林生态系统	1980	1988
37	内蒙古锡林郭勒草原国家级自然保护区	43°26′～44°33′N 115°32′～117°12′E	58 089	内蒙古自治区锡林郭勒盟	草原生态系统	1985	1997
38	内蒙古鄂尔多斯遗鸥国家级自然保护区	33°25′～34°00′N 109°14′～109°23′E	14 770	内蒙古鄂尔多斯伊金霍洛旗	遗鸥繁殖地及内陆湖泊湿地生态系统	1998	2001
39	内蒙古西鄂尔多斯国家级自然保护区	39°14′～40°11′N 106°40′～107°44′E	555 849	内蒙古鄂托克旗和乌海市	四合木等古老残遗濒危植物和荒漠生态系统	1995	1997

序号	保护区名称	地理坐标	总面积（hm^2）	地点	保护区性质（对象）	建立时间	晋升年份
40	内蒙古乌拉特梭梭林－蒙古野驴国家级自然保护区	41°50′～42°27′N 106°15′～108°00′E	131 800	内蒙古巴彦淖尔市乌拉特中、后旗	原始天然梭梭林及和栖珍稀野生动物	1985	2001
41	内蒙古贺兰山国家级自然保护区	38°10′～39°08′N 105°40′～105°58′E	67 710	内蒙古阿拉善左旗	干旱、半干旱区的山地森林生态系统	1992	1992
42	内蒙古额济纳胡杨林国家级自然保护区	41°30′～42°07′N 101°03′～101°17′E	26 253	内蒙古额济纳旗额济纳绿洲	胡杨群落和生物多样性	1986	2003
43	内蒙古阿鲁科尔沁草原国家级自然保护区	44°51′42″～45°17′36″N 121°40′13″～122°14′07″E	120 000	内蒙古兴安盟科尔沁右翼中旗	科尔沁草原湿地及鹤、鹳等珍稀鸟类	1995	1995
44	内蒙古哈腾套海国家级自然保护区	40°30′～40°57′N 106°09′～106°50′E	123 600	内蒙古巴彦淖尔磴口县	荒漠植被生态系统和珍稀濒危野生动植物	1995	2005
45	内蒙古额尔古纳国家级自然保护区	51°29′25″～52°06′00″N 120°00′26″～120°58′02″E	124 527	大兴安岭北部西麓	山地原始寒温带针叶林森林生态系统	1997	2006
46	内蒙古鄂托克恐龙遗迹化石国家级自然保护区	38°39′54″～39°00′02″N 107°11′28″～107°27′03″E	46 410	内蒙古鄂尔多斯鄂托克旗	多种类型的恐龙足迹化石	1998	2007
47	内蒙古大青山国家级自然保护区	40°34′～41°14′N 109°47′～112°17′E	388 577	内蒙古乌兰察布市卓资县、呼和浩特至包头市	森林生态系统类型自然保护区	2000	2009
48	内蒙古高格斯台罕乌拉国家级自然保护区	44°41′03″～45°08′44″N 119°03′30″～119°39′08″E	106 284	内蒙古阿鲁科尔沁旗	过渡带森林、草原、湿地生态系统和珍稀濒危野生动植物	1997	2010
49	内蒙古古日格斯台国家级自然保护区	44°18′21″～44°34′52″N 118°03′45″～118°48′36″E	98 931	内蒙古锡林郭勒盟西乌旗	森林生态系统	1998	2012
50	辽宁大连斑海豹国家级自然保护区	39°37′N，121°24′E	909 000	渤海辽东湾	斑海豹及基岩性海岸湿地	1992	1997
51	辽宁成山头海滨地貌国家级自然保护区	39°10′N，122°4′E	1 350	大连市金州区	海岸潮间带海滨喀斯特石林	1989	2001

序号	保护区名称	地理坐标	总面积（hm^2）	地点	保护区性质（对象）	建立时间	晋升年份
52	辽宁蛇岛老铁山国家级自然保护区	蛇岛:38°57′00″N,120°58′40″E; 老铁山:38°43′18″～38°57′00″N 121°05′07″～121°15′05″E	14 595	大连市旅顺口区	蛇岛蝮蛇、候鸟及其生态环境	1980	1980
53	辽宁仙人洞国家级自然保护区	39°58′54″N 122°57′3″E	3 575	辽宁庄河市	华北、长白植物区系过渡带生态系统	1981	1992
54	辽宁桓仁老秃顶子国家级自然保护区	41°16′38″～41°21′10″N 124°49′06″～124°57′08″E	15 000	辽宁省东部	红松—阔叶混交林顶级群落及生态系统	1981	1998
55	辽宁白石砬子国家级自然保护区	40°50′00″～40°57′12″N 124°44′07″～124°57′30″E	7 467	辽宁省宽甸县	白石砬子森林生态系统	1981	1988
56	辽宁鸭绿江口滨海湿地国家级自然保护区	39°40′～40°40′N 123°31′～124°09′E	1 081 000	辽宁东港市	滨海湿地生态系统	1987	1997
57	辽宁医巫闾山国家级自然保护区	41°26′～41°46′N 121°31′～121°46′E	11 459	辽宁省北镇、义县	东亚地区特有天然油松林、华北植物区系针阔叶混交林	1981	1986
58	辽宁北票鸟化石国家级自然保护区	41°32′21″～41°37′53″N 120°45′22″～120°52′38″E	4 630	辽宁北票市	中华龙鸟、原始祖鸟、孔子鸟等古生物化石	1997	1998
59	辽宁努鲁儿虎山国家级自然保护区	41°44′50″～41°54′20″N 120°7′30″～120°21′51″E	13 832.1	辽宁、内蒙古两省交界朝阳县	天然蒙古栎阔叶混交林和野生动物	2006	2006
60	辽宁海棠山国家级自然保护区	41°47′30″～42°00′00″N 121°41′15″～121°52′30″E	11 002.7	辽宁阜新市	油松栎类混交顶极群落及野生动物	1986	2007
61	辽宁双台河口国家级自然保护区	40°45′～41°10′N 120°30′～122°00′E	128 000	辽宁盘锦市	丹顶鹤、白鹤等以及海岸河口湾湿地生态系统	1987	1988
62	辽宁白狼山国家级自然保护区	40°46′28″～41°05′53″N 119°52′30″～120°04′04″E	17 440	辽宁葫芦岛建昌县	暖温带天然落叶阔叶林和侧柏林生态系统	2001	2011
63	辽宁章古台国家级自然保护区	41°41′～42°56′N 121°1′～122°56′E	10 200	辽宁阜新市彰武县	沙地自然生态系统	1986	2012
64	吉林伊通火山群国家级自然保护区	43°14′～43°35′N 124°50′～125°22′E	765	吉林伊通满族自治县	火山群景观	1983	1992

序号	保护区名称	地理坐标	总面积（hm^2）	地点	保护区性质（对象）	建立时间	晋升年份
65	吉林龙湾国家级自然保护区	42°16′20″～42°26′57″N 126°13′55″～126°32′02″E	15 061	吉林省长白山北麓通化市辉南县	火山地貌为基础形成的湿地生态系统	1991	2003
66	吉林鸭绿江上游国家级自然保护区	41°24′45″～41°38′55″N 127°52′30″～128°02′51″E	203.06	吉林中朝边界鸭绿江水系上游	冷水鱼类、黑鹳、黑熊、棕熊、马鹿等	1996	2003
67	吉林莫莫格国家级自然保护区	45°45′～46°10′N 122°27′～124°4′E	144 000	吉林白城市镇赉县	丹顶鹤、白鹤及湿地生态系统	1981	1997
68	吉林向海国家级自然保护区	44°55′～45°09′N 122°05′～122°31′E	105 467	吉林省通榆县	丹顶鹤、白鹳等珍禽及其栖息生态环境	1981	1986
69	吉林天佛指山国家级自然保护区	42°23′～42°41′N 129°16′～129°46′E	77 317	吉林延边朝鲜族自治州龙井市	北温带森林系统中特有的赤松至蒙古栎森林生态系统	1996	2002
70	吉林长白山国家级自然保护区	41°31′～41°38′N 126°22′～126°41′E	190 781	吉林安图、抚松、长白县	温带森林、自然历史遗迹和珍稀动植物	1960	1986
71	吉林大布苏国家级自然保护区	44°45′～44°50′N 123°36′～123°42′E	11 000	吉林省乾安县	地质遗迹、古生物遗迹、湿地生态系统	1993	2005
72	吉林珲春东北虎国家级自然保护区	42°32′40″～43°28′00″N 130°14′08″～131°14′44″E	108 700	吉林延边朝鲜族自治州	东北虎、豹及栖息地	2001	2001
73	吉林查干湖国家级自然保护区	45°05′42″～45°25′50″N 124°03′28″～124°30′59″E	50 684	吉林郭尔罗斯蒙古族自治县、乾安县及大安市	半干旱地区湖泊水生生态系统和珍稀濒危鸟类	1986	2007
74	吉林雁鸣湖国家级自然保护区	43°39′20″～43°51′28″N 128°11′40″～128°45′30″E	53 940	吉林延边朝鲜族自治州敦化市	湿地及黑鹳、东方白鹳、丹顶鹤、中华秋沙鸭	1991	2007
75	吉林哈泥国家级自然保护区	42°04′12″～42°15′44″N 126°04′09″～126°34′58″E	28 630	吉林长白山麓龙岗山脉中段	哈泥沼泽湿地生态系统	1991	2009
76	吉林松花江三湖国家级自然保护区	42°20′10″～43°33′06″N 126°51′40″～127°45′21″E	115 253.2	吉林省东南部	森林生态和水资源	1990	2009

序号	保护区名称	地理坐标	总面积(hm^2)	地点	保护区性质(对象)	建立时间	晋升年份
77	吉林波罗湖国家级自然保护区	—	24 915	吉林长春市农安县	天然湖泊湿地生态系统	2004	2011
78	吉林靖宇国家级自然保护区	42°06′～42°48′N 126°30′～127°16′E	42 325	吉林白山市靖宇县	自然遗迹	2002	2012
79	吉林黄泥河国家级自然保护区	43°55′～44°06′N 127°51′～128°14′E	23 476	吉林省敦化市	森林生态系统	2000	2012
80	黑龙江扎龙国家级自然保护区	46°52′～47°32′N 123°47′～124°37′E	210 000	黑龙江齐齐哈尔及富裕、林甸、杜蒙、泰来县	丹顶鹤等珍禽及湿地生态系统	1976	1987
81	黑龙江兴凯湖国家级自然保护区	45°01′00″～45°31′30″N 131°58′30″～133°07′30″E	222 488	黑龙江密山市	丹顶鹤等珍禽及湿地生态系统	1986	1994
82	黑龙江宝清七星河国家级自然保护区	46°40′～46°52′N 132°05′～132°26′E	20 800	黑龙江省三江平原	三江平原湿地生态景观	1991	2000
83	黑龙江饶河东北黑蜂国家级自然保护区	46°19′44″～47°45′26″N 132°52′14″～134°20′16″E	270 000	黑龙江省饶河县	黑蜂及蜜源植物	1980	1997
84	黑龙江丰林国家级自然保护区	48°02′～48°12′N 128°58′～129°15′E	18 400	黑龙江伊春市	原始北温带阔叶—红松林生态系统	1963	1988
85	黑龙江凉水国家级自然保护区	47°10′50″N 128°53′20″E	12 133	黑龙江伊春市	红松针阔叶混交林生态系统	1980	1997
86	黑龙江三江国家级自然保护区	47°44′40″～48°8′20″N 134°36′12″～134°4′38″E	198 089	黑龙江抚远县和同江市	内陆湿地及东方白鹳、大天鹅、丹顶鹤等	1994	2000
87	黑龙江洪河国家级自然保护区	47°42′18″～47°52′00″N 133°34′38″～133°46′29″E	21 835	黑龙江三江平原	原始沼泽生态系统及珍禽	1984	1996
88	黑龙江八岔岛国家级自然保护区	48°08′～48°18′N 133°40′～134°01′E	32 104	黑龙江同江市	水生、湿生、陆栖生物	1999	2003
89	黑龙江挠力河国家级自然保护区	46°30′10″～47°22′17″N 132°22′41″～134°10′24″E	160 600	三江平原腹地	水生和陆栖生物及湿地和水域生态系统	1998	2002
90	黑龙江牡丹峰国家级自然保护区	44°20′0″～44°30′30″N 129°40′30″～129°53′50″E	20 000	黑龙江牡丹江市	自然环境和次生林	1981	1994
91	黑龙江五大连池国家级自然保护区	48°16′～49°12′N 127°37′～125°42′E	100 800	黑龙江五大连池市	火山遗迹	1980	1996

序号	保护区名称	地理坐标	总面积（hm^2）	地点	保护区性质（对象）	建立时间	晋升年份
92	黑龙江呼中国家级自然保护区	51°17′42″～51°56′31″N 122°42′14″～123°18′05″E	194 000	黑龙江大兴安岭呼中区	寒温带针叶林及珍稀动植物	1984	1986
93	黑龙江南瓮河国家级自然保护区	51°05′07″～51°39′24″N 125°07′55″～125°50′05″E	229 523	大兴安岭东部林区	森林、沼泽、草甸和水域及野生动植物	1999	2003
94	黑龙江凤凰山国家级自然保护区	44°52′03″～45°05′28″N 130°58′11″131°18′50″E	2 657 000	黑龙江鸡东县	温带针阔混交林生态系统和珍稀动植物	1989	2006
95	黑龙江乌伊岭国家级自然保护区	48°33′～48°50′N 129°00′～129°30′E	43 824	黑龙江伊春市	森林湿地生态系统及生物多样性	1999	2007
96	黑龙江胜山国家级自然保护区	49°25′～49°40′N 126°27′～127°02′E	60 000	小兴安岭西北坡	小兴安岭温带森林生态系统	2003	2003
97	黑龙江双河国家级自然保护区	52°54′25″～53°12′08″N 124°52′48″～125°32′03″E	88 849	黑龙江大兴安岭十八站林业局	大兴安岭寒温带针叶林及森林动植物	1989	2008
98	黑龙江红星湿地国家级自然保护区	48°41′20″～49°11′00″N 128°21′40″～128°53′30″E	111 995	黑龙江伊春市	森林湿地生态系统、珍稀野生动植物	2001	2008
99	黑龙江珍宝岛湿地国家级自然保护区	45°52′00″～46°17′23″N 133°28′44″～133°47′40″E	44 364	黑龙江独木河，阿布沁河、七虎林河下游、西临乌苏里江农场和独木河垦区	内陆湿地水域及丹顶鹤、大天鹅、白鹳等	2002	2004
100	黑龙江穆棱东北红豆杉国家级自然保护区	43°49′～44°06′N 130°00′～130°28′E	35 000	黑龙江穆棱林业局	东北野生红豆杉	2006	2009
101	黑龙江东方红湿地国家级自然保护区	46°12′00″～46°22′27″N 133°34′18″～133°54′57″E	46 618	黑龙江虎林市	天然湿地生态系统和保护动物	2001	2001
102	黑龙江大沾河湿地国家级自然保护区	48°01′23″～48°46′45″N 127°57′54″～128°27′24″E	211 618	黑龙江小兴安岭大沾河上游	白头鹤栖息繁殖地及森林生态系统	2001	2009
103	黑龙江新青白头鹤国家级自然保护区	47°55′～48°40′N 129°20′～130°23′E	62 567	黑龙江伊春市	白头鹤繁殖地	2005	2011

序号	保护区名称	地理坐标	总面积（hm²）	地点	保护区性质（对象）	建立时间	晋升年份
104	黑龙江乌裕尔河国家级自然保护区	47°30′00″～47°50′35″N 124°10′19″～125°02′45″E	55 423	黑龙江齐齐哈尔	温带湿地生态湿地系统以及濒危野生动物	2006	2011
105	黑龙江绰纳河国家级自然保护区	51°44′24″～51°19′00″N 125°41′03″～126°18′12″E	105 580	黑龙江呼玛县	寒温带向温带过渡的森林生态系统	2002	2012
106	黑龙江多布库尔国家级自然保护区	50°19′55″～50°45′16″N 124°20′45″～124°56′37″E	213 944.95	大兴安岭东部林区	寒温带原始次生林森林湿地生态系统	2006	2012
107	黑龙江友好国家级自然保护区	48°13′07″～48°33′15″N 128°10′15″～128°33′25″E	60 687	小兴安岭山脉中段	森林沼泽生态系统和珍稀野生动植物	2005	2012
108	黑龙江小北湖国家级自然保护区	44°07′08″～44°20′26″N 128°27′14″～128°49′32″E	66 080	黑龙江牡丹江市	火山地貌湿地生态系统	2006	2012
109	山东马山国家级自然保护区	—	774	山东即墨市	浅剖面火山岩柱状节理石柱群、硅化木及古生物化石	1994	1994
110	山东黄河三角洲国家级自然保护区	37°35′～38°12′N 118°33′～119°20′E	153 000	山东东营市	新生湿地生态系统和珍稀濒危鸟类	1990	1992
111	山东长岛国家级自然保护区	37°53′30″～38°23′58″N 120°35′28″～120°56′36″E	5 015.2	山东烟台长岛县	鹰、隼等猛禽及候鸟栖息地	1982	1988
112	山东山旺古生物化石国家级自然保护区	36.50°N,118.71°E	120	山东临朐县	动植物化石	1999	2001
113	山东滨州贝壳堤岛与湿地国家级自然保护区	37°54′30″～38°19′10″N 117°45′08″～118°05′37″E	80 480	山东无棣县	贝壳滩脊海岸	2002	2006
114	山东荣成大天鹅国家级自然保护区	36°58′～37°25′N 122°23′～122°35′E	1 675	山东省荣成市	大天鹅及其湿地生态系统	2000	2007
115	山东昆嵛山国家级自然保护区	37°12′20″～37°18′50″N 121°37′00″～121°51′00″E	15 416	山东牟平、文登	赤松森林生态系统	1999	2008

序号	保护区名称	地理坐标	总面积(hm^2)	地点	保护区性质(对象)	建立时间	晋升年份
116	江苏盐城沿海滩涂珍禽国家级自然保护区	32°36′51″～34°28′32″N 119°51′25″～121°5′47″E	453 000	江苏盐城	滩涂湿地生态系统和丹顶鹤越冬地	1984	1992
117	江苏大丰麋鹿国家级自然保护区	32°56′～33°36′N 120°42′～120°51′E	78 000	江苏大丰市	沿海滩涂湿地生态系统和麋鹿生态环境	1986	1997
118	洪泽湖湿地自然保护区	33°20′27″～33°10′40″N 118°13′9″～118°28′42″E	49 365	江苏泗洪县	湿地生态系统	2001	2006
119	上海九段沙湿地国家级自然保护区	31°03′～31°17′N 121°46′～122°15′E	42 320	长江口外南北槽	河口湿地及鸻鹬鸟类	2000	2005
120	崇明东滩鸟类国家级自然保护区	31°25′～31°38′N 121°50′～122°05′E	24 155	崇明岛	河口湿地生态系统以及迁徙鸟类	1998	2005
121	浙江清凉峰国家级自然保护区	30°05′～30°17′N 118°52′～119°11′E	10 800	浙江临安市	东南沿海中山丘陵森林生态系统	1985	1998
122	浙江天目山国家级自然保护区	30°18′30″～30°24′55″N 119°23′47″～119°28′27″E	4 300	浙江临安市	银杏、连香树、鹅掌楸等珍稀濒危植物	1956	1986
123	浙江南麂列岛国家级自然保护区	27°27′N,121°05′E	20 106	浙江平阳县	海洋贝藻类及生境	1989	1990
124	浙江乌岩岭国家级自然保护区	27°20′52″～27°48′39″N 119°37′8″～119°50′00″E	18 861.5	浙江泰顺县	黄腹角雉及森林生态系统	1975	1994
125	浙江大盘山国家级自然保护区	28°57′05″～29°01′58″N 120°28′05″～120°33′40″E	4 558	浙江磐安县	药用植物种质资源	—	2002
126	浙江古田山国家级自然保护区	29°10′19.4″～29°17′41.4″N 118°03′49.7″～118°11′12.2″E	8 107	浙江开化县	白颈长尾雉、黑麂及其原生态的森林生态系统	1975	2001
127	浙江凤阳山—百山祖国家级自然保护区	27°46′～27°58′和27°40′54″～27°50′13″N 119°06′～119°15′和119°3′53″～119°6′44″E	24 711	浙江龙泉、庆元县	中亚热带湿润常绿阔叶林生态系统	1975	1992

序号	保护区名称	地理坐标	总面积(hm^2)	地点	保护区性质(对象)	建立时间	晋升年份
128	浙江九龙山国家级自然保护区	28°19′10″~28°24′43″N 118°49′38″~118°55′03″E	5 525	浙、闽、赣三省毗邻地带遂昌县	黑鹿、黄腹角雉、伯乐树、南方红豆杉等	1983	2003
129	浙江长兴地质遗迹国家级自然保护区	31°04′~31°05′N 119°42′~119°43′E	275	浙江长兴县	全球二叠至三叠系界线层型剖面、长兴阶层型剖面及古生物化石	—	2005
130	浙江象山韭山列岛海洋生态国家级自然保护区	29°25′42″N 122°11′48″E	48 478	浙江省舟山渔场	大黄鱼、曼氏无针乌贼、江豚、黑嘴端凤头燕鸥等繁殖鸟类以及岛礁生态系统	2003	2011
131	安徽鹞落坪国家级自然保护区	30°57′~31°06′N 116°02′~116°11′E	12 300	安徽省西部	大别山区典型性的森林生态系统	1991	1994
132	安徽牯牛降国家级自然保护区	29°59′~30°6′N 117°15′~117°34′E	6 713	安徽祁门、石台	中亚热带常绿阔叶林生态系统和野生动植物	1982	1988
133	安徽扬子鳄国家级自然保护区	30°18′~31°18′N 118°30′~119°35′E	44 300	安徽宣城	扬子鳄及其生态环境	1975	1986
134	安徽金寨天马国家级自然保护区	31°10′~31°20′N 115°20′~115°50′E	28 913.7	安徽金寨县	北亚热带落叶、常绿阔叶混交林及野生动植物	1988	1988
135	安徽升金湖国家级自然保护区	30°15′~30°30′N 116°55′~117°15′E	33 333	安徽贵池、东至县	白头鹤越冬地及湿地生态系统	1986	1997
136	安徽铜陵淡水豚国家级自然保护区	30°46′20″~31°05′25″N 117°39′30″~117°55′25″E	30 871	安徽铜陵市	白鳍豚和长江江豚等珍稀动物	2000	2006
137	安徽清凉峰国家级自然保护区	30°06′N 118°52′E	7 811.2	安徽宣城市绩溪县、宁国市、黄山市歙县	森林和野生动物	1986	2011
138	江西鄱阳湖南矶湿地国家级自然保护区	28°51′~29°08′N 116°10′~116°25′E	33 300	鄱阳湖主湖区	赣江入湖口湿地生态系统	1997	2008
139	江西桃红岭梅花鹿国家级自然保护区	29°42′~29°53′N 116°32′~116°43′E	12 500	江西彭泽县	濒危野生动物梅花鹿	1981	2001
140	江西九连山国家级自然保护区	24°31′~24°39′N 114°27′~114°29′E	13 411.6	江西龙南县	亚热带常绿阔叶林生态系统	1975	2003

序号	保护区名称	地理坐标	总面积（hm²）	地点	保护区性质（对象）	建立时间	晋升年份
141	江西武夷山国家级自然保护区	27°48′11″～28°00′35″N 117°39′30″～117°55′47″E	16 007	江西铅山县	亚热带常绿阔叶林及其森林生态系统	2002	2002
142	江西井冈山国家级自然保护区	26°38′39″～26°40′03″N 114°04′05″～114°16′38″E	21 499	江西西南部	中亚热带湿润常绿阔叶林生态系统	1981	2000
143	江西官山国家级自然保护区	28°30′～28°40′N 114°29′～114°45′E	11 500.5	赣西宜丰、铜鼓县	野生生物	1981	2007
144	江西马头山国家级自然保护区	27°40′50″～27°53′52″N 117°09′11″～117°18′00″E	13 866.53	江西资溪县	美毛含笑、蛛网萼、伯乐树珍稀植物原生种群	1994	2008
145	江西鄱阳湖国家级自然保护区	28°22′～29°45′N 115°47′～116°45′E	22 400	江西省修县	珍稀候鸟及湿地生态系统	1983	1985
146	江西九岭山国家级自然保护区	28°49′06″～29°03′19″N 115°03′25″～115°24′23″E	11 541	江西九岭山脉东段	中亚热带原生性常绿阔叶林、丘陵河流湿地生态系统和珍稀野生动植物	1994	2010
147	江西齐云山国家级自然保护区	25°44′～25°54′N 113°55′～114°08′E	18 870	江西崇义县	森林生态系统	1997	2012
148	江西阳际峰国家级自然保护区	27°51′10″～28°02′20″N 117°11′30″～117°28′40″E	10 946	江西贵溪市	森林生态系统	2003	2012
149	福建厦门珍稀海洋物种国家级自然保护区	24°22′～24°44′N 117°27′～117°52′E	33 088	福建厦门市	中华白海豚、文昌鱼等珍稀海洋生物及黄嘴白鹭等鹭科鸟类	1997	2000
150	福建将乐龙栖山自然保护区	26°23′～26°43′N 117°11′～117°21′E	12 600	福建将乐县	亚热带常绿阔叶林	1984	1989
151	福建天宝岩国家级自然保护区	25°50′51″～26°1′20″N 117°28′3″～117°35′28″E	11 015.38	福建永安市	森林生态系统	1988	2003
152	福建深沪湾海底古森林遗迹国家级自然保护区	24°N 118°E	3 100	福建晋江市	海底古森林、古牡蛎礁遗迹及周边海岸带地质地貌	1992	1992
153	福建漳江口红树林国家级自然保护区	23°53′45″～23°56′00″N 117°24′07″～117°30′00″E	2 360	福建漳州市云霄县	红树林湿地生态系统、濒危动植物物种	1992	2003

序号	保护区名称	地理坐标	总面积(hm²)	地点	保护区性质(对象)	建立时间	晋升年份
154	福建虎伯寮国家级自然保护区	24°30′05″～24°56′20″N 117°12′42″～117°22′45″E	3 001.0	福建东南部	南亚热带雨林森林生态系统	1980	2001
155	福建武夷山国家级自然保护区	27°33′～27°54′N 117°27′～117°51′E	56 527.3	福建省北部	中亚热带原生性的天然常绿阔叶林、珍稀濒危野生动植物资源	1979	1979
156	福建梁野山国家级自然保护区	25°04″～25°20″N 116°00″～116°15″E	14 365	龙岩市武平县	红豆杉种群及观光木材、钩栲林等	1991	2003
157	福建梅花山国家级自然保护区	25°15′14″～25°35′44″N 116°45′25″～116°57′33″E	22 169	福建上杭、龙岩、连城	森林生态系统和珍稀动物	1985	1988
158	福建戴云山国家级自然保护区	25°38′07″～25°43′40″N 118°05′22″～118°20′15″E	13 472.4	福建泉州市德化县	原生性黄山松群落及山地森林生态系统	1985	2005
159	福建闽江源国家级自然保护区	26°35′47″～26°49′56″N 116°46′41″～116°59′24″E	13 022	福建建宁县	钟萼木和南方红豆杉原生种群	2001	2006
160	福建君子峰国家级自然保护区	26°19′03″～26°39′18″N 116°47′21″～117°31′22″E	18 060.5	福建三明市明溪县	中亚热带常绿阔叶林、木本药用植物种质资源	1995	2007
161	福建雄江黄楮林国家级自然保护区	26°15′29″～26°22′41″N 118°39′38″～118°51′19″E	12 752.7	福建闽清县	中亚热带南缘地带性常绿阔叶林、珍稀野生动植物资源	1985	2012
162	河南黄河湿地国家级自然保护区	34°33′59″～35°05′01″N 110°21′49″～112°48′15″E	68 000	河南西北部黄河中下游段	湿地生态系统	1995	2003
163	河南豫北黄河故道湿地鸟类国家级自然保护区	34°53′13″～35°06′21″N 114°13′53″～114°52′30″E	24 780	河南卫辉、延津县	大天鹅、鹤类等珍禽及内陆湿地生态系统	1988	1996
164	河南焦作太行山猕猴国家级自然保护区	34°54′～35°43′N 112°02′～113°43′E	56 600	河南西北太行山区	猕猴、金钱豹、红豆杉等野生动植物资源	1982	1998

序号	保护区名称	地理坐标	总面积（hm²）	地点	保护区性质（对象）	建立时间	晋升年份
165	河南南阳恐龙蛋化石群国家级自然保护区	—	78 015	河南南阳市	恐龙蛋化石	2000	2003
166	河南伏牛山国家级自然保护区	32°45′～34°00′N 110°30′～113°05′E	56 024	河南西峡、内乡、南召、栾川、嵩县、鲁山	天然阔叶林森林生态系统	1982	1997
167	河南宝天曼国家级自然保护区	33°20′～33°36′N 111°47′～112°04′E	9 304	河南内乡县	森林生态系统和野生动植物	1980	1988
168	河南鸡公山国家级自然保护区	31°46′～31°52′N 114°01′～114°06′E	2 917	河南信阳市	亚热带森林植被及珍稀野生动植物	1982	1988
169	河南董寨国家级自然保护区	31°28′～32°09′N 114°18′～114°30′E	46 800	河南信阳罗山县	鸟类和森林生态系统	1982	2001
170	河南连康山国家级自然保护区	31°36′～31°41′N 114°45′～114°48′E	2 000	河南新县	白冠长尾雉及其栖息地	1982	2005
171	河南小秦岭国家级自然保护区	34°23′～34°31′N 110°23′～110°44′E	15 160	河南灵宝市	森林生态系统	1956	2006
172	河南丹江湿地国家级自然保护区	32°45′25″～33°05′27″N 111°12′34″～111°39′49″E	64 027	河南淅川县	水生和陆栖生物及内陆河口湿地生态系统	2001	2007
173	湖北青龙山恐龙蛋化石群国家级自然保护区	32°47′30″～32°49′40″N 110°42′50″～110°48′42″E	4 500	湖北郧县	青龙山恐龙蛋化石群	1997	2001
174	湖北神农架国家级自然保护区	31°15′～31°75′N 109°56′～110°58′E	70 467	湖北房县、兴山、巴东	北亚热带山地森林生态系统及特有、珍稀物种	1983	1986
175	湖北五峰后河国家级自然保护区	30°00′～30°11′N 110°20′～110°53′E	2 067	湖北宜昌市五峰县	中亚热带森林生态系统及其生物多样性	1988	2000
176	湖北石首麋鹿国家级自然保护区	29.49°N 112.23°E	1 567	长江天鹅洲故道	麋鹿及其生境	1991	1998
177	湖北长江天鹅洲白暨豚国家级自然保护区	29°30′～29°37′N 112°13′～112°48′E	2 000	湖北石首市	白鳍豚及其生态环境	1990	1992
178	湖北长江新螺段白鱀豚自然保护区	30°08′N 114°08′E	13 500	湖北供湖、蒲圻、嘉鱼和湖南临湘	白暨豚及其生态环境	1987	1992

序号	保护区名称	地理坐标	总面积(hm^2)	地点	保护区性质(对象)	建立时间	晋升年份
179	湖北星斗山国家级自然保护区	星斗山片:29°57′~30°10′N,108°57′~109°27′E; 小河片:30°04′~30°14′N,108°31′~108°48′E	68 339	湖北利川、恩施、咸丰县	水杉原生群落和珙桐、台湾杉等珍稀野生植物	1988	2003
180	湖北九宫山国家级自然保护区	29°19′27″~29°27′08″N 114°23′35″~114°39′48″E	16 608.7	湖北通山县	中亚热带森林生态系统、珍稀濒危动植物、人文景观及第四纪冰川遗迹	1981	2007
181	湖北七姊妹山国家级自然保护区	29°39′30″~30°05′15″N 109°38′30″~109°47′00″E	34 550	湖北宣恩县	原始珙桐纯林群落、亚高山泥炭藓沼泽湿地	1990	2008
182	湖北洪湖湿地国家级自然保护区	29°49′~29°58′N 113°12′~113°26′E	37 088	湖北荆州市	淡水湖泊湿地生态系统及珍稀水禽	1996	2007
183	湖北龙感湖国家级自然保护区	29°48′~30°04′N 115°56′~116°07′E	22 322	湖北黄冈市黄梅县	湖泊、滩涂、草甸等组成的内陆水域生态系统	1988	2009
184	湖北赛武当自然保护区	32°24′~32°35′N 110°35′~110°54′E	21 203	湖北十堰市	森林植被及其生境所形成的自然生态系统	2002	2011
185	湖北木林子自然保护区	29°55′59″~30°10′47″N 109°59′30″~110°17′58″E	20 838	湖北恩施州鹤峰县	中亚热带森林生态系统、珙桐等珍稀植物群落	1983	1988
186	湖北咸丰忠建河大鲵国家级自然保护区	29°19′28″~30°02′52″N 108°37′08″~109°20′08″E	1 043.3	湖北恩施州咸丰县	大鲵及其生境	1994	2012
187	湖南炎陵桃源洞国家级自然保护区	26°18′00″~26°35′30″N 113°56′30″~114°06′20″E	23 786	湖南炎陵县	冷杉、银杉、大型猫科动物、林麝、兰科植物等珍稀濒危物种	1982	2002
188	湖南东洞庭湖国家级自然保护区	28°59′~29°38′N 112°43′~113°15′E	190 300	湖南岳阳市	湿地和珍稀鸟类	1984	1994
189	湖南壶瓶山国家级自然保护区	29°50′~30°09′N 110°29′~110°59′E	66 568	湖南石门县	华南虎等濒危动物物种及其栖息地	1982	1994
190	湖南张家界大鲵国家级自然保护区	28°52′~29°48′N 109°40′~110°20′E	14 285	湖南张家界市	主大鲵及其生态环境	1995	1996

序号	保护区名称	地理坐标	总面积（hm²）	地点	保护区性质（对象）	建立时间	晋升年份
191	湖南八大公山国家级自然保护区	29°39′18″～29°49′48″N 109°41′45″～110°09′50″E	20 000	湖南张家界市	亚热带森林植被及珍稀动植物	1986	1986
192	湖南莽山国家级自然保护区	24°52′0″～25°23′12″N 112°43′19″～113°0′10″E	19 833	湖南宜章县	亚热带常绿阔叶林及华南虎等珍稀动物	1982	1994
193	湖南永州都庞岭国家级自然保护区	25°15′26″～25°36′39″N 111°5′12″～111°23′50″E	20 066	湖南永州市	中亚热带向南亚热带过渡类型的森林生态系统	1982	2000
194	湖南小溪国家级自然保护区	28°42′15″～28°53′15N 110°6′50″～110°21′35E	7 220	湖南永顺县	山地常绿阔叶林生态系统	1982	2001
195	湖南黄桑国家级自然保护区	26°17′～26°35′N 109°45′～110°10′E	12 590	湖南绥宁县	天然次生林、原始森林植被和珍稀濒危动植物	1982	2005
196	湖南乌云界国家级自然保护区	28°29′～28°40′N 111°06′～111°20′E	33 818	湖南常德市桃源县	中亚热带常绿阔叶原始次生林	1998	2006
197	湖南鹰嘴界国家级自然保护区	26°46′～26°59′N 109°48′～109°58′E	15 900	湖南会同县	中亚热带常绿阔叶林及珍稀野生动物	1998	2006
198	湖南南岳衡山国家级自然保护区	27°11′30″～27°20′00″N 112°33′25″～112°46′45″E	11 991.6	湖南衡阳市	原生性森林生态系统	1984	2007
199	湖南借母溪国家级自然保护区	28°45′51″～28°54′04″N 110°19′45″～110°29′16″E	3 200	湖南沅陵县	中亚热带北部亚地带原始次生常绿阔叶林	2003	2008
200	湖南八面山自然保护区	25°54′02″～26°06′59″N 113°37′39″～113°50′08″E	10 974	湖南桂东县	原始森林植被和珍稀濒危物种	1982	2008
201	湖南阳明山国家级自然保护区	26°10′N 111°50′E	11 450	湖南双牌县	华东黄杉和红豆杉，及云豹、白鹇、红腹锦鸡	1982	2009
202	湖南六步溪国家级自然保护区	28°17′54″～28°25′53″N 110°44′56″～110°58′08″E	14 239	湖南安化县	原始植被及珍稀濒危动物	1999	2001

序号	保护区名称	地理坐标	总面积（hm^2）	地点	保护区性质（对象）	建立时间	晋升年份
203	湖南舜皇山国家级自然保护区	26°19′30″～26°37′33″N 110°59′45″～111°8′16″E	21 719.8	湖南新宁县	亚热带常绿阔叶林森林生态系统	1982	2004
204	湖南高望界国家级自然保护区	28°35′52″～28°45′30″N 119°48′09″～110°13′46″E	17 169.8	湖南古丈县	南方红豆杉、柏乐树、银杏、香果树，羚羊、锦鸡、猫头鹰、娃娃鱼、五步蛇、金钱豹	2003	2011
205	广东南岭国家级自然保护区	24°38′02″～25°00′00″N 112°40′37″～113°15′00″E	58 400	广东南岭山脉中段	中亚热带常绿阔叶林和珍稀濒危野生动植物	1984	1994
206	广东车八岭国家级自然保护区	24°40′29″～24°46′21″N 114°09′04″～114°16′46″E	7 545	广东始兴县	中亚热带常绿阔叶林及区内的等珍稀动植物	1981	1988
207	广东丹霞山国家级自然保护区	25°1′55″N 113°44′46″E	29 000	广东仁化县	丹霞地层、丹霞地貌与珍稀动植物资源	1993	1995
208	广东内伶仃岛—福田国家级自然保护区	22°24′～22°26′N 113°47′～113°49′E	554	广东珠江口	猕猴、水獭、穿山甲、黑耳鸢、蟒蛇等	1984	1988
209	广东珠江口中华白海豚国家级自然保护区	22°11′00″～22°24′00″N 113°40′00″E	46 000	广东珠江口	中华白海豚	1999	2003
210	广东湛江红树林国家级自然保护区	20°14′～21°35′N 109°40′～110°35′E	20 278.8	广东湛江市	红树林生态系统	1990	1997
211	广东鼎湖山国家级自然保护区	23°09′21″～23°11′30″N 112°30′39″～112°33′41″E	1 133	广东肇庆市	南亚热带森季风常绿阔叶林及生物多样性	1956	1956
212	广东像头山国家级自然保护区	23°13′05″～23°19′43″N 114°19′21″～114°27′06″E	10 696.9	广东惠州市	南亚热带常绿阔叶林和野生动植物	1998	2002
213	广东惠东港口海龟国家级自然保护区	22°33′15″～22°33′20″N 114°52′50″～114°54′33″E	400	广东惠东县	海龟及其栖息地	1985	1992
214	广东徐闻珊瑚礁国家级自然保护区	20°10′36″～20°27′00″N 109°50′12″～109°56′24″E	14 378.5	广东雷州半岛	珊瑚礁	1999	2007

序号	保护区名称	地理坐标	总面积（hm^2）	地点	保护区性质（对象）	建立时间	晋升年份
215	广东雷州珍稀水生动物国家级自然保护区	20°32′～20°44′N 109°31′～109°48′E	47 333	广东雷州市北部湾	白蝶贝（大珠母贝）	1983	2007
216	广东石门台国家级自然保护区	24°22′29″～24°30′41″N113°05′00″～113°30′50″E	33 555	广东清远、英德市	南亚热带季风常绿阔叶林与中亚热带典型常绿阔叶林	1998	2012
217	广东南澎列岛国家级自然保护区	23°10′47″～23°23′25″N117°06′26″～117°23′44″E	35 679	广东南澳县南澎列岛	近海海洋生物及复杂的生物群落	2004	2012
218	广西大明山国家级自然保护区	23°24′～23°30′N 108°20′～108°24′E	16 994	广西南宁市武鸣、上林、马山和宾阳县	山地森林生态系统以及珍稀濒危特有动植物	1981	2002
219	广西花坪国家级自然保护区	25°31′10″～25°39′36″N 109°48′54″～109°58′20″E	17 400	广西龙胜、临桂县	银杉及中亚热带常绿阔叶林	1961	1978
220	广西猫儿山国家级自然保护区	25°44′～25°58′N 110°19′～110°31′E	17 008.5	广西桂林市	原生性亚热带常绿阔叶林森林生态系统	1976	2003
221	广西山口红树林生态国家级自然保护区	21°28′22″～21°37′00″N 109°37′00″～109°47′00″E	8 000	广西合浦县	红树林自然生态系统	1990	1990
222	广西合浦营盘港—英罗港儒艮自然保护区	北部海域：21°30′N，109°38′30″～109°46′30″E 南部海域：21°18′N，109°34′30″～109°44′00″E	35 000	广西合浦县	儒艮和中华白海豚珍稀海生动物及其栖息环境	1986	1992
223	广西北仑河口国家级自然保护区	21°31′00″～21°37′30″N 108°00′30″～108°16′30″E	3 000	广西防城港市	红树林生态系统	1985	2000
224	广西防城金花茶国家级自然保护区	21°43′34″～21°49′39″N 108°02′33″～108°12′52″E	9 156	广西防城港市	金花茶及其生态环境	1986	1994
225	广西十万大山国家级自然保护区	21°40′03″～22°04′18″N 107°29′59″～108°13′11″E	58 277.1	广西防城港市上思	珍贵稀有动植物资源及其栖息地	1982	2003

序号	保护区名称	地理坐标	总面积（hm^2）	地点	保护区性质（对象）	建立时间	晋升年份
226	广西弄岗国家级自然保护区	22°13′56″～22°39′09″N 106°42′28″～107°04′54″E	10 080	广西龙州、宁明	石灰岩季雨林生态系统、珍稀物种及岩溶地貌	1979	1980
227	广西大瑶山自然保护区	25°07′36″～25°14′56″N 113°11′31″～113°16′34″E	7 913.9	广西大瑶山	恢复中的亚热带森林生态系统及其生物多样性	2000	2004
228	广西木论国家级自然保护区	25°06′09″～25°12′25″N 107°53′29″～108°05′42″E	10 829.7	广西河池市环江毛南族自治县	中亚热带喀斯特森林生态系统	1991	1998
229	广西千家洞国家级自然保护区	25°22′～25°31′N 111°11′～111°20′E	12 231	广西灌阳县	高山常绿阔叶林及珍稀野生动植物	1982	2006
230	广西岑王老山国家级自然保护区	24°22′～24°32′N 106°15′～106°26′E	29 800	广西田林、凌云	季风常绿阔叶林及垂直带谱的森林生态系统	1982	2005
231	广西九万山国家级自然保护区	25°01′55″～25°19′54″N 108°35′32″～108°48′49″E	25 212.8	广西融水苗族自治县、罗城仫佬族自治县、环江毛南族自治县	中亚热带常绿阔叶林森林生态系统和伯乐树、南方红豆杉、合柱金莲木等珍稀濒危植物以及鼋、蟒蛇、熊猴、林麝、金钱豹等珍稀濒危动物	1982	2007
232	广西金钟山黑颈长尾雉国家级自然保护区	24°32′44″～24°43′07″N 104°46′13″～105°00′06″E	20 924.4	广西隆林各族自治县与西林县	黑颈长尾雉及其栖息地	1956	2008
233	广西雅长兰科植物国家级自然保护区	24°44′16″～24°53′58″N 106°11′31″～106°27′04″E	22 062	广西百色市乐业县	兰科植物	2005	2009
234	广西崇左白头叶猴国家级自然保护区	22°10′43″～22°36′55″N 107°16′53″～107°59′46″E	25 578	广西崇左市	白头叶猴、黑叶猴及喀斯特石山森林生态系统	2005	2010
235	海南三亚珊瑚礁国家级自然保护区	18°10′30″～18°15′30″N 109°20′50″～109°40′30″E	8 500	海南省三亚市	珊瑚礁及其生态系统	1989	1990

序号	保护区名称	地理坐标	总面积（hm^2）	地点	保护区性质（对象）	建立时间	晋升年份
236	海南东寨港国家级自然保护区	19°51′～20°1′N 110°32′～110°37′E	3 337	海南省琼山市	红树林生态系统	1980	1986
237	海南铜鼓岭国家级自然保护区	19°36′54″～19°41′21″N 110°58′30″～111°03′00″E	4 400	海南省文昌市	主热带常绿雨矮林及野生动物	1988	2003
238	海南大洲岛海洋生态国家级自然保护区	18°38′8″～18°41′4″N 110°27′～110°31′E	7 000	海南省万宁县	金丝燕和海岛海洋生态系统	1990	1990
239	海南大田国家级自然保护区	19°05′～19°17′N 108°47′～108°49′E	2 500	海南省东方市	海南坡鹿及其生境	1976	1986
240	海南尖峰岭国家级自然保护区	18°23′～18°52′N 108°44′～109°02′E	20 170	海南乐东、东方两县	热带原始林生态系统	1960	2002
241	海南五指山国家级自然保护区	18°48′59″～18°59′07″N 109°32′03″～109°43′19″E	13 435.9	海南岛中部	热带雨林生物多样性	1985	2003
242	海南坝王岭国家级自然保护区	18°57′～19°11′N 109°03′～109°17′E	29 980	海南省昌江县	黑长臂猿及其栖息生态环境	1980	1988
243	海南吊罗山国家级自然保护区	18°43′～18°58′N 109°43′～110°03′E	38 000	海南五指山、保亭、琼中、万宁、陵水	热带雨林生态系统	1984	2009
244	重庆缙云山国家级自然保护区	29°41′08″～29°52′03″N 106°17′43″～106°24′50″E	7 600	重庆市北碚区	森林植被及其生境所形成的自然生态系统	1979	2001
245	重庆大巴山国家级自然保护区	31°37′27″～32°12′15″N 108°27′07″～109°16′40″E	136 017	重庆市城口县	亚热带森林生态系统及其生物多样性	1979	2003
246	长江上游珍稀、特有鱼类国家级自然保护区 *	27°29′～29°4′N 104°9′～106°30′E	33 174.213	云贵川长江上游	白鲟、中华鲟、胭脂鱼等鱼类及其产卵场	2000	2005
247	重庆金佛山国家级自然保护区	28°50′～29°20′N 107°00′～107°20′E	41 850	重庆南川市	银杉、珙桐等珍稀植物及森林生态系统	1979	2000
248	重庆雪宝山国家级自然保护区	31°31′40″～31°42′00″N 108°33′00″～108°53′00″E	31 902.5	重庆市开县	森林生态系统	2000	2011

序号	保护区名称	地理坐标	总面积（hm^2）	地点	保护区性质（对象）	建立时间	晋升年份
249	重庆阴条岭国家级自然保护区	31°23′52″～31°33′37″N 109°41′19″～109°57′42″E	22 423.1	重庆市巫溪县	森林生态系统	2001	2012
250	四川龙溪－虹口国家级自然保护区	31°04′～31°22′N 103°32′～103°43′E	34 000	四川都江堰市	亚热带山地森林	1993	1997
251	四川白水河国家级大熊猫自然保护区	31°10′～31°29′N 103°41′～103°57′E	30 150	四川彭州市	大熊猫等珍稀野生动植物及其生态环境	1996	2002
252	四川攀枝花苏铁国家级自然保护区	26°36′31″～26°38′24″N 101°32′15″～101°35′46″E	1 400	四川攀枝花市	攀枝花苏铁林	1983	1996
253	四川画稿溪国家级自然保护区	27°42′～28°31′N 105°03′～105°40′E	23 827	四川叙永县	第三纪残遗物种—桫椤群落	1998	2003
254	四川王朗国家级自然保护区	32°49′～33°02′N 103°55′～104°10′E	32 297	四川绵阳市平武县	大熊猫等珍稀野生动物及其栖息地	1963	1963
255	四川唐家河国家级自然保护区	32°32′～32°41′N 104°37′～104°53′E	40 000	四川青川县	大熊猫、金丝猴、扭角羚及其栖息地	1978	1986
256	四川马边大风顶国家级自然保护区	28°25′～28°44′N 103°14′～103°24′E	30 164	四川乐山市马边县	大熊猫及其生态环境	1978	1994
257	四川长宁竹海国家级自然保护区	28°15′～28°47′N 104°44′～105°03′E	29 000	四川长宁县	竹类生态系统	1996	2003
258	四川蜂桶寨国家级自然保护区	30°19′～30°47′N 102°48′～103°00′E	39 039	四川宝兴县	大熊猫及森林生态系统	1975	1975
259	四川卧龙国家级自然保护区	30°45′～31°25′N 102°52′～103°25′E	200 000	四川汶川县	大熊猫及西南高山林区自然生态系统	1963	1963
260	四川九寨沟国家级自然保护区	32°55′～33°16′N 103°46′～104°05′E	60 000	四川九寨沟县	大熊猫和森林生态系统及自然风景	1978	1988
261	四川小金四姑娘山国家级自然保护区	30°35′～31°43′N 102°01′～102°59′E	48 500	四川省小金县	主野生动物和高山生态系统	1995	1996
262	四川若尔盖湿地国家级自然保护区	33°25′～34°00′N 102°29′～102°59′E	166 570.6	四川若尔盖县	高寒泥炭沼泽湿地和黑颈鹤等珍稀野生动物	1994	1998
263	四川贡嘎山国家级自然保护区	29°35′44″N 101°52′44″E	400 000	四川康定、泸定和石棉	森林生态系统、珍稀动物及现代冰川	1996	1997

序号	保护区名称	地理坐标	总面积（hm^2）	地点	保护区性质（对象）	建立时间	晋升年份
264	四川察青松多白唇鹿国家级自然保护区	30°33′~31°6′N 99°11′~99°42′E	143 682	四川白玉县	白唇鹿及其生存环境	1987	2003
265	四川亚丁国家级自然保护区	28°11′~28°34′N 99°58′~100°28′E	56 000	四川稻城县	横断山特有的高山自然生态系统	1997	2001
266	四川美姑大风顶国家级自然保护区	28°32′~28°50′N 102°52′~103°20′N	15 950	四川美姑县	大熊猫、牛羚、川金丝猴等珍稀野生动物	1978	1994
267	长江上游珍稀、特有鱼类国家级自然保护区*	27°29′~29°4′N 104°9′~106°30′E	33 174.213	云贵川长江上游	鱼类类群和自然生态系统	2000	2005
268	四川米仓山国家级自然保护区	32°29′~32°41′N 106°24′~106°39′E	23 400	四川广元市旺苍县	亚热带与温带交汇地带的森林生态系统	1997	2006
269	四川雪宝顶国家级自然保护区	31°59′31″~33°02′41″N 103°50′31″~104°58′13″E	63 615	四川绵阳市平武县	大熊猫及其栖息地	1993	2006
270	四川花萼山国家级自然保护区	31°55′~31°12′N 108°00′~108°27′E	14 500	四川万源市	北亚热带森林生态系统	1999	2007
271	四川海子山国家级自然保护区	29°06′36″~30°06′00″N 99°33′00″~100°31′48″E	459 161	四川理塘和稻城	高寒湿地和麝类	1995	2008
272	四川长沙贡玛国家级自然保护区	33°18′00″~34°12′36″N 97°22′12″~98°39′36″E	669 800	四川甘孜石渠县	西藏野驴及其栖息地	1995	2009
273	四川老君山国家级自然保护区	28°38′24″~28°51′00″N 103°48′36″~104°05′24″E	3 500	四川屏山县	四川山鹧鸪及其栖息地	2000	2002
274	四川诺水河珍稀水生动物国家级自然保护区	31°56′54″~32°28′50″N 107°08′14″~107°40′7″E	9 220	四川通江县	大鲵、水獭、岩原鲤等珍稀水生动物	1986	2012
275	四川黑竹沟国家级自然保护区	28°39′54″~29°08′54″N 102°54′29″~103°04′7″E	29 643	四川峨边彝族自治县	大熊猫及其生境	1997	2012
276	四川格西沟国家级自然保护区	29°52′30″~30°05′30″N 100°51′15″~101°00′13″E	22 896.8	四川雅江县	大绯胸鹦鹉、雉鹑、斑尾榛鸡、林麝、绿尾虹雉及森林生态系统	1993	2012

序号	保护区名称	地理坐标	总面积（hm²）	地点	保护区性质（对象）	建立时间	晋升年份
277	贵州习水中亚热带常绿阔叶林国家级自然保护区	28°07′~28°34′N 105°50′~106°29′E	48 666	贵州习水县	中亚热带常绿阔叶林	1992	1994
278	贵州赤水桫椤国家级自然保护区	28°20′17″~28°20′40″N 105°57′54″~106°7′7″E	13 300	贵州赤水	桫椤及其生态环境	1984	1992
279	贵州梵净山国家级自然保护区	27°47′~27°02′N 108°36′~108°49′E	56 700	贵州江口、印江、松桃	黔金丝猴、珙桐等珍稀动植物	1978	1986
280	贵州麻阳河国家级自然保护区	28°37′30″~28°54′20″N 108°3′53″~108°19′45″E	31 113	贵州土家族自治县及务川仡佬族苗族自治县	黑叶猴及其生境	1987	2003
281	贵州草海国家级自然保护区	26°48′N 104°10′E	12 000	贵州威宁彝族苗族回族自治县	黑颈鹤及高原湿地生态系统	1985	1992
282	贵州雷公山国家级自然保护区	26°15′~26°22′N 108°09′~108°22′E	47 333	贵州雷山、榕江、台江、剑河县	秃杉林及其生境、水源涵养林	1982	2001
283	贵州茂兰国家级自然保护区	25°09′~25°20′N 107°52′~108°05′E	21 285	贵州荔波县	喀斯特森林及珍稀动植物	1987	1988
284	贵州宽阔水国家级自然保护区	28°06′25″~28°19′25″N 107°02′23″~107°14′09″E	26 231	贵州遵义市绥阳县	原生性中亚热带常绿落叶阔叶林、国家重点保护动物黑叶猴、红腹锦鸡种群及其自然生境	1989	2007
285	云南哀牢山国家级自然保护区	23°36′~24°44′N 100°54′~101°30′E	50 360	云南省哀牢山	动植物资源	1986	1988
286	云南高黎贡山国家级自然保护区	24°56′~28°22′N 98°08′~98°50′E	405 500	云南省黎贡山	高山、亚高山生物气候垂直带谱自然景观	1983	1986
287	云南大山包黑颈鹤国家级自然保护区	27°18′38″~27°29′15″N 103°14′55″~103°23′49″E	19 200	云南昭通市	黑颈鹤及其生境	1990	2003
288	云南大围山国家级自然保护区	22°35′~23°07′N 103°20′~104°03′E	43 993	云南屏边、河口、蒙自、个旧县	森林生态系统	1986	2001

序号	保护区名称	地理坐标	总面积（hm^2）	地点	保护区性质（对象）	建立时间	晋升年份
289	云南金平分水岭国家级自然保护区	22°26′26″～22°57′44″N 102°31′36″～103°31′50″E	42 000	云南金平县	种黑长臂猿、蜂猴及森林生态系统	1986	2001
290	云南黄连山国家级自然保护区	22°33′34″～22°59′20″N 102°05′26″～102°25′07″E	65 058	云南绿春县	热带季节雨林、山地雨林、湿性季风常绿阔叶林、山地苔藓常绿阔叶林为主的森林生态系统	1983	2003
291	云南文山国家级自然保护区	23°16′～23°25′N，23°21′～23°24′N；103°53′～104°10′E，104°41′～104°52′E	26 867	云南文山县和西畴县	森林生态系统	1980	2003
292	云南无量山国家级自然保护区	24°17′～24°55′N 100°19′～100°45′E	31 313	云南普洱市景东彝族自治县和大理南涧彝族自治县	黑长臂猿及其栖息环境	1986	2000
293	云南西双版纳国家级自然保护区	21°10′～22°24′N 100°16′～101°50′E	241 776	云南西双版纳傣族自治州	热带森林生态系统和珍稀动植物	1958	1986
294	云南西双版纳纳版河流域国家级自然保护区	22°04′～22°17′N 100°32′～100°44′E	26 600	云南景洪市和勐海县	热带季节性雨林等森林生态系统及珍稀物种	1991	2000
295	云南苍山洱海国家级自然保护区	25°26′～26°00′N 90°57′～100°18′E	79 700	云南大理市	高原淡水湖泊及水生动植物	1981	1994
296	云南白马雪山国家级自然保护区	27°24′～28°36′N 98°57′～99°25′E	281 640	云南迪庆藏族自治州德钦和维西县	滇金丝猴及横断山脉高山峡谷山地垂直带自然景观	1983	1986
297	云南南滚河国家级自然保护区	23°12′～23°19′N 98°54′～99°05′E	50 887	云南沧源、耿马县	主亚洲象及其栖息的热带雨林生态系统	1980	1994
298	云南药山国家级自然保护区	北边：27°08′54″～27°25′31″N，102°57′47″～103°10′13″E；南边：26°50′38″～26°53′47″N，102°59′59″～103°01′33″E	20 141	云南昭通市巧家县	常绿阔叶林森林生态系统和珍稀植物资源	1984	2005

序号	保护区名称	地理坐标	总面积(hm^2)	地点	保护区性质(对象)	建立时间	晋升年份
299	云南会泽黑颈鹤国家级自然保护区	26°38′~26°45′N 103°15′~103°22′E	12 910.64	云南乌蒙山区	黑颈鹤及其栖息地	1994	2006
300	云南永德大雪山国家级自然保护区	24°00′10″~24°12′27″N 99°32′56″~99°43′47″E	17 541	云南临沧市永德县	亚热带中山湿性常绿阔叶林生态系统和野生珍稀动植物	1986	2006
301	云南轿子山国家级自然保护区	26°40′23″~26°10′20″N 102°48′49″~102°57′50″E	16 704	云南东川市	急尖长苞冷杉林、高山柏林、高山松林、黄背栎林等为代表的植被类型和森林生态系统	1994	2011
302	云南云龙天池国家级自然保护区	25°49′48″~26°14′16″N 99°11′36″~99°20′34″E	14 475	云南大理白族自治州云龙县	原始云南松林、滇金丝猴及其栖息地	1981	2012
303	云南元江国家级自然保护区	23°19′12″~23°46′12″N 101°21′24″~102°21′12″E	22 379	云南玉溪元江哈尼族彝族傣族自治县	元江苏铁及珍稀兽类	1989	2012
304	西藏雅鲁藏布江中游河谷黑颈鹤国家级自然保护区	28°40′~30°17′N 87°34′~91°54′E	614 350	西藏“一江两河”地区	黑颈鹤及其越冬栖息地	1993	2003
305	西藏芒康滇金丝猴国家级自然保护区	28°48′~29°40′N 98°20′~98°59′E	185 300	西藏昌都地区芒康	滇金丝猴、斑尾榛鸡、马来熊、绿尾虹雉等	1985	2002
306	西藏珠穆朗玛峰国家级自然保护区	27°48′~29°19′N 84°27′~88°00′E	3 381 000	西藏定日、聂拉木、吉隆和定结县	高山、高原生态系统	1988	1994
307	西藏色林错国家级自然保护区	30°10′~32°10′N 87°46′~91°48′E	1 893 630	藏北高原	珍稀水禽及其栖息地和繁殖地	1993	2003
308	西藏羌塘国家级自然保护区	32°10′~6°32′N 79°42′~2°59′E	29 800 000	西藏那曲和阿里	高寒生态系统及多种大型有蹄类动物	1993	2000
309	西藏雅鲁藏布大峡谷国家级自然保护区	—	962 000	雅鲁藏布江下游	山地森林生态系统和珍贵野生动植物	1986	2000
310	西藏察隅慈巴沟国家级自然保护区	28°34′~29°07′N 96°52′~97°10′E	101 400	西藏林芝察隅县	山地亚热带原始常绿阔叶林与针叶林、云南松林等生态系统	1985	2002

序号	保护区名称	地理坐标	总面积（hm^2）	地点	保护区性质（对象）	建立时间	晋升年份
311	西藏拉鲁湿地国家级自然保护区	29°40′N 90°05′E	620	西藏拉萨市	水禽及其栖息地	1999	2005
312	西藏类乌齐马鹿国家级自然保护区	31°13′～31°31′N 95°48′～96°30′E	120 614.6	西藏昌都类乌齐县	马鹿及其栖息地	1993	2005
313	陕西周至国家级自然保护区	33°41′～33°57′N 107°39′～108°19′E	56 393	陕西周至县	金丝猴等珍稀动物及其生存环境	1984	1988
314	陕西太白山国家级自然保护区	33°49′30″～34°05′35″N 107°22′25″～107°51′30″E	56 325	陕西太白、眉县、周至	森林生态系统和自然历史遗迹	1965	1986
315	陕西长青国家级自然保护区	33°19′～33°44′N 107°17′～107°55′E	30 000	陕西洋县	大熊猫及其栖息地	1994	1995
316	陕西佛坪国家级自然保护区	33°33′～33°46′N 107°40′～107°55′E	3 500 000	陕西佛坪县	大熊猫及其栖息地	1978	1978
317	陕西牛背梁国家级自然保护区	33°47′～33°55′N 108°47′～109°03′E	16 520	陕西长安、柞水、宁陕县	羚牛及其栖息地	1980	1988
318	陕西汉中朱鹮国家级自然保护区	33°08′～33°35′N 107°21′～107°44′E	37 549	陕西洋县	朱鹮等濒危珍禽及其生境	2001	2005
319	陕西子午岭国家级自然保护区	35°45′～36°01′N 108°30′～108°41′E	40 621	陕西延安市富县	森林生态系统	1999	2006
320	陕西化龙山国家级自然保护区	31°54′39″～32°08′13″N 109°16′41″～109°30′29″E	28 103	陕西安康市镇坪、平利县	森林生态系统和野生动物	1982	2007
321	陕西天华山国家级自然保护区	33°30′～33°44′N 108°02′～108°14′E	25 485	陕西宁陕县	大熊猫及其栖息地	2002	2008
322	陕西青木川国家级自然保护区	32°50′～32°56′N 105°28′～105°40′E	10 200	陕西汉中市宁强县	大熊猫、金丝猴、羚牛等珍稀野生动物	2003	2009
323	陕西桑园国家级自然保护区	33°17′42″～33°53′29″N 106°38′05″～107°18′14″E	13 806	陕西留坝县	大熊猫及其栖息地	2002	2009
324	陕西陇县秦岭细鳞鲑国家级自然保护区	34°35′17″～35°08′16″N 106°26′32″～107°06′10″E	6 559	陕西陇县	秦岭细鳞鲑及其生境	2004	2009
325	陕西米仓山国家级自然保护区	32°33′33″～32°46′31″N 107°15′24″～107°33′06″E	34 192	陕西汉中市西乡县	亚热带与温带交汇地带的森林生态系统	2002	2009

序号	保护区名称	地理坐标	总面积(hm^2)	地点	保护区性质(对象)	建立时间	晋升年份
326	陕西延安黄龙褐马鸡国家级自然保护区	35°31′53″~35°53′29″N 109°55′9″~110°19′32″E	81 753	延安市黄龙、宜川县	褐马鸡及其栖息地	2001	2012
327	陕西韩城黄龙山褐马鸡国家级自然保护区	35°28′~36°02′N 109°38′~110°12′E	39 124	陕西延安市黄龙、宜川县	褐马鸡及其栖息地	2001	2010
328	陕西汉中略阳大鲵国家级自然保护区	33°12′46.5″~33°35′42.0″N 106°11′27.3″~106°36′19.1″E	5 600	陕西汉中市略阳县	大鲵及其赖以生存的水域生态系统	2006	2011
329	陕西观音山国家级级自然保护区	33°35′~33°45′N 107°51′~108°01′E	13 534	陕西佛坪县	大熊猫兼其他野生动物和森林生态系统	2003	2012
330	陕西太白湑水河珍稀水生生物国家级自然保护区	33°38′~34°54′N 107°16′~107°42′E	5 343	陕西宝鸡市太白县	大鲵、秦岭细鳞鲑、川陕哲罗鲑、水獭、多鳞铲颌鱼和秦巴北鲵等	2001	2012
331	陕西紫柏山国家级自然保护区	33°39′45″~33°45′31″N 106°28′50″~106°46′04″E	17 472	陕西凤县	林麝及其栖息地	2002	2012
332	甘肃兴隆山国家级自然保护区	35°38′~35°58′N 103°50′~104°10′E	33 301	甘肃兰州市榆中县	马麝和天然原始老云杉林及其生态系统	1986	1988
333	甘肃祁连山国家级自然保护区	36°43′~39°36′N 97°25′~103°46′E	2 653 000	甘肃、青海两省交界	祁连山水源涵养林、草原植被	1988	1988
334	甘肃敦煌西湖国家级自然保护区	92°45′~93°50′E 39°45′~40°36′N	660 000	甘肃敦煌市	湿地生态系统及国际濒危物种野骆驼种群	1992	2003
335	甘肃安西极旱荒漠国家级自然保护区	南片:39°50′45″~40°43′40″N, 95°50′30″~96°51′00″E 北片:41°19′00″~41°12′24″N, 94°47′00″~95°41′00″E	400 000	甘肃瓜州县	极旱荒漠生态系统	1987	1992
336	甘肃民勤连古城国家级自然保护区	38°05′~39°06′N 103°02′104°02′E	389 882.5	甘肃民勤县	荒漠天然植被群落、珍稀濒危动植物、古人类文化遗址和极端脆弱的荒漠生态系统	1982	2002
337	甘肃白水江国家级自然保护区	32°35′~32°55′N 104°7′~105°22′E	91 000	甘肃文县、武都县	大熊猫、珙桐等多种珍稀濒危野生动植物	1978	1978

序号	保护区名称	地理坐标	总面积（hm^2）	地点	保护区性质（对象）	建立时间	晋升年份
338	甘肃莲花山国家级自然保护区	34°54′17″～35°01′46″N 103°39′59″～103°50′26″E	12 551	甘肃临潭县	珍贵稀有动植物资源及其栖息地	1983	2003
339	甘肃尕海—则岔国家级自然保护区	33°58′～34°32′N 102°09′～102°46′E	247 431	甘肃碌曲县	珍稀野生动植物及生态环境	1982	1998
340	甘肃太统—崆峒山国家级自然保护区	35°23′17″～35°38′46″N 106°26′11″～106°37′14″E	16 283	甘肃省	森林生态系统、稀有野生动植物、古文化遗迹和地质遗迹	1982	2005
341	甘肃连城国家级自然保护区	36°33′～36°48′N 102°26′～102°55′E	47 930	黄河流域大通河中下游	天然青杆及其森林生态系统	2001	2005
342	甘肃小陇山国家级自然保护区	33°35′12″～33°45′11″N 106°13′10″～106°33′06″E	31 938	甘肃东南部	暖温带—亚热带过渡地区原始森林生态系统	1982	2006
343	甘肃盐池湾国家级自然保护区	38°26′～39°52′N 95°21′～97°10′E	1 360 000	甘肃肃北蒙古族自治县	荒漠生态系统	1982	2006
344	甘肃安南坝野骆驼国家级自然保护区	39°02′～39°47′N 92°20′～93°19′E	396 000	甘肃阿克塞哈萨克族自治县	野骆驼等野生动物及其栖息环境	1982	2006
345	甘肃洮河国家级自然保护区	34°10′07″～34°42′05″N 102°46′02″～103°44′40″E	287 759	甘南藏族自治州卓尼、临潭、迭部和合作	天然原始山地寒温性暗针叶林生态系统、珍稀野生动植物资源及其栖息地	2005	2009
346	甘肃敦煌阳关国家级自然保护区	39°39′～40°06′N 93°53′～94°20′E	88 177.7	甘肃敦煌市	内陆河流生态系统	1992	2009
347	甘肃张掖黑河湿地国家级自然保护区	38°57′54″～39°52′30″N 99°19′21″～100°34′48″E	41 164.56	甘肃张掖市甘州、临泽、高台县	内陆河流湿地和水域生态系统及生物多样性	1992	2011
348	甘肃太子山国家级自然保护区	35°02′～35°36′N 102°43′～103°42′E	84 700	甘肃临夏回族自治州与甘南藏族自治州	森林生态系统	2005	2012
349	青海循化孟达国家级自然保护区	35°42′～35°50′N 102°36′～102°43′E	9 544	青海循化撒拉族自治县	森林生态系统水源涵养林	1980	2000
350	青海青海湖国家级自然保护区	36°31′48″～37°15′29″N 99°34′26″～100°48′44″E	495 200	青藏高原东北部	青海湖湖体及其环湖湿地生态系统	1975	1997

序号	保护区名称	地理坐标	总面积(hm^2)	地点	保护区性质(对象)	建立时间	晋升年份
351	青海可可西里国家级自然保护区	34°19′~36°16′N 89°25′~94°05′E	45 000	玉树藏族自治州	藏羚羊、野牦牛、野驴、白唇鹿、棕熊等	1997	1997
352	青海隆宝国家级自然保护区	33°08′~33°14′N 96°25′~96°37′E	10 000	青海玉树藏族自治州玉树县	黑颈鹤等水禽及栖息地	1984	1986
353	青海三江源国家级自然保护区	31°39′~36°16′N 89°24′~102°23′E	15 230 000	青海省玉树、果洛、海南、黄南藏族自治州和海西藏族蒙古族自治州的17个县	长江、黄河、澜沧江三条大江大河源头生态系统、高原湿地生态系统、高寒草甸及野生动植物	2000	2003
354	宁夏贺兰山国家级自然保护区	38°21′~39°22′N 105°44′~106°42′E	~	宁夏平原贺兰山	干旱风沙区森林生态系及珍稀动植物	1982	1988
355	宁夏沙坡头国家级自然保护区	37°25′58″~37°37′24″N 104°49′25″~105°09′24″E	13 400	宁夏中卫县	沙漠自然生态系统	1984	1994
356	宁夏罗山国家级自然保护区	37°11′~37°25′N 106°04′~106°24′E	33 710	宁夏同心县	青海云杉、油松为代表的森林、草原和荒漠三大类型的生态系统	1982	2002
357	宁夏灵武白芨滩国家级自然保护区	37°49′~38°20′N 106°20′~106°37′E	74 843	宁夏灵武市	荒漠生态系统及典型的荒漠野生动植物资源	1985	2000
358	宁夏六盘山国家级自然保护区	35°14′~35°41′N 106°19′~106°30′E	67 800	宁夏泾源、固原、隆德县	森林生态和野生动物	1988	1988
359	宁夏哈巴湖国家级自然保护区	37°37′~38°03′N 106°53′~107°40′E	84 000	宁夏盐池县	荒漠—湿地	1998	2006
360	新疆阿尔金山国家级自然保护区	36°00′~37°49′N 80°10′~90°18′E	4 500 000	新疆巴音郭楞州若羌县	高原生态系统及高原特有的动植物	1985	1985
361	新疆罗布泊野骆驼国家级自然保护区	38°42′~42°34′N 89°00′~93°30′E	78 000	新疆吐鲁番地区、哈密地区、巴音郭楞州	野骆驼及特有的荒漠生态系统	1986	2003
362	新疆巴音布鲁克国家级自然保护区	42°59′~43°07′N 83°42′~85°51′E	100 000	新疆巴音郭楞州和静县	天鹅等珍稀水禽及其栖息繁殖地	1980	1988

序号	保护区名称	地理坐标	总面积（hm^2）	地点	保护区性质（对象）	建立时间	晋升年份
363	新疆托木尔峰国家级自然保护区	41°40′～42°04′N 79°50′～80°54′E	237 600	新疆阿克苏地区温宿县	森林生态系统	1980	2003
364	新疆西天山国家级自然保护区	43°03′～43°15′N 82°51′～83°06′E	31 217	新疆伊犁哈萨克自治州巩留县	云杉林及其生境	1983	2000
365	新疆甘家湖梭梭林国家级自然保护区	44°46′～44°58′N 83°18′～83°52′E	5 466	新疆塔城地区乌苏市和博尔塔拉蒙古自治州精河县	白梭梭、梭梭、柽柳、胡杨、铃铛刺、沙拐枣等植物资源	1983	2001
366	新疆喀纳斯国家级自然保护区	48°34′～49°11′N 86°54′～87°54′E	250 000	新疆布尔津县	寒温带针阔叶混交林生态系和自然景观	1980	1986
367	新疆塔里木胡杨国家级自然保护区	40°52′～41°19′N 84°15′～85°30′E	395 420	新疆巴音郭楞蒙古自治州尉犁、轮台县	河岸胡杨林生态系统及珍稀动物资源	1984	2006
368	新疆艾比湖湿地国家级自然保护区	44°31′05″～45°09′35″N 82°33′47″～83°53′21″E	267 085	新疆博州精河县、博乐市和阿拉山口	湿地生态系统	2000	2000

注释：

注 1：截止 2013 年 3 月，全国共计 367 处国家级自然保护区。

注 2：中国大陆的国家级自然保护区的命名法为形如“省名＋地名＋[保护对象名]＋国家级自然保护区”的“双名法[三名法]”（除＊等特殊情况）

注 3：＊是一个地跨四川、贵州、云南、重庆等三省、一直辖市的国家级自然保护区。

注 4：中国台湾地区的有关资料暂缺。

附录Ⅱ　中国加入的世界环境与生物多样性保护国际公约一览表(按时间顺序)

公约名称	签订日期	签订地点	保存机构	生效日期	内容摘要	中国签署或生效日期
国际管制捕鲸公约(International Convention for the Regulation of Whaling)	1946.12.2	华盛顿	美国政府	1948.11.10	国际捕鲸委员会鼓励捕鲸和鲸鱼调查研究;确定捕猎季节、地区、尺寸和最大捕获量;各缔约国制定相应的执行措施并汇报违规情况。	1980.9.24
世界气象组织公约(Convention of the World Meteorological Organization)	1947.10.11	华盛顿	美国政府	1950.3.23	以国际合作形式进行气象、水文及与气象有关的地球物理观测	1973.5.27
南极条约(Antarctic Treaty)	1959.12.1	华盛顿	美国政府	1961.6.23	确保南极不成为战争和纷争之地,永远和平考察和利用南极资源	1983.6.8
养护大西洋金枪鱼国际公约(International Convention for the Conservation of Atlantic Tunas)	1966.5.4	里约热内卢	国际粮农组织	1969.3.21	各缔约国签署协议保护大西洋金枪鱼资源以保持最大生产量	1996.10.2
关于特别是作为水禽栖息地的国际湿地公约(简称国际湿地公约或拉姆萨公约)(Convention on Wetlands of International Importance Especially as Waterfowl Habitat)	1971.2.2	拉姆萨	联合国教科文组织	1975.12.21	各缔约国认同湿地资源的生态价值,共同保护湿地及其动植物资源	1992.7.31
保护世界文化和自然遗产公约(Convention for the Protection ot the World Cultural and Natural Heritage)	1972.11.16	巴黎	联合国教科文组织	1975.12.17	各国自行规定遗产清单,递交申请,批准后纳入国际合作保护行列,确保具有代表性的文化和自然遗产得到全人类的共同研究和保护	1986.3.12

公约名称	签订日期	签订地点	保存机构	生效日期	内容摘要	中国签署或生效日期
防止倾倒废物和其他物质污染海洋公约(伦敦倾废公约)(Convention on the Prevention of Marine Pollution by Dumping of Wastes and other Matters)	1972. 12. 29	伦敦—华盛顿—莫斯科—墨西哥城	国际海事组织	1975. 7. 1	敦促缔约国自觉遵守相关条例防止由于倾倒废弃物而造成海洋污染	1981. 4. 8
濒危野生动植物种国际贸易公约(Convention on International Trade in Endangered Species of Wild Fauna and Flora, CITES)	1973. 3. 3	华盛顿	瑞士政府	1975. 7. 1	通过公约限制全球范围内濒危动植物种及其产品的贸易以确保物种保护和持续利用	1981. 4. 8
国际保护野生动物迁徙物种保护公约(简称波恩公约)(Convention on the Conservation of Migratory Species of Wild Animals, CMS)	1979. 6. 23	波恩	联合国秘书长	1983. 12. 1	通过公约保护陆地、海洋和空中迁徙动物的活动空间	尚未加入
中日保护候鸟及其栖息环境的协定(China – Japan Migratory Bird Agreement)	1981. 3. 3	北京	两国政府	1981. 3. 3	保护迁徙于两国之间的候鸟及其栖息地,涉及鸟类 227 种	1981. 3. 3
联合国海洋法公约(United Nations Conventionon the Law of the Sea, UNCLS)	1982. 12. 10	牙买加蒙特哥湾	联合国秘书长	1994. 11. 16	建立法律秩序,和平研究、保护和利用海洋及其生物资源	1996. 7. 7
维也纳保护臭氧层公约(Vienna Convention for the Protection Of the Ozone Layer)	1985. 3. 22	维也纳	联合国秘书长	1988. 9. 22	呼吁各国政府联合保护地球臭氧层,首次提出氟氯烃类物质作为被监控的化学品	1989. 12. 10
中澳保护候鸟及其栖息环境的协定(China – Australia Migratory Bird Agreement)	1986. 10. 20	堪培拉	两国政府	1986. 10. 20	保护迁徙于两国之间的候鸟及其栖息地,涉及鸟类 81 种	1986. 10. 20

公约名称	签订日期	签订地点	保存机构	生效日期	内容摘要	中国签署或生效日期
联合国气候变化框架公约(United Nations Framework Convention on Climate Change, UNFCCC)	1992.5.22	纽约	联合国秘书长	1994.3.21	规定发达国家为缔约方,向发展中提供新的额外资金,控制CO_2等温室气体排放,共同应对由于气候变暖对人类经济和社会造成的不利影响	1992.6.11
生物多样性公约(Conservation on Biological Diversity, CBD)	1992.6.1	内罗毕	联合国秘书长	1992.12.29	通过协作和技术转让最大限度地保护濒临灭绝的生物多样性资源	1993.1.5
中白令海海峡鳕资源养护和管理公约(Convention on the Conservation of Pollock Resources in the Central Bering Sea)	1994.6.16	华盛顿	美国政府	1995.12.8	在公约区建立鳕资源养护、管理和合理利用的国际机制,恢复和维持可实现最大生产量的鳕资源水平	1994.6.16

参考文献

[1]陈服官,闭芝兰,黄洪富,马清和,罗志腾. 西北大学学报,1980,10(1):137~147

[2]方树淼,许涛清,宋世良,王香亭,陈景星. 陕西省鱼类区系研究. 兰州大学学报,1984,21(1):97~115

[3]费梁. 中国两栖动物图鉴. 郑州:河南科学技术出版社. 1999

[4]巩会生,阮英琴,马亦生,高学斌,曾治高. 陕西分布的中国特有鸟类调查. 四川动物,2007,26(3):566~568

[5]巩会生,马亦生,曾治高,蔡晓丽,陈水华,高学斌. 陕西秦岭及大巴山地区的鸟类资源调查. 四川动物,2007,26(4):746~759

[6]巩会生,曾治高,李俊峰,李建强. 陕西米仓山自然保护区鸟类组成及分布格局. 西北林学院学报,2008,23(5):133~139

[7]国家林业局. 中国重点陆生野生动物资源调查. 北京:中国林业出版社,2009

[8]贺春霞,杜沛宜等. 大巴山北坡地表甲虫的物种多样性. 应用生态学报,2009,20(6):1459~1464

[9]黄洪福等. 陕西省南部鱼类调查研究. 西北大学二十五届校庆学术论文集(生物分册),1963

[10]季达明,温世生. 中国爬行动物图鉴. 郑州:河南科学技术出版社,2002

[11]雷富民,卢汰春. 中国鸟类特有种. 北京:科学出版社,2006

[12]李保国,李智军,熊成培. 陕西猕猴的栖息地和食物组成. 西北大学学报,1996,26(1):87~92

[13]李贵辉,张子有,金棣华,宋世英. 秦岭首次发现华南虎. 动物学杂志,1966,8(1):48

[14]李家俊,赵一庆. 化龙山自然保护区科学考察综合报告. 陕西林业科技,1999,(2):28~32

[15]刘振河,袁喜才. 我国的华南虎资源. 野生动物,1983,(4):20~22

[16]龙大学,王卫东,李飏,于晓平. 陕西省鸟类新纪录——褐灰雀. 野生动物,2010,32(6):351

[17]吕建荣,凌小惠,于晓平. 陕西鸟类新纪录－－小太平鸟. 四川动物,2013,04:626.

[18]马敬能,何芬奇等. 中国鸟类野外手册. 长沙:湖南教育出版社,2000

[19]裴俊峰. 陕西翼手类新纪录——大菊头蝠. 动物学杂志,2011,46(6):130~133

[20]裴俊峰. 陕西翼手类新纪录——西南鼠耳蝠. 四川动物,2012,31(2):290~292

[21]荣海,王卫东. 陕西省鸟类新纪录——灰头鸦雀. 四川动物,2011,30(5):727

[22]宋鸣涛,方荣盛. 秦岭、大巴山地区的两栖动物调查. 野生动物,1982,4(3):19~21

[23]宋鸣涛. 闭壳龟属一新种. 动物分类学报,1984,9(3):330~332

[24]王玛丽,邢连喜,张国昌.陕西化龙山自然保护区综合科学考察报告.西安:西安地图出版社,2004

[25]王廷正,方荣盛.秦岭大巴山地啮齿动物的研究.动物学杂志,1983,17(3):45~47

[26]王廷正.秦岭大巴山地啮齿动物的生态分布.生态学杂志,1983,2(2):11~14

[27]王廷正,方荣盛,汪德兴.陕西大巴山的鸟兽调查研究(二)——兽类区系研究.陕西师范大学学报,1981,Z1:231~247

[28]王廷正,方荣盛,汪德兴.陕西大巴山区动物资源调查报告.自然资源研究,1981,(4):55~62

[29]王廷正,方荣盛,汪德兴.陕西大巴山的鸟兽调查研究(一)——鸟类区系研究.陕西师范大学学报,1980-1981,Z1:204~230

[30]王廷正,方荣盛,汪德兴.陕西大巴山动物资源调查报告.自然资源研究,1981,3(4):55~60

[31]王卫东,刘平,于晓平.陕西省鸟类新纪录——黑头奇鹛.四川动物,2012,31(2):322

[32]汪松.中国濒危动物红皮书(兽类).北京:科学出版社,1998

[33]温战强,王开锋,李建强,巩会生.陕西米仓山自然保护区夏秋季鸟类调查.动物学杂志,2008,43(2):81~90

[34]吴家炎,李贵辉.陕西省安康地区兽类资源调查报告.动物学研究,1982,3(1):59~68

[35]吴家炎,裴俊峰.秦岭和大巴山区翼手类及其动物地理分布特征.兽类学报,*2011,31(4):358~370

[36]张荣祖.中国动物地理。北京:科学出版社,1998

[37]赵铁桥.近代外国人在中国的生物资源考察.生物学通报,1991a,(7):33~34,28

[38]赵铁桥.近代外国人在中国的生物资源考察(续).生物学通报,1991b,(8):28~30

[39]郑光美.中国鸟类分布与分类名录.北京:科学出版社,2011

[40]郑生武.中国西北地区珍稀濒危动物志.北京:中国林业出版社,1994

[41]郑生武,宋世英.秦岭兽类志.北京:中国林业出版社,2010

[42]郑生武等.中国西北地区珍稀濒危动物志.北京:中国林业出版社,1994

[43]郑生武,李贵辉,宋世英,韩亦平,马兆云.猪獾的生态研究.兽类学报,1988,8(1):65~72

[44]郑作新,钱燕文等.秦岭、大巴山地区的鸟类区系调查研究.动物学报,1962,14(3):361~380

[45]IUCN. Red List Categories and Criteria, version 2.3. IUCN. Gland. Switzerland. 1994

[46]Sauvage HE, Dabry TP. Notes sur les poissons de eaux Chine, Ann. Sci. Nat. Paris, 1874,1(5):14~15

[47]Smith AT,解焱.中国兽类野外手册.长沙:湖南教育出版社,2009